职业教育省级在线精品课程配套教材

宴会设计实务

YAN HUI SHE JI SHI WU

主　编　王文燕　盖陆祎　杨秀龙
副主编　秦瑞鹏　白利芳　孙勇兴　沈晓文
参　编　冯　睿　李　蕾　李春艳　田　欢

华中科技大学出版社
http://press.hust.edu.cn
中国·武汉

内 容 简 介

本教材为职业教育省级在线精品课程配套教材。

本教材分为宴会入门、宴会需求分析、宴会场景设计、宴会出品设计、宴会台面设计、宴会服务设计、宴会部组织机构、宴会运营管理共八个项目。知识体系完整、设计科学合理、教学资源丰富，有助于培养有理想与追求、懂宴会设计理论与方法、能设计和管理宴会的复合创新型人才。

本教材可作为高等职业教育酒店管理与数字化运营专业、烹饪工艺与营养专业、餐饮智能管理专业等的学生学习用书，还可以作为职业技能等级认定培养和相关企业培训人员的参考用书。

图书在版编目（CIP）数据

宴会设计实务 / 王文燕，盖陆祎，杨秀龙主编. -- 武汉：华中科技大学出版社，2025.1. -- ISBN 978-7-5772-1528-0

Ⅰ.TS972.32

中国国家版本馆 CIP 数据核字第 2025ZK8097 号

宴会设计实务　　　　　　　　　　　　　　　　王文燕　盖陆祎　杨秀龙　主编
Yanhui Sheji Shiwu

策划编辑：汪飒婷
责任编辑：谢　源
封面设计：廖亚萍
责任校对：李　弋
责任监印：周治超

出版发行：华中科技大学出版社（中国·武汉）　　电话：(027)81321913
　　　　　武汉市东湖新技术开发区华工科技园　　邮编：430223
录　　排：华中科技大学惠友文印中心
印　　刷：武汉科源印刷设计有限公司
开　　本：889mm×1194mm　1/16
印　　张：12
字　　数：350 千字
版　　次：2025 年 1 月第 1 版第 1 次印刷
定　　价：49.80 元

本书若有印装质量问题，请向出版社营销中心调换
全国免费服务热线：400-6679-118　竭诚为您服务
版权所有　侵权必究

网络增值服务

使用说明

欢迎使用华中科技大学出版社图书中心

1 教师使用流程

（1）登录网址：http://bookcenter.hustp.com （注册时请选择教师用户）

注册 → 登录 → 完善个人信息 → 等待审核

（2）审核通过后，您可以在网站使用以下功能：

浏览教学资源　　建立课程　　管理学生　　布置作业　　查询学生学习记录等

教师

2 学员使用流程

（建议学员在PC端完成注册、登录、完善个人信息的操作。）

（1）PC端操作步骤

① 登录网址：http://bookcenter.hustp.com （注册时请选择普通用户）

注册 → 登录 → 完善个人信息

② 查看课程资源：（如有学习码，请在"个人中心 – 学习码验证"中先通过验证，再进行操作）

首页课程 → 课程详情页 → 查看课程资源

（2）手机端扫码操作步骤

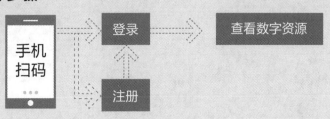

手机扫码 → 登录 / 注册 → 查看数字资源

加强餐饮教材建设，提高人才培养质量

餐饮业是第三产业的重要组成部分，改革开放40多年来，随着人们生活水平的提高，作为传统服务性行业，餐饮业在刺激消费、推动经济增长方面发挥了重要作用，在扩大内需、繁荣市场、吸纳就业和提高人们生活质量等方面都做出了积极贡献。就经济贡献而言，2022年，全国餐饮收入43941亿元，占社会消费品零售总额的10.0%。全国餐饮收入增速、限额以上单位餐饮收入增速分别相较上一年下降24.9%、29.4%，较社会消费品零售总额增幅低6.1%。2022年餐饮市场经受了新冠疫情的冲击、国内经济下行等多重考验，充分展现了餐饮经济韧性强、潜力大、活力足等特点，虽面对多种不利因素，但各大餐饮企业仍然通过多种方式积极开展自救，相关政策也在支持餐饮业复苏。目前，餐饮消费逐渐复苏回暖，消费市场已初现曙光。党的二十大指出为全面建设社会主义现代化国家、全面推进中华民族伟大复兴而团结奋斗，作为人民基本需求的饮食生活，餐饮业的发展与否，不仅关系到能否在扩内需、促消费、稳增长、惠民生方面发挥市场主体的重要作用，而且关系到能否满足人民对美好生活的需求。

一个产业的发展离不开人才支撑。科教兴国、人才强国是我国发展的关键战略。餐饮业的发展同样需要科教兴业、人才强业。从中华人民共和国成立至今，特别是从改革开放后40多年的发展来看，餐饮烹饪教育在办学层次上形成了中等职业学校、高等职业学校、本科（职业本科和职业技术师范本科）、硕士、博士五个办学层次，在办学类型上形成了烹饪职业技术教育、烹饪职业技术师范教育、烹饪学科教育三个办学类型，在举办学校上形成了中等职业学校、高等职业学校、高等师范院校、普通高等学校的办学格局。

我曾经在拙著《烹饪教育研究新论》后记中写道：如果说我在餐饮烹饪领域有所收获的话，有一个坚守（30多年一直坚守在餐饮烹饪教育领域）值得欣慰，有两个选择（一是选择了教师职业，二是选择了餐饮烹饪专业）值得庆幸，有三个平台（学校的平台、教育部平台、非政府组织（NGO）——行业协会平台）值得感谢。可以说，"一个坚守，两个选择，三个平台"是我在餐饮烹饪领域有所收获的基础和前提。

我从行政岗位退下来后，时间变得充裕了，就更加关注餐饮烹饪教育，探讨餐饮烹饪教育的内在发展规律，并关注不同层次餐饮烹饪教育的教材建设，特别感谢华中科技大学出版社给了我一个新的平台。在这个平台，一方面我出版了专著《烹饪教育研究新论》，把30多年的教学经验和科研经验及体会呈现给餐饮烹饪教育界；另一方面我与出版社共同承担了2018年在全国餐饮职业教育教学指导委员会立项的重点课题"基于烹饪专业人才培养目标的中高职课程体系与教材开发研究"（CYHZWZD201810）。该课题以培养目标为切入点，明晰烹饪专业人才的培养规格；以职业技能为结合点，确保烹饪人才与社会职业的有效对接；

以课程体系为关键点,通过课程结构与课程标准精准实现培养目标;以教材开发为落脚点,开发教学过程与生产过程对接、中高职衔接的两套烹饪专业课程系列教材。这一课题的创新点在于研究与编写相结合,中职与高职同步,学生用教材与教师用参考书相联系。编写出的中职、高职烹饪专业系列教材,解决了烹饪专业理论课程与职业技能课程脱节,专业理论课程设置重复,烹饪技能课程交叉,职业技能倒挂,中职、高职教材内容拉不开差距等问题,是国务院《国家职业教育改革实施方案》完善教育教学相关标准中"持续更新并推进专业目录、专业教学标准、课程标准、顶岗实习标准、实训条件建设标准(仪器设备配备规范)建设和在职业院校落地实施"这一要求在餐饮烹饪职业教育落实的具体举措。《烹饪教育研究新论》和重点课题均获中餐科技进步奖一等奖。基于此,时任中国烹饪协会会长、全国餐饮职业教育教学指导委员会主任委员姜俊贤先生向全国餐饮烹饪院校和餐饮行业推荐这两套烹饪专业教材。

进入新时代,我国职业教育受到了国家层面前所未有的高度重视。在习近平总书记关于职业教育的系列重要讲话指引下,国家出台了系列政策,国务院《国家职业教育改革实施方案》(简称职教20条),中共中央办公厅、国务院办公厅《关于推动现代职业教育高质量发展的意见》(简称职教22条),中共中央办公厅、国务院办公厅《关于深化现代职业教育体系建设改革的意见》(简称职教14条),以及新的《中华人民共和国职业教育法》颁布后,职业教育出现了大发展的良好局面。

在此背景下,餐饮烹饪职业教育也取得了令人瞩目的进展,其中从2021年3月教育部印发的《职业教育专业目录(2021年)》到2022年9月教育部发布的《职业教育专业简介》(2022年修订),为餐饮类专业提供了基本信息与人才培养核心要素的标准文本,对于落实立德树人的根本任务,规范餐饮烹饪职业院校教育教学、深化育人模式改革、提高人才培养质量等具有重要基础性意义,同时为餐饮烹饪职业教育的发展提供了良好的契机。

新目录、新简介、新教学标准,必然要有配套的新课程、新教材。国家在教学改革方面反复强调"三教"改革。当前,以职业教育教师、教材、教法为主的"三教"改革进入落实攻坚阶段,成为推进职业教育高质量发展的重要抓手。教材建设是其中一个重要的方面,国家对教材建设提出"制定高职教育教材标准""开发教材信息化资源"和"及时动态更新教材内容"三个核心要求。

进入新时代,适应新形势,达到高标准,我们启动新一批教材的开发工作。它包括但不限于新版专业目录下的第一批中高职教材(2018年以来)的提档升级,新开设的职业本科烹饪与餐饮管理专业教材的编写,相关省、市、地方特色系列教材以及服务于餐饮行业和饮食文化等方面教材的编写。与第一批教材建设相同,第二批教材建设也是作为一个体系来推进的。

一是以平台为依托。教材开发的最终平台是出版机构。华中科技大学出版社(简称"华中出版")创建于1980年,是教育部直属综合性重点大学出版社,建社40多年来,秉承"超越传统出版,影响未来文化"的发展理念,打造了一支专业化的出版人才队伍和具备现代企业管理能力的职业化管理团队。在教材的出版上拥有丰富的经验,每年出版图书近3000种,服务全国3000多所大中专院校的教材建设。该社于2018年全方位启动餐饮类专业教材的策划和出版,已有中职、高职专科、本科三个层次若干种教材问世,并取得了令人瞩目的成绩。目前该社已有餐饮类"十三五"职业教育国家规划教材1种,"十四五"职业教育国家规划教材7种,"十四五"职业教育省级规划教材4种。特别令人欣慰的是,编辑团队已经不再囿于传统方式编写和推销教材,而是从国家宏观层面把握教材,到中观层面研究餐饮教育规律,最后从微观层面使教材编写与出版落地,服务于"三教"改革。

二是以团队为根本。不同层次、不同课程的教材要服务于全国餐饮相关专业,其教材开发者(编著者)应来自全国各地的院校、教学研究机构和行业企业,具有代表性;领衔者应是这一领域有影响力的专家,具有权威性;同时考虑编写队伍专业、职称、年龄、学校、行业企业、研究部门的结构,最终通过教材建设,形成跨地区、跨界的某一领域的编写团队,达到建设学术共同体的目的。

三是以项目为载体。编写工作项目化,教材建设不只是就编而编,而是应该将其与科研、教研项目有机结合起来,例如,高职本科"烹饪与餐饮管理"专业系列教材就是在哈尔滨商业大学承担的第二批国家级职业教育教师教学创新团队(烹饪与餐饮管理专业)与课题研究项目的基础上开展的。高职"餐饮智能管理"专业系列教材是基于长沙商贸旅游职业技术学院承担的第二批国家级职业教育教师教学创新团队(餐饮智能管理专业)和上述哈尔滨商业大学课题研究项目的子课题。还有全国、各省(自治区、直辖市)成立的餐饮烹饪专业联盟、餐饮(烹饪)职教集团、共同体的立项;部分地区在教育行政部门、教育研究部门、行业协会以及学校自身等立项,达到"问题即是课题,课题解决问题"的目的。

四是以成果为目标。从需求导向、问题导向再到成果导向,这是教材开发的原则。教材开发不是孤立的,故成果是成系列的。在国家政策、方针指引下,国家层面的专业目录、专业简介框架下,形成专业教学标准,具有地方和院校特色的人才培养方案、课程标准、教学模式和方法。形成成果的内容如下:确定了中职、高职专科、本科各层次培养目标与规格;确定了教材中体现人才培养的中职技术技能、高职专科高层次技术技能、本科高素质技术技能三个层次的形式;形成了与教材相适应的项目式、任务式、案例式、行动导向、工作过程系统化、理实一体化、实验调查式、模拟式、导学式等教学模式。成果的形式应体现教材的新形态,如工作手册式、活页式、纸数融合、融媒体,特别是要吸收VR、AR中的可视化、智能化、数字化技术。这些成果既可以作为课题的一部分,也可以作为论文、研究报告等单项独立的成果,最后能物化到教材中。

五是以共享为机制。在华中出版的平台上,以教材开发为抓手,通过组成全国性的开发团队,在项目实施中通过对教育教学开展系列研究,把握具有特色的餐饮烹饪教育规律,形成共享机制,一方面提升教材开发团队每一位参与者的综合素质,加强团队建设;另一方面新形态一体化教材具有科学性、先进性、实用性,应用于教学能大大提高餐饮烹饪人才培养质量。做到教材开发中所形成的一系列成果被教材开发者、使用者等所有相关者共享。

党的二十大报告指出,统筹职业教育、高等教育、继续教育协同创新,推进职普融通、产教融合、科教融汇,优化职业教育类型定位。中共中央办公厅、国务院办公厅《关于深化现代职业教育体系建设改革的意见》提出了"一体、两翼、五重点","一体"是探索省域现代职业教育建设新模式;"两翼"是打造市域产教融合体,打造行业产教融合共同体;"五重点"包括提升职业学校关键办学能力、加强"双师型"教师队伍建设、建设开放型区域产教融合实践中心、拓宽学生成长成才通道、创新国际交流与合作机制。其中重点提出要打造"四个核心",即打造职业教育核心课程、核心教材、核心实践项目、核心师资团队。这为我们在餐饮烹饪职业教育上发力指明了方向。

随着经济社会的快速发展,餐饮业必将迎来更加繁荣的时代。为满足日益发展的餐饮业需求,提升餐饮烹饪人才培养质量,我们期待全国餐饮烹饪教育工作者紧密合作,与餐饮企业家、行业专家共同推动餐饮业的快速发展。让我们携手,共同推动餐饮烹饪教育和餐饮业的发展,为建设一个富强、民主、文明、和谐、美丽的社会主义现代化强国贡献力量。

杨铭铎

博士,教授,博士生导师
哈尔滨商业大学中式快餐研究发展中心博士后科研基地主任
哈尔滨商业大学原党委副书记、原副校长
全国餐饮职业教育教学指导委员会副主任委员
中国烹饪协会餐饮教育工作委员会主席

前言

宴会不仅是社交的重要载体,更是人民美好生活的体现。本课程根据宴会定制服务师(职业编码4-03-02-13)岗位要求,聚焦新职业、新规范,融合全国职业院校技能大赛和世界技能大赛酒店服务赛项、餐厅服务赛项技能点,结合"1+X"职业证书要求。通过校企合作协同育人、岗课赛证融合等模式,培养学生的职业道德、人文素养和工匠精神,让他们成为有理想与追求、懂宴会设计理论与方法、能设计和管理宴会的复合创新型人才。

教材内容共分为8个项目,19个任务,具有以下特点。

1. 贯彻立德树人,坚定文化自信

贯彻立德树人根本任务,注重德技并修,构建"大思政""大劳育""大美育"以及核心素养培养格局,落实课程文化自信、工匠精神、创新精神的思政主线,融入中华优秀传统文化,创新宴会主题,讲好中国故事,坚持守正创新,以创意营造美好生活。将职业意识、审美能力、核心素养培养等内容有机融入教材编写过程中,为学生从事职业岗位工作奠定良好的职业素养基础。全程有机融入思政,力求实现德技并修。

2. 融合岗课赛证,践行知行合一

面向餐饮行业中国服务私人定制宴会发展的新要求,聚焦《中华人民共和国职业分类大典》(2022年版)中宴会定制服务师新岗位需求,并对标全国职业院校技能大赛赛项规程(餐厅服务和酒店服务),结合"1+X"职业技能等级证书认定要求和国家职业技能标准,体现"思政育人、技能强人"的育人理念,积极探索"岗课赛证"融合。通过项目引领、任务驱动,实现学习任务与工作任务统一,学习标准与工作标准统一,学习过程与工作过程统一,推进"课堂教学革命",深化"三教改革",实现"做中学、学中做",促进学生职业素养提升,践行知行合一,凸显职教特色。

3. 校企深度合作,资源共建共享

本教材由山西省职业教育教师教学创新团队核心成员联合国内多家院校教师与企业共同编制,课程设计之初,企业名师、行业专家积极参与人才培养的探讨、课程标准的设计、教学内容的整合。教材内容紧扣行业岗位需求,及时更新技术、工艺、规范、标准,结合企业真实案例,引导学生学习。真正实现课堂就是宴会会场,课堂就是比赛赛场,实习实训场所就是岗位。校企在专业共建、课程共担、教材共编、师资共享、基地共用等方面开展有益探索,不断深化校企合作内涵。

4. 纸质数字融合，线上线下互动

在新媒体融合发展的背景下，教材和线上精品课程融合，开发信息化资源，探索知识累积、技能递进的"线上＋线下"混合教学模式，打造数纸融合立体化新形态教材。

本教材依托山西省职业教育在线精品课程"宴会设计实务"，在国家职业教育智慧教育平台、智慧树、学银在线等线上平台（进入网站搜索"宴会设计实务"，选择对应课程即可进入学习）提供了丰富的教学资源（包括视频资源、试题等教学资料），同时建成了课程知识图谱，对相关课程资源进行推荐，丰富和延伸本课程资源内容。随着课程和教材建设的推进，还将继续更新视频、音频、试题、案例、思政素材、动画等资源，实现纸质教材和数字资源同步开发。

本教材知识体系完整、设计科学合理、教学资源丰富，可作为高等职业教育酒店管理与数字化运营专业、烹饪工艺与营养专业、餐饮智能管理专业的学生学习用书。教材在编写过程中，涵盖了宴会定制服务师国家职业技能标准，因此，本教材同时适用于职业技能等级认定培训和相关企业培训，也适合社会学习者自学。

本教材由山西旅游职业学院王文燕老师担任第一主编，负责教材的框架设计、统筹分工、收集整理、定稿审核、编写等。具体章节分工如下。

晋城职业技术学院白利芳老师负责项目二的编写；山西旅游职业学院王文燕老师负责项目一、三、四的编写；河北旅游职业学院盖陆祎老师负责项目五的编写；山西旅游职业学院秦瑞鹏老师负责项目六的编写；山西旅游职业学院孙勇兴老师负责项目七的编写；云南旅游职业学院沈晓文老师负责项目八的编写。北京宴禧餐饮管理有限公司杨秀龙董事长和冯睿先生提供了大量企业资料，并分享了部分视频资源，李蕾女士参与了企业资料的整理。河北旅游职业学院李春艳老师和山西旅游职业学院秦瑞鹏、田欢老师参与了稿件的收集、整理、审核工作。在编写过程中，编者参考和借鉴了大量同行学者的有关著作，并从中获取了部分最新资料，在此向这些资料的作者表示衷心感谢。教材在编写过程中得到了中国饭店协会、中国烹饪协会、中国金钥匙组织、山东舜和酒店集团有限公司、山西省烹饪餐饮饭店行业协会、山西迎泽宾馆、山西海广餐饮管理有限公司、汪飒婷女士等的大力支持，再次对给予支持和帮助的单位和个人表达深深的谢意！

鉴于编者水平有限，教材中难免有疏漏之处，恳请各位读者批评指正。

王文燕

目录

项目一　宴会入门	1
任务一　认识宴会	2
任务二　认识宴会设计	7
项目二　宴会需求分析	15
任务一　洽谈宴会预订	16
任务二　落实宴会预订	26
项目三　宴会场景设计	35
任务一　了解宴会场景设计基础知识	36
任务二　宴会厅环境设计	40
任务三　宴会厅台型设计	53
任务四　宴会厅席位设计	60
项目四　宴会出品设计	65
任务一　宴会菜品设计	66
任务二　宴会酒水设计	75
任务三　宴会菜单设计	84
项目五　宴会台面设计	94
任务一　宴会台面概述	95
任务二　摆台流程设计	113
项目六　宴会服务设计	122
任务一　中式宴会服务设计	123
任务二　西式宴会服务设计	138
项目七　宴会部组织机构	150
任务一　认识宴会部组织	151
任务二　宴会部员工设置与管理	155
项目八　宴会运营管理	162
任务一　探析宴会营销管理	163
任务二　探析宴会生产管理	167
参考文献	178

项目一

宴会入门

项目描述

宴会不仅是人际交往的桥梁,还是礼仪的展现,更是人们对美好生活追求的体现,它象征着国家的物质繁荣与精神文明进步。随着社会的不断发展,宴会已逐渐成为一种新的文化产业现象。对其进行深入研究,不仅具有深远的理论价值,还能为餐饮企业的宴会设计与管理提供宝贵的实践指导。本项目从认识宴会和认识宴会设计两个任务进行介绍。

项目目标

素养目标
1. 树立中华传统文化自信。
2. 培养创新意识,提升职业认同感和自豪感。
3. 树立关注细节、精益求精、追求卓越的工匠精神。

知识目标
1. 理解宴会的概念。
2. 了解中国宴会的历史渊源及其在不同时期的发展特点。
3. 了解我国传统历史名宴。
4. 熟知宴会的类型。
5. 理解宴会设计的概念。
6. 掌握宴会设计的内容及要素。

能力目标
1. 能够在认知宴会灿烂历史的基础上,增强对中华传统文化的认同。
2. 能够在认知现代宴会的基础上,激发职业热情。
3. 能够在理解宴会设计的基础上,树立职业理想。
4. 能够分析宴会设计的相关元素和内容。

知识框架

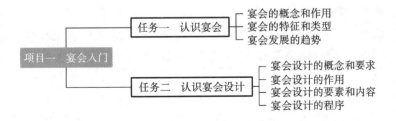

教学资源包

岗位要求：宴会定制服务师

思政园地

任务一　认识宴会

任务引入

中华民族自古以来便拥有博大精深的饮食文化，宴席如同一幅鲜活的历史画卷，承载着国人的生活态度、传统文化和真挚情意，并在不断的发展和演变中，逐渐形成独具民族特色的宴会文化。

宴席的出现，在很大程度上是出于礼的需要。古代宴会与祭祀活动紧密相关，学界普遍认为，其滥觞可追溯至虞舜、商周时期的祭祀活动。春秋战国时期，孔子提出"食不厌精，脍不厌细"的饮食理论，孟子倡导"食治、食功、食德"的饮食规范，均对宴席中的礼加以约束，"孔孟食道"的出现标志着宴会已见雏形。秦汉时期，宴会文化初具规模，餐位座次井然有序，宴会礼仪严格规范，菜品质量精益求精，且均有明文规定。各环节分工明确，布菜、温酒、行令都有规制，另有歌舞助兴。直到唐宋时期，尤其是宋代，宴会文化才慢慢进入寻常百姓家。

请同学们带着以下问题进入任务的学习：

1. 什么是宴会？
2. 你所熟悉的历史名宴有哪些？

知识讲解

一、宴会的概念和作用

（一）宴会的概念

宴会是指为了某种社交目的，以一定规格的菜品酒水和礼仪规范而举行的一种聚餐活动。它犹如一幅精美的菜品画卷，其菜品的巧妙组合展现出艺术魅力；同时，它也是礼仪的生动诠释，是人们社交活动的桥梁与纽带。

（二）宴会的作用

❶ 增加酒店收入的重要渠道

宴会活动通常规格高，参与人数多，提供统一的菜品和服务，具有显著的规模效益。这些因素不仅提升了酒店的品牌形象和接待能力，而且直接促进了宴会收入的增加，成为酒店重要的收益来源。此外，会议、住宿、娱乐等其他活动经常与宴会活动相伴，可以为酒店带来额外收入，也可以帮助酒店拓展收入渠道。

❷ 提高酒店声誉的重要途径

宴会活动涉及范围广，其精心的策划、高效的组织、优雅舒适的环境、独特美味的菜品，以及贴心周到的服务，均能给宾客留下深刻而美好的印象。通过宾客间的相互介绍与推荐、媒体的宣传报道，酒店的知名度将会逐步提升，形象和声誉也会逐渐改善。

❸ 衡量酒店管理水平的重要标志

宴会的组织、设计、服务，以及管理水平的高低直接体现了酒店的经营水平。精心的设计、严密的组织和优质的服务是宴会成功举办的关键，这既是酒店在管理和服务水平上的展示，也是酒店行业竞争力的直接体现。

❹ 推进餐饮文化创新的重要载体

宴会的个性化服务为餐饮文化的发展奠定了基础，同时也对酒店宴会产品提出了挑战。它促使酒店不断创新菜品、改进烹调技术、提高服务水平,将传统与创新相结合,从而满足不同类型宾客的多层次消费需要。

二、宴会的特征和类型

(一)宴会的特征

❶ 聚餐式

聚餐式是指宴会的形式特征。中餐宴会常用圆桌,西餐宴会则多用方桌。尽管不同群体对宴会的要求各异,但共同之处在于多人围坐聚餐,在同一时间、同一地点共享菜肴和服务。

❷ 规格化

规格化是指宴会的内容特征。它要求礼仪有序、环境优雅、气氛热烈、菜点设计合理且搭配协调、烹饪技艺精湛、餐具精致整齐、整体布置适宜、席面设计精巧、服务标准规范,形成固定的格局和规程,达到和谐统一,给人以美的享受。同时,规格化还体现在着装礼仪、餐具使用礼仪、祝酒礼仪等方面。

❸ 社交性

社交性是指宴会的功能特征。宴会是现代社会中非常常见的社交活动,宾客通过宴会欢聚一堂,在美酒佳肴、歌舞娱乐的烘托下,谈心述事,增进了解,加深情谊。宴会不仅能提供精神和艺术上的享受,还能增进人际交往。

❹ 综合性

综合性是指宴会的管理特征。宴会管理是一项系统工程,大型宴会尤为复杂,涵盖原材料采购、菜品制作、酒水搭配、灯光音响调控、财务核算及安全卫生等多个环节,需酒店各部门紧密协作,以确保接待工作顺利进行。

(二)宴会的类型

❶ 根据宴会的菜式和文化划分

(1)中式宴会。

中式宴会是指菜点饮品以中式菜品和中式酒水为主,使用中式餐具,并按中式服务程序和礼仪服务的宴会。中式宴会蕴含着中国传统文化气息,其餐具用品、就餐环境、台面设计和就餐气氛彰显出浓郁的民族特色。

在中式宴会上,宾客围坐在圆桌旁聚餐,食用中式菜肴,饮用中式酒水,使用中式餐具(其中最具代表性的餐具是筷子),并享用中式服务。在环境布置、台型设计、台面物品摆放、菜品制作风味、背景音乐选取、服务流程设计、接待礼仪的繁简和隆重程度等方面,都体现了中华民族的传统饮食习惯和饮食文化特色。中式宴会形式繁多,根据宴会性质和目的,可分为国宴、公务宴、商务宴、婚宴等类型;根据菜点的档次,可以分为高档宴会、中档宴会和一般宴会。

(2)西式宴会。

西式宴会是指菜点饮品以西式菜品和西式酒水为主,使用西餐餐具,并按西式服务程序和礼仪服务的宴会。西式宴会在我国的涉外酒店中较为常见。宴会中的餐具、厅堂装饰、环境布局、台面设计及背景音乐均彰显了西方特色。

西式宴会的桌面以长方形为主,采用分餐制,食用西式菜肴,饮用西式酒水,使用西式餐具(如刀、叉等各式餐具),并采用西式服务。西式宴会注重酒水与菜品的搭配,以及不同酒水之间的搭配,同时强调优雅的宴会环境,常利用蜡烛营造浪漫氛围。西式宴会在环境布置、台型设计、台面物品的摆放、菜肴制作风味,以及服务方式上都具有鲜明的西方特色。

(3)中西合璧宴会。

中西合璧宴会是指中式宴会与西式宴会两种形式相结合的一种宴会。该宴会菜品既有中式菜肴又有西式菜肴,酒水既有中式酒水也有西式酒水,所用餐具既有中式的筷子、勺,也有西式的各式刀、叉,服务方式和宴会程序主要根据菜品、酒水和宴会主人的需求而定。这种宴会给人一种新奇、多变的感觉。随着经济的发展和文化交流的增多,中西合璧宴会越来越受到大众的青睐,并用来招待中外宾客。

❷ 按宴会接待规格划分

宴会按接待规格分为正式宴会和便宴。宴会规格依据主人、宾客及陪客的身份确定,同时参考过往接待礼遇及当前双方关系的亲密度。

(1)正式宴会。

正式宴会是正式场合下举行的隆重宴会,接待宾客规格颇高,宾主均依身份安排席次,井然有序。席间通常安排致辞、文艺表演等环节。正式宴会的环境气氛庄重,席位安排讲究,台面设计美观,酒水菜肴上乘,服务规范有序。正式宴会有国宴、公务宴、商务宴等,其中国宴是规格最高的一种正式宴会。

(2)便宴。

便宴即非正式宴会,相较于正式宴会,其形式更为简约,不拘泥于烦琐的礼仪程序和接待规格。服务不拘泥于形式,更突出个性化的需求。气氛轻松,宾客可随意交谈,常用于日常亲朋好友之间的人际往来。西方人偏爱家宴形式,以此彰显亲切友好之情。而今,在家中招待宾客的便宴,亦逐渐受到大众的青睐。

❸ 根据宴会的性质与主题划分

知识拓展

(1)政务宴会。

政务宴会主要指政府部门、事业单位、社会团体及其他非营利性机构或组织,为迎送来访的宾客、交流合作、庆功庆典和祝贺纪念等重大公务事件而举行的接待国内外宾客宴会。宴会形式可以是正式宴会,也可以视情况而调整为冷餐会、鸡尾酒会等形式。

宴会活动的安排紧密围绕政务活动的主题展开,既讲究礼仪的严谨性,又注重场景布置与流程设计的精致感。席间通常会有庄重的致辞、热烈的祝酒,以及精彩的文艺表演。除国宴外,一般性政务宴会不挂国旗,不奏国歌。

国宴,即国家元首或政府首脑为招待国宾、其他贵宾或在重要节日招待各界人士而举行的正式宴会,具有极高的接待规格和隆重的礼仪。它不仅是规格最高(接待规格最高并非指宴会的价格档次最高,而是指参加宴会人员的身份地位最高)的公务宴会,也是政治性极强的活动,我国通常在人民大会堂或钓鱼台国宾馆举行,以展示国家形象和尊严。国宴的菜肴以淮扬菜为基准,汇集了国内各地方菜系之长,注重保健养生,口味清淡,以满足国内外来宾的要求。国宴通常由国家元首或政府首脑主持,宴请对象主要是外国元首或政府首脑,也可能邀请其他高级领导人或社会名流陪同出席。

国宴设计既要体现主办国的民族自尊心、自信心、自豪感和热情好客的风尚,又要尊重他国的宗教信仰和风俗习惯,体现国家、民族之间的平等互重、友好合作的主题。国宴从环境布置(如悬挂国旗)、宴会乐队(如演奏双方国歌及席间乐等),到与宴人员、服务人员的装束、言谈举止,都必须显示出热烈、庄严的气氛。

(2)商务宴会。

商务宴会是企业、营利性机构或组织为商务谈判、协议签署、企业庆典等商务活动而举行的宴会。随着我国经济的高速发展,商务宴会在社会经济交往中日益频繁,也成为酒店和餐饮行业的主营业务之一。

为了营造理想的商务交流环境,需深入了解宴请双方的共同特点与偏好,确保环境优雅、宁静,菜品既精美又符合口味,气氛和谐友好,程序安排合理、得体,从而让商务活动在愉悦的氛围中顺利进行。一般来说,商务宴会的消费水平较高,对服务质量的要求也高,服务人员需密切关注宴会主宾的需求,并据此迅速且准确地提供相应的服务。

(3)亲情宴会。

亲情宴会是以个体间的深厚感情交流为主题的宴会。这类宴会与政务宴会、商务宴会不同,以人们的私人感情交流为目的,宴会主办者与被宴请者均以私人身份参与。随着人们对美好生活向往的不断提升,亲情宴会已成为酒店和餐饮行业中不可或缺的重要盈利点。

亲情宴会涉及人们日常生活的方方面面,如亲朋聚会、红白喜事、洗尘接风、乔迁之喜、添丁祝寿、逢年过节等。因此,亲情宴会的设计要突出个性、尊重个性,提供满足宾客需求的个性化服务。常见的亲情宴会主要有婚宴、寿宴、迎送宴、纪念宴、节日宴等。

三、宴会发展的趋势

❶ 大众化

宴会不仅是社交的重要载体,更是人民美好生活的体现。随着经济收入水平的提升和大众化消费市场的成熟,酒店已成为举办婚宴、寿宴、朋友聚会等活动的首选场所。因此,当前多数酒店针对这一市场需求的变化,开发出一系列宴会产品,以满足现代人感情交流的需求,宴会正逐渐融入普通百姓生活。酒店作为市场供给主体,需紧跟市场需求变化,不断深化宴会产品内涵,丰富其多样性。

❷ 文化性

宴会作为一种高级的社交活动,具有很强的礼仪规格,古人强调:"设宴待嘉宾,无礼不成席。"因此,在宴会产品的构成中,文化是其核心元素。从宴会场所的布置到台面设计、菜单设计、服务设计、宴会环境设计等各个环节都需要围绕宴会的性质和主题展开,需要注重营造符合宴会需要的意境和文化艺术气息,让参加宴会的宾客不仅可以品尝到精美可口的菜品,还可以获得精神上的满足。

❸ 营养化

随着生活水平的提升,人们越来越关注自身的健康,合理膳食成为必然趋势。在此背景下,现行宴会的饮食结构也发生了很大的变化:变重荤轻素为荤素并举;变重菜肴轻主食为主副食并重;变猎奇求珍为欣赏烹饪技艺与品尝风味并行。人们偏爱那些既美味诱人,又富含营养、低胆固醇、低脂、低盐的食物。单纯从色、香、味、形考量宴会食物的搭配,已难以满足市场日益增长的需求。宴会食物结构正逐步向营养化转型,绿色食品与保健食品将更多地登上宴会餐桌,膳食的营养价值已成为评判宴会食品质量的重要指标。

❹ 情感化

宴会作为社交的重要形式,承载着特定的人文情感。随着人们对宴会需求的提升,关注点逐渐从"宴"转向"会"。因此,宴会的设计者与执行者需在宴会产品中融入更多人文情感的元素与环节。例如寿宴中对孝道文化的深情演绎、婚宴中对仪式感的精心营造等,均能让宾客在特定场景中感受到情感的升华,从而在精神层面获得满足。

❺ 情趣化

宴会的情趣化趋势是指在注重宴会服务质量的同时,越来越注重礼仪,强化宴会情趣,体现中华民族饮食文化的风采,陶冶情操,净化心灵。1959年,美国一餐厅将剧场搬进餐厅,形成餐饮剧场,宾客在品尝可口食物的同时,还可以欣赏美妙的歌舞表演,物质需求和精神需求同时得到满足。类似的经营形式目前在我国也已比较普遍。现代的宴会在进食时提供音乐、舞蹈表演或其他形式的艺术欣赏,音乐、舞蹈、绘画等艺术形式在现代及未来的宴会中均扮演着不可或缺的重要角色。

思政园地

❻ 节俭化

传统中国宴会偏重"宴"而轻视"会",注重菜肴的珍稀与丰盛,往往量多而有余。办宴者常以菜肴酒水的档次与数量来衡量情谊深浅,导致办宴者与赴宴者均追求食而有余,最终造成惊人的浪费。随着现代人物质生活水平的提升,饮食文明程度也逐步提高,人们的价值观、消费观、生活方式都在逐步发生变化。因此,宴会将朝着节俭化的方向迈进,如缩短宴会时间、合理控制菜量,同时注重粗料细作,让更多菜肴也能登上宴会餐桌。

思政园地

任务实施

分析宴会的流程

1. 任务要求

(1)学生自由分组,每组4~6人,并推选出小组长。

(2)每个小组选择一个宴会主题,小组成员介绍该宴会的相关情况并分析其特点。

(3)小组长汇总小组成员的主要观点,并以PPT的形式进行汇报演示。

2. 任务评价

在小组演示环节,主讲教师及其他小组依据既定标准,对演示内容进行综合评价。

评价项目	评价标准	分值/分	教师评价(60%)	小组互评(40%)	得分
知识运用	了解宴会的流程	30			
技能掌握	案例具有代表性,对宴会案例的分析合理、准确	40			
成果展示	PPT制作精美,观点阐述清晰	20			
团队表现	团队分工明确,沟通顺畅,合作良好	10			
合计		100			

扫码看答案

同步测试(课证融合)

一、选择题

1. 根据宴会的菜式和文化的不同,可以将宴会分为( )。

A. 中式宴会　　B. 西式宴会　　C. 中西合璧宴会　　D. 主题宴会

2. 根据宴会的性质与主题的不同,可以将宴会分为( )。

A. 国宴　　B. 政务宴会　　C. 商务宴会　　D. 亲情宴会

3. 兴起于唐代的名宴是( )。

A. 八珍宴　　B. 烧尾宴　　C. 千叟宴　　D. 满汉全席宴

4. 中国古代宴会发展到成熟期的朝代是( )。

A. 秦汉时期　　B. 唐宋时期　　C. 明清时期　　D. 民国时期

5. 宴会中使用圆桌是从( )开始的。

A. 汉代　　B. 唐代　　C. 宋代　　D. 清代

二、简答题

1. 简述宴会的特征。

2. 简述宴会的发展趋势。

任务二　认识宴会设计

教学资源包

 任务引入

2023年10月17日晚,国家主席习近平和夫人彭丽媛在北京人民大会堂举行宴会,款待前来参加"一带一路"国际合作高峰论坛的各国贵宾。宴会上,各国贵宾品尝了让人赞叹的中国美食。让我们一起走进这场晚宴。

餐桌布置精美绝伦,以"抚古观今,拥抱未来"为主题。40米长的餐桌宛如"一带一路"的微缩景观。桌面南侧以西安钟楼为起点,生动再现了古代丝绸之路的繁华,驼队运送瓷器、茶叶的场景栩栩如生。桌面中央则镶嵌着"一带一路"的标志,格外引人注目。桌面北侧则以北京天坛为起点,沿途陈列着中国高铁复兴号、中欧班列及新能源车等模型,彰显21世纪的中国在交通、信息及资源领域与各国互联互通。桌面最北侧,长约5米的水面上摆放了多艘万吨巨轮模型,用于展示海上丝绸之路。觥筹交错之间,宴会将这个从古至今,惠及全球各大洲和各国的倡议成果,立体地呈现在来宾面前。

此外,桌上还摆放着琳琅满目的餐具、饰品及食物,自东向西,依次展现着不同地域、民族及文化的独特魅力。例如,中国的瓷器、茶具、剪纸、灯笼、月饼等;中亚的毡帽、羊皮袋、干果、烤肉等;西亚的地毯、水壶、香料、面包等;欧洲的玻璃器皿、酒杯、奶酪、葡萄酒等。这些物品不仅映射出各国的饮食习惯与生活风貌,还彰显了丝绸之路上的商贸交流与文化交融。宴会后的表演及曲目,更是将宾主欢愉、和谐融洽的氛围推向高潮。除中方精选的富含深意的曲目外,乐曲还依据地域特色编排成串烧,涵盖东南亚、非洲、欧洲及拉美等地,巧妙融合,流畅自然。这场国宴主题鲜明、内容丰富、色彩斑斓,令人回味无穷,简约而不简单。

请同学们带着以下问题进入任务的学习:
1. 请分析本次国宴设计中使用了哪些元素来体现宴会的主题。
2. 请收集其他国宴的资料并尝试分析设计亮点。

 知识讲解

一、宴会设计的概念和要求

(一)宴会设计的概念

宴会设计是围绕宴会举办目的或主题,根据宾客的要求和酒店的物质条件、技术条件等因素,对宴会场景环境、宴会台面、宴会菜单及宴会服务等进行统筹规划,并拟出实施方案和操作细则的创作过程。

宴会设计是一种综合设计,既包括标准设计,也包括活动设计。标准设计,是对宴会这种特殊商品的质量标准(包括服务质量标准、菜点质量标准)进行的综合设计;活动设计,是对宴会这种特殊的宴饮社交活动方案进行的策划、设计。

(二)宴会设计的要求

❶ 突出主题

每一场宴会都有其目的或主题,宴会设计需紧密围绕目的,凸显主题,此为其宗旨所在。任何种类、任何性质的宴会都有相应的目的,设计者需精准捕捉主办方举办宴会的意图与主旨,否则可能导致宾客不满,甚至导致宴会失败。

❷ 特色鲜明

特色是宴会设计的灵魂，只有将特色与宴会的主题有机结合，才能设计出打动人心的宴会，才能赋予宴会以生命力，才能让宴会更好地承载社交与情感交流的属性。宴会的特色可以在宴会的菜品、酒水、服务方式、环境布局、娱乐或者台面设计等方面进行呈现。

❸ 安全舒适

宴会既是一种欢快、友好的社交活动，同时也是一种颐养身心的娱乐活动。赴宴者乘兴而来，为的是获得精神和物质的双重享受。因此，为了确保宾客在宴会中的安全性和舒适性，主办方必须采取一系列防范措施。这包括但不限于以下方面：确保场地安全规划与设计，避免火灾风险和拥挤踩踏事故；加强食品安全管理，确保食品卫生；设置明显的紧急疏散通道标识，并保持通道畅通；配备足够的消防设备（如灭火器）；定期进行紧急疏散演练，提高宾客的自救互救能力。优美的环境、清新的空气、适宜的室温、可口的饭菜、悦耳的音乐、柔和的灯光、优质的服务是所有赴宴者的共同期望，这些因素共同构成了舒适的宴会体验。

❹ 美观和谐

宴会设计是一种"美"的创造活动，宴会场景、台面设计、菜点组合、灯光音响乃至服务人员的容貌、语言、举止、服饰等方面均蕴含着丰富的美学元素，彰显出一种独特的美学理念。宴会设计就是将宴会活动过程中所涉及的各种审美因素进行有机组合，达到协调一致、美观和谐的美感要求。

❺ 科学核算

宴会设计从其目的来看，可分为效果设计和成本设计。前四个宴会设计要求都是围绕宴会效果来设计的。酒店举办宴会的根本目的在于盈利，故而，在宴会设计过程中，必须充分考虑成本因素，对宴会各环节的成本消耗进行科学、细致的核算，以确保宴会能够实现正常盈利。

❻ 执行灵活

宴会设计人员需将设计方案详尽地细化至员工操作层面，对工作人员的任务进行明确的细化和量化，并要求其严格执行。但是，在宴会活动中可能会出现一些意外情况，因此，宴会设计人员应当尽可能地考虑各种意外情况，并提出具有可行性的备用方案。此外，对于不可量化的任务，需要给予相关工作人员一定程度的自主权，以便其发挥主观能动性，做到灵活应变。

二、宴会设计的作用

宴会设计是对整个宴会活动的统筹规划和系统安排，对宴会活动的内容、程序、形式具有计划作用，对宴会活动的实施具有指导作用，对宴会活动的质量具有一定的保障作用。

（一）满足客户需求，提升满意度

❶ 个性化体验

宴会设计能够依据客户的独特需求，精心策划每一场宴会，涵盖主题创意、菜品风味及氛围营造，确保提供非凡且独一无二的体验。例如，对于一场以"哈利·波特"为主题的生日宴会，设计师可以将宴会厅布置成霍格沃茨魔法学校，从餐桌的摆放（模仿霍格沃茨的长桌）到墙壁的装饰（挂有魔法学院的旗帜），再到菜品的设计（如黄油啤酒、魔法糖果等），都紧密围绕主题展开。此类个性化设计精准捕捉客户对特殊场合的憧憬，让宾客深刻体会到宴会的专属定制感，进而显著提高满意度。

❷ 精准服务匹配

在深入了解宴会类型（如婚礼、商务、生日等）及宾客特殊需求（如宗教饮食禁忌、食物过敏等）的基础上，精心规划服务流程。比如，在商务宴会上，服务人员可以根据宾客的商务交流需求，灵活调整上菜节奏，避免频繁打扰；对于有宗教饮食限制的宾客，能够提供符合其宗教信仰的菜品。这种精准的服务匹配能够更好地满足客户和宾客的需求。

(二)营造氛围,增强情感交流

1 主题氛围渲染

合适的主题和氛围设计可以为宴会营造出特定的情感环境。以婚礼宴会为例,浪漫主题"玫瑰之约"犹如一幅画卷,在柔和的粉色与白色灯光交织下缓缓展开,美丽的玫瑰如繁星般点缀其中,而舒缓的爱情歌曲则如同轻柔的风,拂过每一位宾客的心田,共同编织出一种温馨甜蜜、如梦似幻的氛围。在这样的环境中,新人和宾客能够更好地沉浸在婚礼的喜悦之中,增进彼此之间的情感交流。

2 社交氛围促进

在商务宴会中,通过场地布局和氛围营造可以促进宾客之间的社交互动。例如,采用开放式的场地布局,设置舒适的交流区域(如带有沙发和茶几的休息区),搭配适当的背景音乐(如轻松的爵士乐),可以让宾客在轻松愉快的氛围中进行商务洽谈和交流,有助于建立良好的商业关系。

(三)提升宴会品质,塑造品牌形象

1 菜品与服务质量提升

在宴会设计的每一个细微之处,都蕴含着匠心独运。从菜品的精挑细选到设计创新,再到服务流程的细致规划,无一不体现出设计师对宴会品质的极致追求。在菜品的选择上,注重食材的新鲜度、口味的搭配和特色菜品的推出;在呈现方式上,注重创意的装盘、合理的上菜顺序;服务人员具备专业素养,包括良好的仪容仪表、熟练的服务技能等,每一个环节都经过精心策划。例如,在高端晚宴上,精致的法式摆盘、服务人员详尽的菜品介绍及周到的服务,共同营造出高品质的宴会体验。

2 品牌形象塑造

对于酒店、餐厅等承办宴会的场所来说,出色的宴会设计是塑造品牌形象的重要手段。持续举办高质量、富有创意的宴会,将在客户心中树立良好形象。例如,某中式宴会餐厅通过融入古典装饰风格、提供地道菜品,并保障服务质量,成功在中式宴会领域树立了品牌形象,吸引了众多客户。

思政园地

(四)有效组织和管理资源

1 场地资源利用最大化

合理的宴会厅空间布局设计能够最大化地利用可用空间。例如,根据宾客人数和活动性质(如表演、展示等)来精心安排餐桌、舞台、展示区等元素的位置,确保每个区域都能发挥其功能,同时避免不必要的空间浪费。同时,考虑到人流的走向,设计合理的通道,确保场地内的交通顺畅,使整个场地的功能得到最大限度的发挥。

2 人力和物力资源调配优化

通过宴会设计,可以明确服务人员的数量和职责,以及所需的设备、餐具、装饰品等物力资源。以此提前做好资源的准备和调配工作,避免资源不足或资源浪费的现象发生。例如,依据宴会规模和复杂度,科学规划厨师、服务员、保洁等人员的任务分配,并备齐适量餐具、桌椅及装饰品,以保证宴会服务的顺利进行。

三、宴会设计的要素和内容

(一)宴会设计的要素

1 人

宴会设计中人的要素包括宴会设计师、餐厅服务人员、厨师、宴会的主办方、宴会来宾等。宴会的设计师是宴会活动的总导演、总指挥,其学识水平和工作经验是宴会设计乃至宴会成功举办的关键所在。餐厅服务人员是宴会设计方案的执行者,要根据具体情况,合理分工和配置。厨师是宴会菜品的生产者,要充分了解厨师的技术水平和风格特征,然后对宴会菜单做出科学、巧妙的设计。宴会的主办方是宴会产品的购买者和消费者,宴会设计时一定要考虑迎合其爱好,满足其要求。宴会来宾是宴会最主要的消费者,尤其是受邀的主宾,在宴会设计时要充分考虑来宾的身份、饮食习惯等因素,进行针对性的设计。

② 物

宴会设计中物的要素指宴会举办过程中需要使用的各种物资设备,它们是宴会设计的前提和基础,包括宴会厅、桌椅、餐具、饰物、厨房炊具、食品原材料等。宴会设计必须紧紧围绕这些硬件条件进行,否则,脱离实际的设计注定会失败。

③ 境

境指宴会举办的环境,包括自然环境和建筑装饰环境等。环境因素深刻影响着宴会设计,不同环境所营造出的宴会氛围与效果各具特色。宴会设计者需依据酒店或餐厅的实际情况,并紧密结合宴会主办方的个性化需求,精心挑选与设计宴会环境。

④ 时

时是指时间因素,包括季节、订餐时间、举办时间、宴会持续时间、各环节协调时间等。季节的不同,会导致宴会菜品用料有所差异;订餐时间与举办时间的间隔长短,决定了宴会设计的繁简;宴会持续时间的长短,直接影响着服务方式的选择与服务内容的规划;大型或重要的宴会(活动)内容的时间安排与协调,均会影响整个宴会活动的顺利进行。

⑤ 事

事是指宴会为何事而办,要达到何种目的或效果。不同的宴会,其环境布置、台面设计、菜点安排和服务内容不尽相同,宴会设计需紧扣主题,设计方案应鲜明突出,紧密围绕宴会的主旨进行。

⑥ 价

价是指宾客消费就餐的价格标准,这一因素直接决定了宴会的规格、原料的档次、菜肴的品质、烹调方法及服务方式。此外,宾客消费就餐的价格标准构成了餐厅管理人员进行宴会成本控制的重要依据和基础,宴会菜单的成本核算必须在宴会消费价格与符合酒店毛利率的前提下进行。

(二)宴会设计的内容

宴会设计的主要内容包括以下几个方面。

① **宴会场景设计**

宴会场景设计主要包括空间设计、气氛设计、背景设计和娱乐设计四个方面。宴会设计人员需精心挑选并充分利用宴会场地,对内部环境实施艺术化的加工与布置。场景设计对宴会主题的渲染和烘托具有十分重要的作用,能为宾客带来身临其境的体验,使每一场宴会都成为令人难忘的珍贵回忆。

② **宴会台型设计**

宴会台型应与宴会的主题、宴会的类型、宴会的规模、宴会厅的空间,以及宴会举办者的特殊需求等相匹配。合理且创意十足的台型设计,能为宴会营造独特氛围,提升活动品质与格调,同时促进宾客交流互动,确保服务流程的顺畅。

③ **宴会台面设计**

宴会台面设计主要包括宴会摆台、台面美化和席位安排三个方面。宴会设计人员需巧妙融合各类台面元素,彰显独特风格与魅力,为宾客营造愉悦的用餐氛围,同时彰显宴会主题与档次。做到突出宴会主题、营造宴会氛围、构建优美画面、方便宾客使用。

④ **宴会出品设计**

宴会出品设计主要包括菜品设计、点心设计和酒水设计等。宴会出品设计需紧扣预算、主题及举办者需求,力求满足宾客多样化的需求,凸显宴会特色与格调,让每位宾客铭记美食盛宴,满足举办者对高品质宴会产品的期望。

❺ **宴会菜单设计**

宴会菜单设计对展现宴会特色、渲染宴会气氛具有重要作用。设计宴会菜单时,需巧妙融入美食艺术、文化传承,兼顾营养搭配与社交礼仪。根据宴会举办者的预订信息、宴会主题、酒店条件等对宴会菜单进行设计,传达出宴会的主题、风格和举办者的品位与心意,为整个宴会增添独特的魅力与氛围。

❻ **宴会服务设计**

宴会服务设计主要是对宴会的服务方式和服务流程进行设计,涵盖迎接、用餐、互动及送别等环节,旨在提供全方位、个性化、高效优质的服务,确保宾客在宴会全程感到舒适便捷,尊享尊贵体验,留下美好印象。

❼ **宴会安全设计**

宴会安全设计主要是对宴会在进行中可能出现的各种不安全因素(包括自然灾害、安全事件、社会事件、公共卫生事件等突发事件)进行预防和设计。各个方面均需精心规划并严格落实,确保能应对各种安全风险与突发情况,为宴会提供安全、稳定、有序的环境。

思政园地

四、宴会设计的程序

(一)需求分析与主题确定阶段

❶ **客户沟通与需求调研**

与宴会主办方深入交流,明确宴会目的、预算、人数、时间、地点等基本信息。例如,企业年会需确定表彰、展示或联欢重点;婚礼宴会则需掌握新人喜好及爱情故事等因素。

探讨主办方对宴会风格、主题的初步设想或偏好,以及是否有特殊要求,如特定的饮食禁忌、文化习俗或场地限制等。例如,有的宗教团体举办宴会有严格的清真或素食要求;某些场地可能对装饰、烟火等有限制规定。

知识拓展

❷ **市场与潮流研究**

分析宴会市场趋势,涵盖热门主题(如复古风、科技感、自然生态)、菜品创新(如分子料理、植物基食品)、服务模式(如智能服务、沉浸式体验)及场地布置新元素(如3D投影、悬浮装饰)。通过查阅行业资料、参加展览、观摩活动等方式,研究同类宴会成功案例,汲取灵感,避免同质化。

❸ **主题创意生成与筛选**

根据客户需求和市场调研结果,生成多个主题创意。例如,结合季节和流行文化的"春日繁花音乐节"主题(适合春季且契合当下音乐潮流)、"冰雪奇缘童话晚宴"主题(利用热门动画元素且适合冬季)等。对这些主题创意进行细致筛选,评估它们的可行性、与客户需求的匹配程度,以及考虑预算和场地条件。例如,在预算有限时,需排除依赖大量高科技设备和昂贵食材的主题;在场地空间不足时,则应避免过于宏大、占地范围广的布置方案。最终确定一个独特、吸引人且切实可行的宴会主题。

(二)场地规划与设计阶段

❶ **场地勘察与测量**

对选定的宴会场地进行详细勘察,包括场地的面积、形状、高度、门窗位置、梁柱分布等建筑结构信息。例如,了解场地的不规则区域或低矮区域,以便在规划时巧妙避开或进行特殊设计。检查场地的基础设施,如电力供应、照明系统、通风设备、厨房设施等是否满足宴会需求。若厨房设施陈旧,可能需要考虑临时租赁或补充部分设备;若电力供应不足,要提前规划好额外的发电设备或调整用电设备布局。

❷ **空间布局设计**

根据宴会主题和人数,设计合理的桌椅摆放布局。交流互动性强的宴会适合圆形或U形桌椅排列;大型演出晚宴则需预留充足的舞台与观众席空间,确保视线无碍。

规划通道和服务区域,确保服务人员能够便捷地为宾客上菜、收拾餐具,同时确保宾客在场地内行走顺畅,不会出现拥堵。根据宴会厅设计规范,通道宽度一般建议在1.5~2米,以确保有足够的空间供宾客和工作人员使用,同时避免通道与舞台、表演区等交叉干扰。

设置特殊区域,如签到区(入口显眼处)、拍照打卡区(特色背景与良好光线)、礼品展示区等,以优化宾客体验。

3 装饰与氛围营造设计

依据主题选择合适的装饰元素,如色彩搭配、花卉绿植、道具摆件等。以"复古好莱坞"主题为例,可选用金色、红色为主色调,搭配老式电影海报、复古留声机、奥斯卡小金人模型等道具,营造出奢华经典的氛围。

设计灯光、音响方案同样重要,灯光要能够烘托主题氛围并满足宴会举办过程中不同环节的需求,如用餐时的柔和暖光、表演时的舞台聚光灯和绚丽特效灯等;音响系统要保证声音清晰、音量适中且覆盖全场,可根据场地形状和大小合理布置音箱。

此外,还要考虑特殊效果的运用,如烟雾机、泡泡机、3D投影等。例如,在"星际穿越"主题宴会中,借助先进的3D投影技术,将浩瀚的宇宙星空与星系运转的壮丽景象投射至天花板与墙壁之上,再辅以烟雾机的袅袅烟雾,共同编织出一个既神秘又深邃的太空梦幻场景。

(三)菜单策划与设计阶段

1 菜品概念设计

根据主题和宾客口味需求,构思菜品的整体风格和特色。例如,对于"森林童话"主题野餐宴会,菜品可以主打自然、清新、童趣的风格,多采用新鲜的水果、蔬菜、坚果等食材,设计成森林动物形状或具有森林元素的摆盘。

精心确定每一道菜品的种类与数量,确保菜单的丰富多样,涵盖开胃菜、精致汤品、主菜佳肴、精致配菜以及诱人甜品等多个环节。要考虑营养均衡、口味搭配以及上菜顺序的合理性。如在商务宴会中,开胃菜可以选择精致的刺身或小份沙拉,主菜选择荤素搭配合理的牛排、海鲜和时蔬,甜品以清爽解腻的水果拼盘或精致糕点为宜。

2 食材选择与创新搭配

挑选新鲜、优质且符合主题形象的食材。例如,在"海鲜狂欢节"主题宴会上,优先选用当季新鲜的各类海鲜,如龙虾、螃蟹、贝类等。

勇于尝试前所未有的食材搭配,比如将中式传统茶叶的馥郁芬芳与西式甜品的细腻口感巧妙融合,打造出别具一格的茶味慕斯蛋糕;又或是将热带水果的鲜甜多汁与北方粗粮的质朴醇厚相结合,创造出令人耳目一新的口感层次与风味体验。例如,芒果与玉米搭配成芒果玉米沙拉,既有芒果的香甜又有玉米的清香脆爽。

3 烹饪方法创新与菜品呈现设计

探索新的烹饪方法或改良传统烹饪方法。例如,运用低温慢煮技术,精心烹调肉类,令其肉质鲜嫩多汁,口感细腻;再借助分子料理的"神奇",将果汁幻化成鱼子酱般的爆汁球,为宾客的味蕾带来前所未有的新奇体验。

注重菜品的摆盘和呈现方式,使其成为餐桌上的艺术品。可以利用模具将食物制作成特定形状,如将土豆泥做成城堡形状放在"森林童话"主题宴会的菜品中;或者采用创意餐具,如用透明玻璃罩罩住烟雾缭绕的甜品,增加神秘感和仪式感。

(四)服务流程与细节设计阶段

1 服务流程规划

服务流程规划涵盖了宾客入场到离场的全程。宾客入场时,要有专人负责引导停车、签到、发放资料或礼品,并将其引导至座位;在用餐的每一个瞬间,都需精心安排:先以饮料和开胃菜唤醒宾客的味蕾,随后缓缓呈现汤品、主菜及甜品,确保上菜节奏恰到好处,既不让宾客久等,也不会匆忙,从而营造完美的用餐体验。

规划特殊环节的服务流程,如表演环节的舞台布置与清理、抽奖互动环节的奖品准备与颁发、婚礼宴会中的新人入场和仪式环节等。例如,在抽奖环节,服务人员要提前准备好抽奖箱、奖券和奖品,在主持人宣布抽奖结果后迅速、准确地将奖品颁发给中奖宾客,并做好记录。

❷ 服务人员培训与安排

依据宴会主题和服务需求,对服务人员进行专业培训:涵盖服务礼仪(微笑、站姿、引导手势、礼貌用语)、菜品知识(熟悉菜品名称、成分、烹饪方法及特色,以便准确介绍)及主题文化(了解宴会背景内涵,促进与宾客互动)。

合理安排服务人员岗位与职责,明确各区域服务人员数量及任务分配。大型宴会时,设专人分管餐桌、酒水、舞台等服务,确保服务有序进行。

❸ 个性化服务与应急方案设计

提供个性化服务:为儿童备有专用座椅、餐具及菜品;针对素食者、过敏体质者等特殊宾客的需求,提供定制化菜单;重要宾客则享受专属服务区或优先服务。

制定应急方案,应对可能出现的突发情况,如菜品严重延误、宾客突发疾病、设备故障等。例如,准备备用电源以应对电力故障;可提前与附近医院建立联系,以便在宾客突发疾病时能够及时送医救治;若菜品出现延误,及时向宾客解释并提供一些免费的小吃或饮品作为补偿。

(五)预算核算与资源整合阶段

❶ 成本预算编制

对宴会设计方案中的各项成本进行细致核算,涵盖场地租赁费、装饰布置开销(如花卉、道具、灯光音响租赁等)、食材购置费、酒水饮料费、服务人员薪资以及可能的表演嘉宾或艺人费用。例如,计算场地租赁费用时,要考虑场地的使用时间、面积大小以及是否有额外的场地布置费用;食材采购费用则要根据菜品的种类、数量和预计的采购价格进行估算,同时要预留一定的价格波动空间。

依据预算状况,对设计方案进行适当调整与优化,以确保总费用符合客户预算。若预算紧张,可考虑削减部分非必需装饰或选用性价比更高的食材及服务供应商;若预算宽裕,则可增设特色项目,如邀请知名表演嘉宾或运用更为先进的装饰技术。

❷ 资源整合与供应商选择

整合各类所需资源,诸如场地、食材供应商、装饰公司、表演团队及服务人员派遣机构等。通过招标、询价、参考业界口碑及过往案例等手段,精心挑选合适的供应商及合作伙伴。例如,在选择食材供应商时,要考察其食材的新鲜度、供应稳定性、价格合理性以及是否能够提供定制化服务;对于装饰公司,要评估其设计能力、施工质量、工期把控以及是否有类似主题宴会的装饰经验。

与选定的供应商签订合同,明确界定双方的权利与义务、服务标准、价格细节、交货期限及质量保证措施,以保障宴会筹备与举办的顺利进行。例如,在与装饰公司签订的合同中,要详细记录装饰的风格、元素、完成时间以及验收标准;与食材供应商的合同要注明食材的品种、规格、数量、价格和交货时间等,同时要约定出现食材质量问题时的处理方式。

(六)方案审核与完善阶段

❶ 内部审核与评估

组织宴会设计团队内部成员对整个设计方案进行审核,从主题创意、场地规划、菜单设计、服务流程到预算核算等各个方面进行全面评估。检查方案是否存在逻辑漏洞、是否符合客户需求和预算限制、各项设计元素之间是否协调统一等。例如,在审核场地布局时,需确保通道畅通、桌椅摆放合理且舒适,同时舞台视角也应保持良好;审核菜单时,要评估菜品的口味搭配是否合理、食材的选择是否符合季节和主题等。

邀请相关领域的专家及经验丰富的同行对方案进行评审,并认真听取他们的专业意见及改进建议。例如,邀请美食评论家对菜单进行点评,提出关于菜品创新、口味提升的建议;请活动策划专家对场地规划和服务流程进行把关,指出可能存在的问题和改进方向。

② **客户反馈与方案调整**

向客户展示设计方案,详述各环节及特色,悉心听取客户反馈。针对主题风格、菜品选择、预算分配等疑问或修改要求,耐心解答并记录。例如,客户可能觉得某个主题元素不够突出,或者对某道菜品的食材有过敏史,需要调整。

依据客户反馈及内部审核,不断调整完善设计方案,直至客户满意。其间与客户保持密切沟通,及时汇报调整进展,确保方案最终完美符合客户期望,呈现出富有创新魅力的餐饮宴会。

任务实施

分析宴会设计方案的基本要素和主要内容

1. 任务要求

(1)学生自由分组,每组 4~6 人,并推选出小组长。

(2)每个小组查找一场宴会的设计方案,然后针对宴会设计方案中的基本要素和主要内容进行组内讨论。

(3)小组长汇总小组成员的主要观点,并以 PPT 的形式进行汇报演示。

2. 任务评价

在小组演示环节,主讲教师及其他小组依据既定标准,对演示内容进行综合评价。

评价项目	评价标准	分值/分	教师评价(60%)	小组互评(40%)	得分
知识运用	掌握宴会设计的基本要素和主要内容	30			
技能掌握	对宴会设计方案的分析合理、准确	40			
成果展示	PPT 制作精美,观点阐述清晰	20			
团队表现	团队分工明确,沟通顺畅,合作良好	10			
合计		100			

同步测试(课证融合)

一、选择题

1. 宴会设计的主要要素包括( )。

A. 人 B. 物 C. 境

D. 时 E. 事 F. 价

2. 宴会设计的要求包括( )。

A. 突出主题 B. 特色鲜明 C. 安全舒适

D. 美观和谐 E. 科学核算 F. 执行灵活

二、简答题

1. 简述宴会设计的内容。

2. 简述宴会设计的程序。

扫码看答案

项目二

宴会需求分析

项目描述

宴会需求分析是宴会预订部人员通过面谈、电话、信函、传真、电子邮件及线上渠道,与客户深入沟通,明确宴会主题、形式、规格及人数等需求,完成初步预订,并跟进落实预订变更、检查追踪,建立宴会客史档案的工作过程。宴会需求分析是后续宴会场景设计、出品设计、台面及摆台流程设计、安全设计、服务设计的基础。本项目设置了洽谈宴会预订、落实宴会预订两个任务。

项目目标

素养目标
1. 树立顾客至上、以人为本、敬业奉献的职业素养。
2. 培养创新思维和创新意识。
3. 培养良好的服务态度、服务意识,全心全意满足宾客需求。
4. 树立团队合作意识,培养团队协作能力。
5. 树立关注细节、精益求精、追求卓越的工匠精神。
6. 树立诚信意识和法律意识。

知识目标
1. 了解常用的宴会预订方式。
2. 熟知宴会预订方式的工作流程。
3. 熟知预订变更的工作流程。
4. 熟知宴会客史档案的内容及要求。

能力目标
1. 能够顺利完成与客户的沟通,充分了解客户需求。
2. 能够熟练完成客户宴会预订。
3. 能够熟练完成宴会预订的更改与取消业务。
4. 能够规范完成宴会客史档案的建立。
5. 能够具备良好的应变能力和公关销售能力。

知识框架

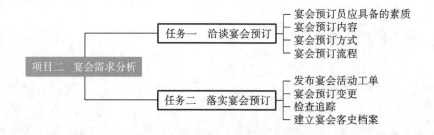

任务一　洽谈宴会预订

宴会预订是宴会服务的首要环节，一场成功的宴会从预订开始，预订服务对客户形成第一印象及酒店后续服务起着重要的作用。因此，酒店宴会部必须高度重视与宴会预订客户接触的起始阶段，争取在客户心目中留下美好的"首轮印象"。部分酒店由于没有做好预订工作，给自己酒店带来了不必要的损失和麻烦。

任务引入

小李是某酒店宴会预订部的预订员，入职时间较短。一天，她接到大型宴会预订电话，客户称通过网上平台了解到酒店信息，她在与客户沟通过程中详细记录了宴会日期、时间、主办单位、就餐人数、宴会类别、消费标准、预订人姓名及联系方式等信息，并准备携预订单和合同书前往客户单位确认。宴会预订部张主管阻止了她，表示这种大型宴会的预订一定要慎重，很多细节可能会有变动，应该先跟客户确认后再去签合同，建议客户先传真预订要求，再根据要求把宴会预订单、宴会厅平面图、宴会菜单等资料反馈给客户，并请客户二次传真确认，小李于是照做。一个星期后，她接到了客户的传真，果然，这次客户在宴会预订的很多细节上都作了变动，而且在宴会价格上也提出了意见。小李前往客户单位，经协商后得到客户确认，随即签订宴会预订合同，客户按规定预付10%定金。

（案例根据网络内容改编）

请同学们带着以下问题进入任务的学习：

1. 宴会预订的内容有哪些？
2. 宴会预订的方式有哪些？
3. 每种宴会预订的方式各有什么优点？
4. 宴会预订的流程是什么？

知识讲解

一、宴会预订员应具备的素质

宴会预订员（图2-1）的素质高低直接影响宴会预订能否顺利完成，因此酒店宴会部对预订员的要求比较严格。宴会预订员应具备以下六项素质。

(1) 熟悉宴会预订业务知识，能独立处理各类预订函件。

(2) 熟悉宴会预订部工作流程及每个工作环节，掌握宴会部产品知识和市场知识。

(3)需具备良好的服务态度和服务意识,全力满足客户的合理需求。

(4)具备处事应变能力和一定的公关销售能力,能灵活处理各种预订情况,开拓宴会客源渠道。

(5)能用较熟练的外语与外国客户交谈,能够解答客户关于宴会安排提出的各种问题,具有较强的语言文字能力。

(6)能敏锐发现宴会预订中的问题并及时上报,同时与酒店各相关部门协调配合。

图 2-1　宴会预订员

二、宴会预订内容

宴会预订指的是酒店宴会部工作人员在宴会筹备初期,与主办方深入沟通并协调宴会需求信息的过程。它既是酒店产品推销的重要环节,也是客源组织的关键步骤。宴会预订对餐饮客情信息的收集与整理具有重要作用。

宴会预订的内容涵盖了预订人员需向主办方详尽了解的各项信息,这些信息是设计符合客户需求的宴会方案的基础,具体包括以下内容。

(1)宴会时间:宴会举办的具体日期(年、月、日)与具体时间(早、中、晚宴,开餐时间,结束时间)。

(2)宴会主题:客户举办宴会的目的与性质,比如婚宴、寿宴、满月宴、乔迁宴、升学宴等。

(3)宴请对象:了解主要宾客的年龄、性别、职业、喜好、禁忌及其他特殊要求等。

(4)宴会规模:宴会参加人数、宴会桌数等。

(5)宴会标准:宴会消费总额、每桌消费金额、人均消费金额及付款方式等。

(6)宴会菜单:宴会选用的菜式(中餐几大菜系、西餐、自助餐等)、菜单具体内容、酒水要求(自带或使用酒店酒水)。

(7)宴会场地布置要求:需明确宴会厅的面积、风格及气氛设计需求,同时确定台型与席位的具体设计,以及宴会所需的设施设备,如灯光、投影、电脑、麦克风、音响系统等。

(8)预订人信息:预订人姓名、联系方式、单位名称、地址。

(9)其他细节要求:比如停车位、停车地点,有无宾客席位卡、座次表,礼宾礼仪要求等。

规格越高、规模越大或宾客身份越重要的宴会,所需了解的信息也越详尽,预订员需与客户进行充分且有效的沟通。

三、宴会预订方式

常见的宴会预订方式包括电话预订、面谈预订、书面预订、线上预订等。

（一）电话预订

电话预订（图2-2）快捷高效，适用于普通及小型宴会，主要用于客户咨询，向客户介绍宴会有关事宜，为客户检查宴会地点和日期、核实宴会细节、确定具体事宜。宴会预订部需向客户主动预约会面时间当面交谈，必要时可通过电话和传真与客户联系及销售产品。电话预订工作流程及服务标准见表2-1。

图2-2 电话预订

表2-1 电话预订工作流程及服务标准

工作流程	服务标准
礼貌问候自报家门	(1)电话铃响三声之内接听电话。 (2)用礼貌用语问候对方，报出本部门名称并介绍自己（您好！××酒店宴会预订部，我是预订员××，请问我可以为您提供帮助吗？）
接受问询了解需求	(1)先礼貌询问客户举办宴会日期与时间以及参加宴会人数，确定有满足宾客需求的宴会厅。 (2)认真倾听，耐心回答客户关于宴会服务的相关问询。 (3)礼貌询问，详细了解客户关于宴会举办的相关信息： ①了解用餐人数，根据人数、台型及客户的要求来安排合适的宴会厅。 ②了解宴会的主题、主宾姓名及身份；向客户介绍酒店宴会消费标准、宴席菜单，询问付款方式；了解宴会厅场景布置、台型布局、设施设备等；了解其他细节要求
接受预订复述确认	(1)重复客户要求，并请客户确认。 (2)询问客户姓名、联系方式等信息，在交谈中用姓氏称呼客户。 (3)根据客户要求安排宴会场地，确认预订
礼貌致谢	结束谈话时感谢客户，礼貌道别
认真记录	根据客户预订内容，填写宴会预订单

（二）面谈预订

面谈预订（图2-3）直接有效，尤其适用于大型宴会。面谈方式灵活，可由预订部工作人员拜访客户，或客户亲临酒店预订。宴会预订员可以与客户当面讨论关于宴会的所有细节，还可以带领客户实地参观宴会场地,通过与客户详细沟通并观察客户的现场反应,捕捉客户的显性需求和隐性需求,为后续工作打好基础。在面谈时要详细记录客户要求,填写宴会预订单。面谈预订工作流程及服务标准见表2-2。

图 2-3 面谈预订

表 2-2 面谈预订工作流程及服务标准

工作流程	服务标准
礼貌接待	(1)当客户来到宴会部时,应主动热情问候客户。 (2)预订员主动向客户介绍自己,表达愿意为客户服务的意愿。 (3)请客户入座,给客户上茶。 (4)询问客户姓名、联系方式等信息,在交谈中用姓氏称呼客户
接受问询 推介参观 了解需求	(1)先礼貌询问客户举办宴会日期与时间及参加宴会人数,确定有满足客户需求的宴会厅。 (2)带领客户参观宴会场地,边看边详细介绍,提出合理化建议。 (3)认真倾听,耐心回答客户关于宴会服务的相关问询。 (4)礼貌询问,详细了解客户关于宴会举办的相关信息: ①了解用餐人数,根据人数、台型及客户的要求来安排合适的宴会厅。 ②了解宴会的主题、主宾姓名及身份;向客户介绍酒店宴会消费标准、宴席菜单,询问付款方式;了解宴会厅场景布置、台型布局、设施设备等;了解其他细节要求

续表

工作流程	服务标准
接受预订	(1)重复客户要求,认真填写宴会预订单,并请客户签字确认。 (2)根据客户要求安排宴会场地。 (3)大型宴会收取不高于20%的定金
礼貌致谢 热情送客	(1)结束谈话时感谢客户。 (2)礼貌道别,将客户送至酒店门口

同步案例

(三)书面预订

书面预订涵盖传真、信函等传统方式,旨在回复客户咨询、寄发宴会确认书,尤其适用于提前较长时间的预订。宴会部收到客户的询问信时,应立即回复客户询问的问题,并附上酒店宴会厅、设施设备介绍和有关的建设性意见,随时与客户保持联系,争取让客户在本酒店举办宴会活动。后期可以通过信函或面谈的方式达成协议。

(四)线上预订

线上预订又称网络预订,是客户通过网络进行宴会预订的一种方式。随着智能手机的普及和移动互联网的快速发展,线上预订服务因其便捷性和高效性,逐渐受到人们的青睐,许多专业的线上宴会预订平台也随之涌现。客户通过这些平台能够获取更全面的信息,包括宴会场地照片、宴会的菜单等细节资料,有的平台还融入全景虚拟现实VR展示技术,让客户在浏览酒店宴会厅场景时仿佛身临其境。客户在线上平台查阅信息后,可与在线客服深入交流,或通过微信等渠道获取详尽资料。

宴会预订方式多种多样,客户可灵活运用多种预订方式,先通过线上平台掌握酒店宴会厅信息,再通过电话初步沟通并确认预订,最后通过面谈交流细节,实地考察宴会场地。无论客户选择何种预订方式,工作人员均需展现出热情洋溢的态度,礼貌周到地接待,积极主动地介绍菜品,适时恰当地推销,严格规范地完成接待流程。

四、宴会预订流程

(一)做好宴会预订的准备工作

为了迅速准确的回答宾客的问询,宴会预订员应熟悉酒店所有宴会厅设备设施(包括面积、平面布局、朝向),相关宴会菜肴及酒水饮料的知识,餐桌摆放的形式,以及各种费用价格等情况。

❶ 掌握与宴会服务的相关资料

(1)熟悉酒店宴会厅的面积、布局、接待能力及各项设施设备的功能情况。
(2)掌握不同标准宴会菜单的价格和特色,掌握各类菜肴、酒水饮料的成本。
(3)掌握宴会部根据淡季、旺季、新老客户等不同条件制定的宴会优惠策略。
(4)熟悉各种不同类型的宴会服务标准和布置摆设的要求。
(5)熟悉客房销售价格及一般的工程技术标准和卫生安全条例。
(6)准备完善、充足的宴会宣传资料,包括文字资料、图片资料及电子资料等。

❷ 掌握已有预订情况

(1)每天要查阅宴会安排日记簿,宴会安排日记簿是酒店宴会部根据宴会每天的预订情况设计而成的,供宴会预订员在受理预订时填写及日后查核使用,一般每日一页,内容主要包括宴会时间、就餐人数、消费标准等。宴会安排日记簿见表2-3。

表 2-3　宴会安排日记簿

编号：　　　　　　　　　　　日期：

宴会厅名称	早餐			午餐			晚餐		
	宴会时间	就餐人数	消费标准	宴会时间	就餐人数	消费标准	宴会时间	就餐人数	消费标准
宴会厅 A									
宴会厅 B									
宴会厅 C									
宴会厅 D									
宴会厅 E									
宴会厅 F									

(2)需熟悉未来半年内的宴会预订概况，尤其是大型宴会、重要宾客及节假日的预订情况。

(二)接受客户问询，了解客户需求

宴会预订员在接受客户问询后，应立刻检查宴会厅是否适用和是否可预订，并核查宴会预订的有关记录，然后回答客户的各种问询。

❶ 宾客询问的主要内容

宾客询问的主要内容：宴会厅是否有空闲；宴会的菜肴、酒水饮料及宴会厅的费用；宴会菜肴的内容；宴会主办单位提出的有关宴会的设想及在宴会活动安排上的要求能否得到满足；宴会厅的规模及各种设备情况；各类宴会的菜单和可供变换、替补的菜单；不同费用标准的菜单和可供选择的酒单；针对不同费用标准的宴会，酒店可提供的服务规格；针对不同费用标准的宴会，酒店可提供的配套服务项目；不同宴会的场地布置、环境装饰和台形布置的实例图；酒店提供的所有配套服务项目及设备；宴会订金的收费规定；提前、推迟、取消预订宴会的有关规定。

❷ 宴会预算单

大型宴会的主办单位为了编制预算，或希望将宴会预算控制在某个范围内，大多要求酒店提供宴会预算单。在宴会问询阶段，客户可能问及宴会预算的经费问题，所以有时在问询阶段就要向客户提供宴会预算单(见表 2-4)。

表 2-4　宴会预算单

宴会时间：　　年　　月　　日

费用项目	数量	价格/元	金额/元	备注
菜肴				
酒水饮料				
开瓶费				
设备费				
服务费				
宴会厅布置				
餐桌装饰花				
印制菜单费				
席间节目费				
合计				

(三)接受宴会预订

❶ 填写宴会预订单

如果确定宴会预订可行,无论是暂时性预订,还是确认性预订,都要一式两份填好宴会预订单,接受宴会预订主要是通过填写宴会预订单来完成的。

(1)宴会预订单主要内容:①宴会主办单位或个人;②宴会主办单位或负责人相关信息(包括头衔、地址、联系方式);③宴会类型;④宴会日期及宴会时间;⑤出席人数;⑥付款方式;⑦预订金额(一般为总费用的10%~20%);⑧宴会各项费用开支和总计金额;⑨宴会菜单及酒水;⑩宴会厅布置。

(2)宴会预订单的类型:由于宴会部管理方法的不同及宴会规模、档次、风格的不同,宴会预订单的内容也有所不同。下面以综合性宴会预订单为例进行简单介绍。

综合性宴会是指以宴会形式开展多种交流活动的宴会,一般规模较大,牵涉面广,不易组织协调,为此,这种宴会的预订单内容应该更加详细具体。宴会预订单见表2-5。

表2-5 宴会预订单

预订单编号:

预订日期		预订人		联系方式	
宴会名称		宴会日期		宴会时间	
宴会类型		保证桌数		预估桌数	
消费标准		预收定金		付款方式	
宴会菜单				宴会酒水	
宴会布置	台型				
	场地				
	设备				
特殊要求					
客户签字			预订员		

❷ 宴会预订的确认

预订员承接了宾客的宴会预订并填写好宴会预订单后,应在宴会预订控制表上做好记录,同时经过有关部门和宴会主办方的确认后,才算是完成宴会预订的整个工作。宴会预订确认分为暂时性确认和确认性确认两类。

(1)暂时性确认:宴会预订员仅填完宴会预订单而未得到所涉及的有关部门和主办人的确认,就算作暂时性确认。其包括以下几种情况。

①客户对宴会尚未做最后决定,仍在问询或了解宴会情况阶段,如不及时预订,宴会厅到时不一定有空档。

②宴会已经确定,在费用和宴会厅地点方面客户还在进行比较和选择。

③客户希望的宴会日期或时间因有其他预订,从而无法确定其日期或时间。

无论是哪种情况,宴会预订员有责任帮助客户尽量排除不利因素的干扰,尽快确认宴会预订。

(2)确认性确认:宴会预订员在填写完宴会预订单后,如果获得所涉及的有关部门或宴会主办方的确认,就是确认性确认。在办好宴会预订承接手续后,还应填写宴会预订确认书并送交客户。宴会预订确认书可摘录宴会预订单上的相关项目,其内容一般包括:宴会名称、举办时间、宴会人数、保证人数、宴会标准、宴会菜单及酒水安排等。宴会预订确认书见表2-6。

表2-6 宴会预订确认书

致　　　女士/先生: 　　承蒙惠顾,不胜感谢!您于　年　月　日在我店所订宴会,我店正在按预订要求认真准备,如有不妥之处或新的要求,请即时来电告之,我店愿为您竭诚服务,务请按时光顾! 　　附宴会准备情况如下: 宴会名称: 举办时间:　年　月　日　时 宴会人数:　　　　　　　　　　　　保证人数: 宴会地点: 宴会标准: 宴会菜单: 酒水安排: 宴会经理:　　　　　　　　　　　　联系方式: 　　　　　　　　　　　　　　　　　　　　　　　　　　　　　　　　　　　　年　月　日

❸ 签订宴会合同书

大型宴会预订得到确认后,经过协商得到客户认可的菜单、酒单、场地布置示意图、灯光、音乐等细节资料,应以确认信的方式及时送交客户。在客户确认后,双方签订宴会合同书。宴会合同书经双方签字后生效,如有变动,需经双方协商确定,如任何一方存在违约情况,按宴会合同书中的相关规定承担违约责任。宴会合同书见表2-7。

表2-7 宴会合同书

宴会合同书
甲方:　　　　　　　　　　　　　　联系方式: 乙方(客户姓名):　　　　　　　　联系方式: 为保障双方权益,经甲、乙双方协商同意,就宴会预订相关事宜,达成以下共识: 1.宴会类型: 2.宴会地点: 3.宴会日期: 4.开宴吉时: 5.宴席标准:　　　元/桌(10人/桌) 6.宴席桌数:保底桌数_____桌,备_____桌,如有变动,请您最迟在宴会前24小时与甲方预订负责人更改并签字确认。宴席实到桌数未达到时按保底桌数结账,剩余宴席桌在三日内有效且按所定宴席标准执行。 7.定金:为保障双方权益,乙方预付人民币_____元整(不计息),作为场地预留定金。宴会结束凭定金收据冲抵宴会消费款。 8.宴会优惠项目 说明:本合同另有的附件、协议的组成部分,具有同等法律效应。本协议正本壹式两份,甲、乙双方签字确认各执一份。未尽事宜,由甲、乙双方共同协商解决,在本协议履行过程中,双方如产生争议,可协商解决,协商不成的可向当地法院起诉申请仲裁。 甲方:　　　　　　　　　　　　　　乙方(客户签名): 地址: 酒店预订负责人:　　　　　　　　　　　　　　　　　　　　　　　　年　月　日

为了避免不必要的纠纷,保证客户与酒店双方的合法权益,在签订宴会合同时,酒店应与客户明确若干细则,可以附在合同的背面,具体内容如下。

(1)取消宴会的赔偿:甲乙双方如因单方面原因导致宴会不能如期举行,若在规定时间内取消,则双方不予追究,全额退回预留定金;若超过规定时间取消,另一方有权要求赔偿损失(不同酒店规定时间不同)。

(2)不可抗力:乙方在酒店举办宴会期间,如遇国家、政府部门征用或自然灾害等不可抗拒因素时合同自行终止,但甲方可帮助乙方调整场地及时间,但不承担任何赔偿责任。

(3)宴会厅场地布置:①宴会场地布置时间;②如需场地布置,乙方或婚庆(广告)公司须提前与甲方联系确认,不得在甲方的经营时间内布场。施工方入场布置前须由婚庆(广告)公司与酒店签订相关协议,如有损坏场地设施设备则照价赔偿。

- 所有宴会施工之前,需缴纳押金_____元作为担保。
- 宴会施工人员及所有设备必须从货梯通道进入酒店。
- 所有人员必须衣着整齐,文明施工,使用规范语言。
- 酒店内不准随地吐痰,严禁吸烟。
- 施工前需铺设布料保护地毯及大理石地面。
- 不准于墙面及其他表面钉铁钉。
- 小心使用推车,避免损坏门、墙及地毯等酒店设施。
- 如需使用任何类型的胶带必须得到宴会部的同意。
- 所有电器安装工作必须在酒店工程师的指导下进行。
- 酒店内不提供堆放废弃材料的场所,施工方需在宴会结束后立即清理并运走所有材料。
- 严禁于宴会现场进行木工等类似工作。
- 任何海报或者其他墙面装饰必须用蓝色的胶泥固定且需通过宴会经理/助理的同意。
- 严禁使用各种胶水及其他种类喷胶。
- 施工人员不得于酒店内饮用任何含酒精饮料。
- 不得于宴会厅及酒店公共区域享用外带食品。
- 所有背景板木材必须使用防火漆。
- 为避免干扰其他宴会的正常进行,所有安装及拆除作业的时间安排需由宴会厅经理确定。
- 施工人员不得在酒店闲逛及睡觉。
- 酒店宴会厅内禁止使用冷焰火及明火。
- 所有重型设备、铁制品和蜡烛/花摆放时,应在物品下摆放小块地毯或者亚克力板以防止锈渍、掉色或者其他由尖锐设备引起的地毯损坏。
- 宴会结束后会议主办者必须与保安部主管及宴会厅经理共同检查宴会场地,确认无任何损坏后,宴会厅经理签字后方可退还押金。
- 布场时间由酒店前一餐客走时间来决定,免费布场时间为_____小时,超出时间另加收费用_____元/小时。
- 酒店内部不存放任何烟花爆竹,且酒店门前区域严禁燃放烟花爆竹。

(4)其他内容:①乙方须自行保管好随身携带的物品,如有丢失或损坏,甲方不负责。②乙方有责任提醒所有参加宴会的宾客注意保持环境卫生,并爱护设备设施,如有损坏,需按价赔偿。③为安全起见,严禁携带宠物进入甲方场地。

❹ **收取定金**

为了确保宴会预订的成功率并保护双方权益,大型宴会通常要求客户支付定金,其数额不得超过主合同标的额的20%,符合《中华人民共和国民法典》第五百八十六条的规定。定金的具体数额由双方协商确定,若超过约定数额,则视为变更约定的定金数额。与酒店有良好信用关系的常客或是小型宴会则可以经双方协商后不支付定金。

若客户因故取消预订,应在规定时间内通知酒店;若超过规定时间,则酒店根据实际情况按比例退还定金;若临时取消或预订后在宴会当天未来的,定金不予退还。

婚宴合同

知识拓展

任务实施

设计一场完整的宴会预订对话(电话预订或面谈预订),通过进行模拟演示,完成宴会预订单填写、宴会确认,以及签订宴会合同书等一整套宴会预订流程。

1. 任务情景

某酒店接到一场寿宴预订,该寿宴的相关信息如下。①寿宴举办时间为2023年8月8日,开宴时间为18:00,宴会持续2.5小时;②预计有180名宾客参加,每桌10人,共18桌,保证桌数16桌;③每桌消费标准为1988元;④菜单以本地菜为主,自带酒水。

2. 任务要求

(1)学生自由分组,每组6~8人,并推选出小组长。

(2)每个小组各成员分工合作,了解宴会预订的主要内容,熟悉宴会预订流程,为此次预订设计一场完整的宴会预订对话,准备宴会预订单、宴会预订确认书以及宴会合同书。

(3)各小组准备实训物品。

(4)各小组在实训室进行预订模拟演示,并展示完成的宴会预订单、宴会预订确认书以及宴会合同书。

3. 任务评价

在小组演示环节,主讲教师及其他小组依据既定标准,对演示内容进行综合评价。

评价项目	评价标准	分值/分	教师评价(60%)	小组互评(40%)	得分
知识运用	掌握宴会预订的主要内容和流程	30			
技能掌握	预订过程符合电话预订(或面谈预订)操作流程、服务标准,语言表达流畅,面带微笑,态度热情,能及时回应宾客提出的问题	40			
表单展示	宴会预订单、宴会预订确认书、宴会合同书填写完整、规范	20			
团队表现	团队分工明确,沟通顺畅,合作良好	10			
	合计	100			

同步测试(课证融合)

一、判断题

1. 大型高档宴会通常采用电话预订的方式。 ( )
2. 大型宴会通常会收取30%的定金。 ( )
3. 如果客户取消预订,预订员应填写取消预订报告单送至有关职能部门。 ( )
4. 根据预订是否得到确认可以将宴会预订分为暂时性预订和确认性预订。 ( )

二、选择题

1. 进行宴会预订最直接有效的方式是( )。
A. 电话预订　　B. 面谈预订　　C. 书面预订　　D. 线上预订

2. 宴会预订员在接受宾客预订时首先要填写的表格是( )。

扫码看答案

A. 宴会预订单　　　　　　　　　B. 宴会合同书
C. 宴会安排日记簿　　　　　　　D. 宴会通知单

3. 宴会预订时，接受电话预订的工作流程是（　　）。

A. 礼貌问候，自报家门　　　　　B. 接受问询，了解需求
C. 接受预订，复述确认　　　　　D. 礼貌致谢，认真记录

三、简答题

1. 列举宴会预订中需要向宾客了解的信息。
2. 简述宴会预订流程。

任务二　落实宴会预订

教学资源包

 任务引入

2021年8月9日，市民章女士向九江日报全媒平台反映称，她在庐山开元名庭酒店为儿子提前预订婚宴，当再次现场确定婚宴日期时，酒店方突然表示同天已登记了其他顾客。该酒店相关负责人回应称，此前已与另一客户签订协议，预订了明年（2022年）5月8日的婚宴，并拒绝和章女士签订协议。

"前几天，我和家人在庐山开元名庭酒店现场预订了20桌酒席和10间客房。"章女士介绍说，记得第一次到现场时，虽然当时没有交订金，但临走时已与酒店对接的黄经理口头约定2022年5月8日中午办理儿子婚宴。没想到，8月8日下午第二次去现场沟通时，和酒店人员敲定宴会日期时，却发现已登记为其他人了。

记者联系到庐山开元名庭酒店相关负责人，对方解释称，婚庆公司通知酒店的婚宴时间为5月20日，而宾客来到现场时才改为5月8日。且酒店在之前已经和该宾客签订了协议，预留婚宴日期为2022年5月8日，因此无法再与章女士签订协议。"酒店大型活动都是提前签订协议和让客户缴纳定金来确认场地的，只有签订了合同，交付定金，才算是酒店的正式预订方式。像章女士这类情况，只是在询价阶段。因为单纯询价的客户很多，酒店不可能仅为潜在客户的客户保留宴会厅。"据酒店负责人介绍，该酒店约有40个桌位，当天已订完大、小宴会厅30多个桌位，无法满足章女士的需求。

章女士告诉记者，按照行业规定，如果客户已现场订餐后，再有其他人来订宴席，本应告知前一个预订客户，这是经营者对客户的基本尊重。章女士说："8月初，我和酒店经理曾多次在微信上沟通过菜品、价格等婚宴事宜，一直也没听酒店人员说日期已被人抢订了。"虽然从法律角度进行分析，酒店人员的行为未失信于人，但从酒店管理角度来说，服务水平和态度应当与酒店品牌形象相匹配。

（案例来源于凤凰网九江新闻网）

请同学们带着以下问题进入任务学习：

1. 案例中酒店经理的做法是否妥当？
2. 为了避免案例中情况的发生，酒店在进行时间比较长的预订时应该注意哪些事项？

 知识讲解

一、发布宴会活动工单

宴会合同书签订以后，就需安排落实宴会预订。根据宴会预订单上的要求填写宴会活动工单，

主要内容包括一般信息情况(如宴会主办方基本情况、宴会日期及时间、宴会类型、宴会举办地点、就餐人数、宴会桌数、消费标准、付款方式等)、宴会涉及的相关部门应该完成的工作以及时间要求等。接收宴会活动工单的相关人员必须签字确认,注明收到日期。宴会活动工单见表 2-8。

表 2-8 宴会活动工单

派单日期		预订编号		客户姓名		联系方式	
宴会日期		宴会名称		定金金额		付款方式	
宴会时间		宴会类型		宴会地点		消费标准	
就餐人数		保证人数		预估桌数		保证桌数	
宴会部 部门签字:							
厨房部 部门签字:							
酒吧部 部门签字:							
客房部 部门签字:							
保安部 部门签字:							
财务部 部门签字:							
工程部 部门签字:							
采购部 部门签字:							
预订员							

二、宴会预订变更

在宴会预订确认后,客户可能对预订做出变更,这种变更包括宴会预订的更改和取消。

(一)更改宴会预订

多数大型宴会通常需要提前较长时间进行预订,尤其是像婚宴这样的宴会,变数较多,有的是举办日期的变化,有的是就餐人数的增减,有的是餐桌布置的更改,有的是菜单内容的修改,也有酒店方面的更改等,因此,为了适应这种更改,保证宴会的顺利进行,酒店宴会部通常在宴会举办前一个星期再次与客户确认宴会举办的相关事项,争取将发生错误的可能性降至最低。

如果和客户确认后没有需要更改的项目,则一切准备工作按照宴会通知单的内容正常进行。如有任何方面的更改,需第一时间填写"宴会预订更改通知单"发往各相关部门,若有任何临时的(甚至最后一分钟的改变)都应及时通知各相关部门。

宴会预订更改通知单中应详细记载宴会预订单中的原始情况及后来的更改情况,应清晰告知各

同步案例

相关部门必须更改的工作项目,这样各部门就能依照更改内容来调整工作安排,共同努力满足客户需求。同时,使用宴会预订更改通知单的形式下发宴会更改要求并且要求接收者签字确认,这样能有效避免各部门以未接到更改通知为借口,相互推卸责任。更改宴会预订的工作流程如下所述。

(1)当客户通过电话或面谈的形式对已预订的宴会提出更改时,应热情接待、积极服务。

(2)详细了解客户更改的项目、原因,尽量满足客户要求。

(3)认真记录更改内容。

(4)尽快将处理的信息告知客户,并向客户表示感谢。

(5)认真填写宴会预订更改通知单,及时通知各相关部门,并要求部门接收人签字确认。

(6)将更改原因及处理方法记录存档,并汇报给宴会部经理,以便采取跟踪措施,进一步争取客源。

(7)检查更改内容的落实情况和更改后费用收取等事宜。

宴会预订更改通知单见表2-9。

表2-9 宴会预订更改通知单

编号:

预订单编号		预订员		宴会名称		宴会类型	
宴会时间		宴会地点		就餐人数		宴会标准	
更改内容								
项目		原始情况		更改情况		备注	
基本信息	日期						
	地点						
	人数						
	其他						
宴会费用	菜点费用						
	酒水费用						
	鲜花费用						
	设备费用						
	场地费用						
	其他费用						
宴会菜单							
宴会酒水							
餐台布置							
宴会厅布置							
宴会程序							
服务方式							
其他							
通知部门							

（二）取消宴会预订

由于某些原因，宴会预订除发生更改外，也可能会被取消，取消宴会预订的工作流程如下所述。

（1）当客户通过电话或面谈的形式提出取消预订时，应问清客户取消预订的原因，尽量挽留客户，这有助于改进今后的宴会推销工作。

（2）需在宴会预订单上加盖"取消"印章，并详细记录取消预订的日期、取消人的姓名以及负责处理取消预订的员工的姓名。

（3）在大型宴会取消后，应立即通知宴会部经理，并由宴会部经理向客户发送正式函件，表达无法提供服务的遗憾，并承诺未来有机会再次合作。

（4）按之前签订的宴会合同中的规定处理定金。

（5）认真填写宴会预订取消通知单，及时通知各相关部门，并要求部门接收人签字确认。

宴会预订取消通知单见表2-10。

表2-10　宴会预订取消通知单

宴会预订取消通知单
单位名称：　　　　　　　　　　　　联系人： 宴会日期： 预订方式：　　　　　　　　　　　　预订日期： 取消预订的原因： 挽留客户所做的努力： 进一步采取的措施： 　　　　　　　　　　　　　　　　　宴会部经理签名： 　　　　　　　　　　　　　　　　　日期：

三、检查追踪

检查追踪的目的是确保宴会按要求如期举行以及改进今后的工作。检查追踪包括两个方面：一方面是宴会主办方，包括宴会前期与客户的联系和宴会结束后对客户的追踪回访；另一方面是酒店方，包括检查落实宴会前期及宴会当天的工作安排。

❶ 宴会前期与宾客保持联系

对于尚未进行预订确认的客户，应主动联系并早日促成客户确认。对于提前较长时间预订的大型宴会，客户与酒店签订确认书或宴会合同后，需在宴会确认日期前两个星期主动征询客户意见，是否有更改或补充；宴会前一个星期再次联系确认；宴会前三天，向客户汇报酒店工作落实情况。

❷ 落实酒店宴会前期工作安排

对于一般的宴会，预订员要向部门主管汇报宴会的具体情况，以便部门主管对人员作出适当安排。对于大型重要宴会，需及时向酒店行政领导汇报，必要时指定高级行政领导为总负责人，组织协调会议，记录会议内容并制订行动计划，及时下发至相关部门。

❸ 落实酒店宴会当天工作安排

（1）整理、归纳宴会当天的资料和预订表格，联系各有关部门查询工作的完成情况。

（2）宴会前1小时，检查场地布置、台型布局、台面摆放、安全卫生及设施设备，确保符合客户要求。

（3）请宴会主办方负责人提前到达宴会现场进行检查，向客户汇报宴会的具体落实情况，如客户有任何临时性的要求或不满意的地方，要尽快联系有关部门协助解决。

（4）宴会进行时，宴会主办方负责人要亲临现场，监督和指导服务工作。

❹ 宴会结束后追踪回访客户

宴会结束后,需总结接待情况,分析存在的问题,并填写工作日志报上级审阅;同时,及时回访客户,征询其对场地布置、服务细节及菜肴酒水的意见,针对客户不满之处诚恳道歉并努力改进,详细记录并查明原因,以便优化后续工作。

四、建立宴会客史档案

宴会客史档案是指在宴会经营服务过程中,全体宴会工作人员有目的、有意识地根据搜集到的客户信息及相关资料建立的客户信息资料库。宴会部的客史档案,作为酒店经营活动中的原始记录,经过精心挑选、整理和保存,不仅是历史的真凭实据,更是酒店宝贵的财富。这些档案在宴会部的决策、生产、经营和管理中发挥着至关重要的作用,它们帮助酒店及时掌握市场动向和客户需求,调整服务项目,创新产品,从而推动宴会部的持续创新和发展。

(一)宴会客史档案的作用

❶ 是酒店宴会部的财富和资源

宴会客史档案可为宴会部领导决策提供科学依据,为宴会部开展公关活动、提高知名度提供翔实资料,为宴会组织管理提供丰富经验,还可为新员工上岗培训提供生动、具体、真实的教材。加强宴会档案管理是宴会部提高管理水平的重要途径,也是宴会管理科学化、现代化的基本要求和明显标志。

❷ 提高宴会部的工作效率

宴会部领导层需依据对以往经营状况的科学分析,开发和利用档案信息系统,以做出符合市场经济规律和酒店实际情况的经营决策。例如,把某公司每年的元旦晚会、年终晚宴、周年庆典宴会等资料建档保存,可得到许多便利。常客预订宴会时,可直接沿用或略做修改先前的菜单;或者有曾参加某次宴会的宾客想比照当时的宴会方式办理,那么只需把之前的宴会档案调出来参考,即可省去部分与宾客讨论的时间。另外,对宴会外卖(即根据客户的要求到客户指定的地点提供宴会服务,而不是在所属酒店内为顾客提供全程宴会服务)来说,预订人员必须到达宴会举办现场获取场地资料(如场地大小及空间配置等),以便进行宴会设计规划。但若先前已将资料存入档案,当需在同一个场地再度举办宴会时,可免去重新勘察场地的步骤,只要针对场地的变动情形稍做修改,甚至无需修改,直接沿用即可。这些举措可提高宴会部的工作效率,避免了不必要的时间、精力、资金的浪费。

❸ 增强宴会部的创新能力

宴会产品的核心竞争力在于创新,科学建立并应用宴会客史档案,是提升宴会部创新能力的重要基石。通过宴会客史档案的管理和应用,宴会部能够及时掌握客户消费需求的变化,适时地调整宴会服务项目,不断推陈出新,确保持续不断地向市场提供具有针对性和吸引力的宴会产品,满足客户求新、求奇、求特色化、求个性化的需要。另外,宴会产品的无专利性使宴会企业经常面临被竞争对手模仿的风险,而根据客史档案给客户提供"一对一"有针对性的宴会产品和服务(个性化特色明显),增加了竞争对手的模仿难度,使企业的宴会产品能够保持独特性。

❹ 提高宴会部的经营效益

宴会客史档案的科学运用将有助于酒店宴会部培养一大批忠诚客户。首先,拥有大批忠诚客户可以降低宴会部开拓新市场的压力和投入;其次,由于忠诚客户熟悉酒店宴会的产品、服务环境,具有信任感,因此他们的综合消费支出可能比新客户更高,而且客户忠诚度越高,保持忠诚的时间越长,则宴会部的效益也就越好;最后,由于忠诚客户对酒店满意度高,为酒店赢得了良好的口碑,为挖掘新客户提供了帮助,促使酒店宴会部客源量增长,同时使宴会部效益得到提升。

(二)宴会客史档案的内容

宴会客史档案是酒店宴会部的重要业务资料,涵盖了各类宴会活动的详细记录。根据服务对象和宴会规模的不同,客史档案的内容也会有所差异。一般设专人负责宴会档案资料的管理,具体包括以下内容。

❶ 宴会预订资料

(1)私人或企业团体的宴会预订单,需按日期顺序归档整理。
(2)记录客户预订宴会的电话、书信及传真复印件。
(3)贵宾(VIP)客户的有关资料。
(4)团体客户(包括VIP随行人员)的名单及简要情况。

❷ 宴会设计资料

(1)宴会设计的要求。
(2)宴会场景设计、出品设计、台面及摆台流程设计、安全设计及服务设计。

❸ 宴会活动资料

(1)宴会活动的程序及其临时变更调整资料。
(2)宴会现场偶发事件和应急处理情况记录。
(3)宴会前、宴会中的配套活动(比如文艺演出等)的资料。
(4)宴会举办过程中背景音乐的选用与安排。
(5)宴会活动现场拍摄的照片和视频资料。
(6)宴会主桌上主人、主宾等宾客的位置和名单。
(7)宴会主要来宾及社会知名人士的有关资料。
(8)宴会账单。

❹ 宴会总结资料

(1)参与高级宴会的各部门所记录的宴会活动总结。
(2)宴会服务班组的工作汇报总结资料。
(3)受表彰的宴会管理人员和服务人员名单及其先进事迹。
(4)主宾双方对菜肴的反应(了解宾客对菜肴的喜好,宾客再次光临时可做参考)。
(5)宾客对宴会整体满意度的反馈(正面反馈提振信心,助力宴会推广;负面反馈指明改进方向,引导未来工作)。

(三)宴会客史档案信息的收集

酒店宴会部为设计吸引人的宴会,需收集各种信息,有时仅为开好一张菜单或安排主桌中主宾的座席,都要去倾力收集信息,以满足宴会来宾的需求。例如,APEC会议期间,上海浦东香格里拉大酒店接待众多外国贵宾,酒店工作人员虚心向各国领事馆请教,深入了解贵宾饮食习惯,细致考虑每位宾客的饮食偏好和特殊要求,据此精心设计宴会,提供优质服务,最终接待工作取得完满成功。通过此例可以看出,重视信息是确保宴会成功的关键。信息资源主要来自以下两个方面。

❶ 外部输入

(1)由酒店行业、旅游系统提供。
(2)通过企业团体获取。
(3)政府有关部门向餐饮企业提供宴会准备的重要信息。
(4)从近期电视、新闻报道、重要宾客的新闻中收集。
(5)向有关档案资料馆、研究人员咨询。
(6)从国内外发行的书报杂志上查找信息资料。
(7)从官方的或权威的网站上获取。

❷ 内部输入

(1)宴会部为组织好重要宴会,可通过销售部、公关部了解有关信息。

(2)找企业老员工了解历史情况。

(3)从宴会档案室(宴会档案系统)查询资料,从已有的资料中获取信息。

(4)档案形式应多样化,包括纸质档案、影片、照片、录音及录像等,以全方位、多视角展现宴会活动。

(四)宴会客史档案的管理

(1)宴会部应安排专人负责客史档案的整理、编排、清理、保存。

(2)宴会客史档案资料应分门别类编号或根据行业、系统划分,存入计算机,并按宴请日期排列存档,以便随时进行检索和资料输出。

(3)制定严格的档案查阅制度,确保宾客隐私安全。仅允许总经理、厨师长、宴会部销售人员及预订人员查阅,其他人员需经总经理批准后方可查阅。

(4)宴会客史档案内容要定期仔细核对,并经常补充调整。

▶ 任务实施

设计一份完整的宴会活动工单,之后进行讲解展示。

1.任务情景

某酒店承接了一场婚宴,该婚宴的相关信息如下。①预计有200名宾客参加,每桌10人,共20桌,保证桌数18桌;②每桌消费标准为2988元;③菜单以本地菜为主,自带酒水;④要求准备两间休息房间。

2.任务要求

(1)学生自由分组,每组4~6人,并推选出小组长。

(2)每个小组各成员分工合作,了解宴会活动工单的主要内容,合理安排各部门需要做的工作,完成宴会活动工单的填写。

(3)各小组需提前准备好所需的实训物品。

(4)各小组完成宴会活动工单的填写,并对工单内容进行讲解展示。

3.任务评价

在小组演示环节,主讲教师及其他小组依据既定标准,对演示内容进行综合评价。

评价项目	评价标准	分值/分	教师评价(60%)	小组互评(40%)	得分
知识运用	宴会活动工单内容完整准确	20			
技能掌握	工单语言表述准确,各部门任务安排合理,契合客户要求和工作实际	40			
宴会活动工单讲解展示	工单内容讲解清晰,填写完整、规范	30			
团队表现	团队分工明确,沟通顺畅,合作良好	10			
	合计	100			

扫码看答案

→ 同步测试（课证融合）

一、判断题

1.宴会活动工单的主要内容包括：宴会一般信息情况、宴会涉及的各相关部门应该做的工作以及时间要求等。（　　）

2.客户更改或取消宴会预订，预订部只需口头通知相关部门即可。（　　）

3.宴会结束后追踪回访客户，是为了征求客户正负两方面的意见，以便今后改进工作。（　　）

4.宴会客史档案信息是酒店宴会部经营活动中留下的原始记录，是酒店的财富。（　　）

二、选择题

1.宴会合同书签订后，宴会部要向酒店各相关部门下发（　　）来进行任务分配。

A.宴会预订单　　　　　　　B.宴会确认书

C.宴会合同书　　　　　　　D.宴会活动工单

2.宴会预订变更包括（　　）。

A.宴会预订取消　　　　　　B.宴会预订更改

C.宴会预订确认　　　　　　D.宴会预订追踪

三、简答题

1.简述宴会检查追踪的内容。

2.简述宴会客史档案的内容。

→ 课赛融合

宴会预订函

尊敬的××酒店宴会预订部：

鉴于对贵酒店品牌的认可，我们计划于2022年6月3日中午12:00在贵店为我的宝宝举办百日宴，拟预订中式午餐16桌，每桌10人，宴会活动预计持续2.5小时，每桌预算餐标为3888元（自带酒水）。本次赴宴客人中有70岁左右的老人8位，儿童8位。当天须酒店提供休息房2间。另外，我们计划在宴会中播放宝宝出生以来的视频与照片集锦。

烦请在收到此函后尽快与我联系，并请贵店提供针对本次服务的接待方案，以便我们尽快确认。涉及此次宴会的所有事情请随时与我联系。

谢谢！

联系人：许桂花

联系电话：12345678910

答题要求：

针对该预订函提供的信息，请你完成：

1.给客人写1份要素完整的预订回复函。

2.撰写服务接待方案1份（不少于1000字）。

3.制作宴会活动工单（BEO）1份。

【国赛评分标准】

全国职业院校技能大赛高职组"餐厅服务"赛项比赛总成绩满分100分，服务方案设计模块15分，其中涉及预订的部分共5分，具体评分标准如下所示。

服务方案设计模块预订部分评分表

序号	M=测量 J=评判	标准名称或描述	权重	评分
A1 预订回复函 （2分）	J	0 逻辑混乱，表述不清晰，回复客人要素不全，缺乏礼貌用语 1 逻辑较混乱，表述不够清晰，回复客人要素不够全面，礼貌用语不够规范 2 逻辑性较强，表述较清晰，回复客人要素较全面，礼貌用语较规范 3 逻辑性强，表述清晰，回复客人要素全面，能体现良好的行业礼仪规范	2.0	0 1 2 3
A3 宴会活动工单 （3分）	M	工单制作要素完整	0.5	Y/N
	M	工单制作内容准确	0.5	Y/N
	J	0 工单语言表述不准确，任务安排不合理，不契合客人要求和工作实际 1 工单语言表述不够准确，任务安排不够合理，不太契合客人要求和工作实际 2 工单语言表述比较准确，任务安排比较合理，比较契合客人要求和工作实际 3 工单语言表述准确，任务安排合理，契合客人要求和工作实际	2.0	0 1 2 3
合计			5	

注：上述案例及评价标准均源自全国职业院校技能大赛高职组"餐厅服务"赛项宴会预订模块。

项目三

宴会场景设计

项目描述

宴会场景设计关乎宾客就餐时的体验,其包括宴会厅的外部环境与内部陈设。一个精心设计的宴会厅对提升宾客就餐心情、营造员工工作氛围及塑造酒店企业形象均至关重要。宴会场景设计是指围绕宴会主题,对宴会厅内、外部进行艺术加工和布置,营造宴会的气氛,从而达到合理利用酒店的现有资源,表达主办方的意图,体现宴会的主题、规格等,便于宾客就餐和服务员提供宴会席间服务的目的。本项目涵盖宴会场景设计的基础知识学习,以及宴会厅环境、台型与席位设计的实践任务。

项目目标

素养目标

1. 将中华民族文化内涵融入环境要素,具备一定的美学知识和构图能力。
2. 培养整体布局意识和严谨、扎实的工作作风,以及对细节的注重。
3. 具有环保意识,能采用绿色环保材料,为宾客打造自然、温馨、和谐的宴会环境。
4. 在宴会服务中践行诚信、友善、敬业、文明的社会主义核心价值观。

知识目标

1. 熟知宴会场景构成要素。
2. 熟知宴会场景设计的原则。
3. 掌握色彩、光线、声音、装饰物、绿植等在营造宴会氛围中所起的作用。
4. 掌握中西式台型设计的方法。
5. 熟知安排宴会席次应遵循的原则和习俗。

能力目标

1. 能够根据宴会厅状况和主办方需求设计宴会场景,达到营造宴会气氛的目的。
2. 能够设计合理美观的台型,会绘制台型图,标识准确。
3. 能够遵循宴会礼仪要求进行席次设计,并准确绘制席次图。

知识框架

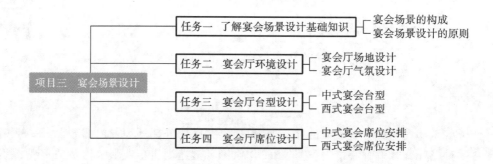

任务一 了解宴会场景设计基础知识

任务引入

2023年9月23日,第19届亚州运动会开幕式的国际贵宾的欢迎宴会在浙江省杭州市西子宾馆漪园举行。西子宾馆位于杭州西湖南线,湖岸线长1560米,庭院面积达20万平方米,坐拥绝美"西湖十景",有着三面环湖的绝佳地理位置:背倚雷峰塔、夕照山麓,南与著名古刹净慈禅寺为邻,隔湖近观三潭印月,西对苏堤映波桥,远眺南北高峰、保俶塔,依山傍水,秀色天然。宴会厅内装饰典雅,天青长卷如诗如画,山水元素点缀其间,韵味悠扬。正面悬挂着"杭州第19届亚运会欢迎宴会"的主题横幅,两侧则以《富春山居图(剩山图)》为灵感设计的清雅纱幔,完美展现了"诗画江南 活力浙江"的省域形象。餐厅设计师表示,欢迎宴会的主题是"浙山、浙水、浙条路"。餐桌上摆放的盆景,以浙西地区的群山为蓝本,从最西端景宁的秀美山水,到钱塘江的壮阔,再到安吉余村的宁静,直至浙江东部的大陈岛、舟山群岛的壮丽,呈现一场穿越五千年的中华文明之旅。宴会厅空间色调以西子青色为主,餐具设计融合杭州地标景观和优秀传统文化,以"钱塘潮涌"为画面主题,借钱塘江"六和听涛"景观作为创意元素,寓意勇往直前、勇立潮头的时代精神。

请同学们带着以下问题进入任务的学习:
1. 此案例中宴会场景设计是如何体现宴会主题的?
2. 此案例给你带来哪些启发?

知识讲解

根据宴会可行性研究报告,一场成功的宴会不仅需要满足宾客的饮食需求,还应提供全方位的体验。宾客期望在视觉、听觉、味觉上得到满足,这要求宴会组织者深入了解市场需求,并通过数据分析优化宴会的社交机会、休闲娱乐和主题体验。因此,宴会场景设计也就成为宴会设计中不可缺少的一部分,这直接影响着宴会对宾客的吸引力和感受,关系到宴会活动的成功与否。

一、宴会场景的构成

宴会场景是指酒店为了成功举办宴会而精心设计的环境与氛围,主要包括周边环境、建筑风格、宴会场地和宴会气氛这四个构成要素。

(一)周边环境

每一场宴会都融于特定的周边环境中。宴会举办场地的周边环境,犹如一幅背景画卷,对宴会主题起着烘托作用,深刻影响着宾客的参与感、满意度与宴会的整体氛围。一个精心设计的宴会环境可以增添宾客在宴饮过程中的愉悦感受。宴会的周边环境主要包括自然风光、人文景观、基础环境。

(1)自然风光:指的是宴会场所所处的特殊地理环境,如在风景秀丽的海洋、湖泊、草原等处。宾客在宴饮的同时,还能领略大自然的美景。这不仅为宴会增添独特背景,还丰富了宾客的宴会体验。

(2)人文景观:作为宴会场所的文化名片,以其独特的魅力吸引着宾客,如北京的胡同诉说着老城的故事,山西的古建展现着历史的沧桑,江南的园林流露出江南水乡的温婉。宾客在宴饮之余,还能品味到浓厚的人文古韵,这进一步增添了宴会特色。

(3)基础环境:作为宴会体验的基石,涵盖了交通的便捷性、停车的便利性、通信的畅通性及周边商店的丰富程度,这些因素共同作用于宾客的宴会体验,有时甚至成为决定宴会成功与否的关键因素。

(二)建筑风格

建筑风格是宴会场景的重要组成部分,它不仅能彰显酒店的品位与档次,还能与宴会主题相呼应,提升整体的视觉效果。建筑风格的选择应充分考虑宴会的性质、主题、规模及宾客的特点和需求,确保其与宴会氛围相协调。例如,对于传统的中式宴会,可以选择具有中国古典元素的建筑风格,如飞檐翘角、雕梁画栋等营造出古朴、典雅的氛围;对于现代西式宴会,则可以采用简约、时尚的建筑风格,以展现现代都市的韵味。建筑风格各具特色,常见的有宫殿式、园林式、民族式、现代式、乡村式等。

(三)宴会场地

宴会场地的正确选择是确保宴会活动成功举办的关键因素之一,直接关乎宴会的容纳量、布局规划及宾客的舒适度体验等。鉴于宴会厅周边环境与建筑风格短期内相对稳定,宴会场地便成为营造主题宴会氛围的关键所在。宴会场地分为固定部分和可变部分。

(1)固定部分:指宴会厅的场地结构、基础装饰、固定设施,例如宴会厅的形状、大小、墙壁、地板、灯具、家具等。固定部分确定后,短期内不会发生变化,也不会因宴会主题的需要而随意改变。

(2)可变部分:包括室内清洁度、布局安排、温度调控、灯光音响、装饰元素、技术设备等,以及根据宴会主题临时增设的场景布置。这些因素可根据客户需求及宴会主题灵活调整,是场地布置中的重中之重。

(四)宴会气氛

宴会气氛是指举行宴会时,宾客所感知的整个宴会厅内环境所营造出的特定情感基调式氛围。它涵盖了表演节目编排、舞台设计、音响效果、现场布置以及菜肴等方面。哲学因素对宾客的心情和体验有着直接的影响。宴会气氛包括物理环境气氛和心理环境气氛。

物理环境气氛是指受物理条件和环境影响的宴会气氛,就是上文提到的周边环境、建筑风格和宴会场地。

心理环境气氛主要是指受无形的心理因素影响的宴会气氛,包括宴会活动气氛和宴会服务气氛。其中,宴会活动气氛一般由宴会过程中的活动设计、流程安排、执行情况等因素构成,对宴会的整体气氛具有潜在影响。宴会服务气氛的营造,依赖于服务人员的形象设计、服务态度及服务质量等因素。热情周到的服务,能营造愉悦氛围,让宾客身心舒畅。

二、宴会场景设计的原则

宴会场景设计需提升酒店产品舒适度,强化氛围整体性,便于酒店的管理与服务,同时确保宾客的舒适感与美的享受,控制经营成本,促进环境保护和可持续发展,兼具艺术性与文化性。

(一)主题鲜明

宴会场景布置要根据客户的设宴目的、宴会主题来展开设计。由于宴会的形式多样,客户的要求也不尽相同,因此宴会厅的基本装饰通常较为简单。通常需要根据客户需求,围绕相关主题来营造宴会的气氛。

(二)安全卫生

安全是对酒店的基本要求,宴会场景设计需注重人身安全、消防安全、环境清洁,同时员工服务也需安全。应设安全通道便于宾客疏散;配备必要的消防设施,确保宾客的安全性;宴会前后进行彻底清洁,确保宾客在干净、整洁的环境中用餐。

为了确保宴会环境达到高标准的清洁卫生,需遵循以下准则:玻璃应明亮,无手印和水迹;门内、外应洁净无污迹;墙纸和地角线应无污渍和破损;家具和地面应一尘不染,光洁明亮;装饰与陈设布局需整齐和谐、井然有序、格调高雅;餐具应洁净、无水迹和指痕;员工服饰需干净、整洁,手部和脸部应保持清洁。这些高标准将使宾客产生安全感、舒适感与美感。

(三)舒适愉悦

宴会厅装饰与陈设布局要整齐和谐、清洁明亮、格调高雅,使宾客眼观美、耳听美、鼻闻美、体舒美,整体感觉舒适愉悦、增进食欲。宴会厅氛围舒适"四美"检查见表3-1。

表3-1 宴会厅氛围舒适度"四美"检查

"四美"	硬件要求	软件要求
眼观美	(1)布局与装饰:设施设备、摆台的造型和结构必须符合主题宴会要求,整洁规范、形态美观。 (2)色彩搭配:丰满和谐、符合主题。 (3)灯光设计:灯光的明暗、色彩和角度适宜。 (4)清洁:干净整洁	员工形象美(不染奇异发色)、服饰美、化妆美(淡妆上岗)、举止美、语言美和心灵美,让宾客获得美感与愉悦感
耳听美	(1)杜绝噪声:设施设备杜绝嘈杂音。 (2)谐调音乐:背景音乐要轻,内容符合宴会主题。表演音乐要和谐,前排后排左右要兼顾	(1)员工上岗要做到"四轻":说话轻、走路轻、操作轻和关门轻。 (2)要柔声细语及使用礼貌用语
鼻闻美	(1)空气清新:做好空气质量管理,确保空气清新、流通,避免异味、污染。 (2)美食香气:厨师需具备精湛厨艺,使美食散发诱人香气	(1)员工上岗前做好个人清洁卫生,勤洗澡、洗头、修剪指甲,勿喷过浓香水。 (2)不食用有刺激性气味的食物,若食用则应漱口,保持口气清新
体舒美	(1)空间:宽敞,便于宾客站、坐、行;餐桌、座位摆设适宜并提供舒适座椅。 (2)温、湿度:室温与湿度适宜,符合人体的要求	员工为客服务时要掌握正确的社交距离,既有亲切感,又不可太贴近

(四)便捷合理

宴会场景设计时要注意场地规划,保证实用性与功能性。

(1)人—物关系。在处理人与物之间的关系上,要以人的需求为主。功能区域划分需合理,餐桌间距适中,桌椅配置恰当,确保宾客进餐、敬酒方便,同时便于员工穿行服务。

(2)人—人关系。在处理人与人之间的关系上,应扬主抑次,如席位、台型布置要突出主位与主桌,其他餐桌摆放要对称、均衡。如一厅之中有多场,要让每一场相对独立,以屏风或活动门相隔,避免相互干扰或增添麻烦。

(五)艺术雅致

在环境布置、色彩搭配、灯光配置、饰品摆设等方面要体现宴会的文化主题和内涵,更要体现出艺术雅致的气息,为宾客带来视觉和心灵的双重享受。宴会厅内部空间布局与装潢需与外部外观、门面、橱窗及招牌设计相呼应,形成整体美感,内部格调统一和谐,且空间布局合理。

(六)经济可靠

力求以较少投资获取最大收益,设备设施经济实用,维修便捷,充分利用自然光或高效节能照明。同时,与酒店大堂共享室内景观,优化宴会厅空间;餐厅面积设计合理,既为宾客提供舒适环境,又不影响接待能力和营业收入。

任务实施

分析宴会场景的构成

1. 任务要求

(1)学生自由分组,每组 4~6 人,并推选出小组长。

(2)每个小组选择一场宴会,小组成员介绍该宴会的基本情况并分析宴会场景的构成。

(3)小组长汇总小组成员的主要观点,并以 PPT 的形式进行汇报演示。

2. 任务评价

在小组演示环节,主讲教师及其他小组依据既定标准,对演示内容进行综合评价。

评价项目	评价标准	分值/分	教师评价(60%)	小组互评(40%)	得分
知识运用	熟悉宴会场景的构成	30			
技能掌握	所选宴会具有代表性,对宴会场景构成的分析合理、准确	40			
成果展示	PPT 制作精美,观点阐述清晰	20			
团队表现	团队分工明确,沟通顺畅,合作良好	10			
合计		100			

同步测试(课证融合)

扫码看答案

一、选择题

1.宴会场景的构成要素包括( )。

　　A.周边环境　　B.建筑风格　　C.宴会场地　　D.宴会气氛

2.下列选项中属于宴会气氛中无形气氛范畴的是( )。

　　A.周边环境　　B.建筑风格　　C.宴会场地　　D.服务形象

3.下列选项中属于宴会场地中可变部分范畴的是( )。

　　A.宴会厅的面积　　　　　　B.室内装潢和陈设

　　C.宴会厅空气质量　　　　　D.宴会厅温度

二、简答题

简述宴会场景设计的原则。

任务二　宴会厅环境设计

任务引入

上海合作组织青岛峰会欢迎宴会于2018年6月9日晚在青岛国际会议中心举行。青岛国际会议中心坐落于青岛市南区浮山湾畔、香港中路及奥帆中心广场商圈核心繁华地带，场馆面海而建，形如展翅的海鸥。在这座重要场馆的内部，会场细节处处体现着中国文化，处处洋溢着齐风鲁韵。步入迎宾大厅，巨幅国画《泰山日出》映入眼帘，画中巍峨的泰山不仅是山东的骄傲，更寓意着国家的繁荣与安宁。

在场馆一层设置可进行小范围会谈的黄河厅。会议厅上方的八角形顶灯采取了中国传统建筑中的"藻井"概念，八个角的设计寓意深远、美观大方，既象征着喜迎八方来客的热情，也代表着上合组织八个成员国的紧密团结。环绕会场的墙壁上，满布浪花朵朵的水波纹，既体现了青岛海滨城市的特色，又契合了中国传统文化中的"知者乐水"与"海纳百川"。这一设计巧妙地将青岛市海滨城市的特色与山东推动海洋经济高质量发展的理念相融合。

在场馆二层设置可进行大范围会谈的泰山厅。会场多细节地展示了传统文化，充分体现了在山东这块土地上生长出的儒家文化与上海合作组织所秉持的"上海精神"中的共通之处。泰山厅整体设计理念为"天圆地方"——正暗合了儒家文化中的"礼"，这一点与"上海精神"中推动建立民主、公正、合理的国际政治经济秩序的理念吻合。会场顶灯巧妙地仿照玉如意之形，不仅美观大方，更寓意着集合众智、携手合作、共创共赢的美好愿景，与上合组织所倡导的"合"字精神不谋而合。环绕会场的18组36幅木雕，图案多样，不仅装饰了会场，更蕴含了深厚的文化意义。菏泽牡丹木雕既体现山东的富饶与繁荣，又寓意着幸福和吉祥。其中，中国传统山水图案尤为引人注目，展现了山东雄伟壮丽的泰山山水，让人仿佛置身于那壮丽的山水之间。在主会场中面积最大的尚和厅，主席台正对面的巨幅国画《映日荷花》由山东本地知名画家绘制。在丽日的映照下，荷花更显朝气蓬勃，每一瓣都洋溢着生命的活力与盎然生机。荷花象征和平、合作、团结，这与上合组织谋求合作，共促和平的理念相通。

欢迎晚宴的主桌上用花草微雕做成了青岛的最美海湾，值得一提的是最美海湾的造型不仅展示了青岛的标志性景观（包括栈桥、五四广场等青岛地标），同时，也展示了青岛港、高铁等中国标志性的发展成就。如此一来，各国领导人不仅可以吃中国菜，还可以看中国的发展。晚宴上青岛交响乐团演奏的是专门为此次峰会谱写的曲目《命运共同体》。在上合组织内部，构建上合命运共同体已经是上合组织的主旋律了。华青瓷作为上合青岛峰会用瓷，晶莹朗润，清澈通透，宛如大海，象征大国胸襟；其设计融合泰山、祥云、海洋元素，彰显齐鲁文化之包容、开放与深厚底蕴。

请同学们带着以下问题进入任务的学习：

1. 上海合作组织青岛峰会欢迎宴会场景设计中针对哪些元素进行了设计？
2. 上海合作组织青岛峰会欢迎宴会场景设计案例对你有什么启发？

知识讲解

一、宴会厅场地设计

（一）宴会厅空间设计

酒店宴会厅空间通常划分为三种类型，分别为营业空间、公用空间和装饰空间。

❶ 营业空间布局设计

营业空间包括宾客使用的宴会厅、包房及其辅助厅房等。

(1) 宴会大厅布局设计。

宴会厅有包房与多功能厅两种，包房通常摆放 1~5 张餐桌，内部空间高度为 2.7~3.5 米，多功能厅通常可以举办摆放 5 张以上餐桌的大、中型宴会，其内部空间的高度应达到 4~5 米。宴会大厅的总体空间布局设计要做到面积分配合理、视野开阔、宽敞舒适。

宴会大厅 (图 3-1) 的房型一般以长方形为主，兼有正方形、圆形等其他房型。宴会厅的房型以 1.25∶1 比例的长方形最为常见，使用率最高。宴会大厅的人均使用面积应根据大厅的房型、柱子的布局、餐座的安排等因素进行调整，一般可以按 1.8~2.2 平方米计算。多功能厅应当单独设置出入口，并进行集中布置。

图 3-1　宴会大厅

(2) 餐座布局设计。

餐座的数量和规划布置，会直接影响餐厅经营成本和经济效益，以及宾客的用餐体验和宴会氛围。所以对餐座布置遵循单位面积内要满足最大的客座数量，同时考虑宾客的舒适度和服务员的行动便利。例如，高档宴会厅每餐座占地面积应为 1.8~2.5 平方米，中低档宴会厅每餐座占地面积应为 1.2~1.8 平方米。

此外，在一般的大型宴会厅中，餐桌餐椅之间还要充分考虑员工服务与宾客就餐时的空间距离。餐椅靠背离桌面约 75 厘米，移动间距至少 90 厘米；座椅宽 65 厘米；两餐桌间座椅拉开后，椅背间距不小于 75 厘米；每人占餐桌边缘长度 50~80 厘米。

(3) 辅助厅房布局设计。

辅助厅房一般包括贵宾室、宾客衣帽间和储藏室等。贵宾室需要配备沙发、茶几、报刊等，以供贵宾休闲和消遣。贵宾室的布局应当按照宴会厅的档次高低和面积大小设计，小型宴会厅在同一厅房内设置一个宾客休息区 (图 3-2) 即可，而大型宴会厅则可以配置小型会议室或者小酒吧作为贵宾室。大型宴会厅的入口附近应配备专用的衣帽间，其面积应根据宴会厅大小和宾客数量计算，以容纳至少一半以上宾客的衣物。有些宴会厅还设有序厅作为迎宾接待或者缓解客流的场所，序厅面积一般不超过宴会厅面积的 30%。

知识拓展

图 3-2 宴会厅休息区

❷ 公共空间布局设计

公共空间是宾客从大门通往宴会厅内各功能区的通道和空间位置,包括入口区、大厅、通道、楼梯、公共卫生间等。

(1)动线通道布局设计。

动线是指宾客、员工、物品等在宴会厅内流动的方向和路线,通道则是动线所占据的空间。动线通道规划需旨在全面提升餐厅运营效率,确保通道便利通畅、环境整洁安全。

动线通道布局可以分为宾客动线通道和服务动线通道。

宾客动线通道就是宾客在宴会厅中行走的路径。应当注重快捷性和舒适性,确保宾客从宴会厅大门到座位之间的通道快捷、通畅、整洁、安全。宾客动线通道通常采用直线设计,力求简短明了,避免迂回曲折造成宾客困扰。通道宽度需适宜,单人通行宽度为 70~90 厘米,双人通行宽度为 110~130 厘米,确保宾客行走舒适自如。行动顺畅,秩序井然的舒适的体验感,可以增加宾客对酒店的好感。

服务动线通道包括员工动线通道和物品动线通道。员工动线通道的设计需兼顾便利性、安全性及服务性,其核心原则在于"短"与"散"。"短"即确保员工能以最快速度抵达目的地,从而提升服务效率;"散"则要求同一方向的路径应避免动线集中,以分散人流压力,减少员工间的碰撞风险。员工动线通道应注意减少与宾客相互交叉的路线,还要考虑工作手推车的通行宽度。物品动线通道的设计需强调隔离性、专用性和便利性,确保其与宾客动线通道、员工动线通道完全隔离,以便在最短时间内将物品和原料进行最合理的分配与处理。

此外,宴会厅的出入大门应禁止使用推拉门、卷帘门或折叠门,同时为了确保人员疏散的安全和顺畅,其净宽度应大于 1.4 米,符合消防通道的国家标准。设计人员应严格按照国家消防规定来设计走廊和楼道,如走廊宽度大于 0.8 米,任何厅室到最近疏散口的距离不超过 300 米,楼梯宽度不小于 1.2 米,楼梯间应设置疏散标志且间距不超过 20 米。

(2)公共卫生间布局设计。

公共卫生间应设置在宴会厅附近显眼且易于到达的位置,最好位于宴会厅出入口附近或走廊的显眼处,方便宾客在宴会期间使用,同时避免距离过远导致不便或影响宴会区域的整体美观与秩序。

根据宴会厅的规模和预计容纳人数来确定公共卫生间的面积。通常,为每 100 位宾客至少配备 4~6 个大便器和 6~8 个小便器(男厕)以及相应数量的洗手盆。此外,还需预留充足的通道和等候空间,其总面积占宴会厅面积的 5%~10%。公共卫生间入口通道宽度一般不小于 1.2 米,方便多人同时进出。内部通道宽度也应保证在1.0~1.2米,避免出现拥挤现象确保使用流畅。从入口到各个功能区域的路线要清晰,避免迂回或交叉,方便使用者快速找到所需设施。

要设置无障碍卫生间,面积一般不小于4平方米。无障碍坐便器高度为0.45~0.5米,旁边安装扶手,提供支撑。扶手高度为0.7~0.8米,方便残疾人或行动不便的特殊人群使用。无障碍卫生间内还应设置紧急呼叫按钮,按钮高度为0.4~0.5米,方便使用者在紧急情况下呼救。洗手盆的高度应不低于80厘米,而镜面中心的高度则不应低于1.2米。卫生间内空地面积应确保轮椅自由通过,入口处的门宽要能满足轮椅进出,确保残疾人或行动不便的特殊人群能够独立、安全地使用卫生间。

❸ 装饰空间布局设计

装饰空间是使宾客获得美的享受的空间,指摆放、悬挂或陈设各种雕塑、陶艺、鲜花等艺术品的区域。

大门选择应综合考虑类型、材质、尺寸和设计等多个方面,双开门之庄重或旋转门之灵动,皆可彰显非凡气派。门的宽度,则需精心考量,确保宾客通行无阻,其通常不应小于1.5米。玄关之处,可陈设一尊精美雕塑或大型花艺,以其独特韵味,为宾客勾勒出一幅优雅的画卷,给其留下深刻的第一印象。过道两侧墙面可悬挂系列艺术尺寸适中的画作或摄影作品,一般宽度为0.6~1.0米,高度为0.8~1.2米,间隔为1.5~2.0米,呈均匀分布态势;宴会厅角落可规划休息区,放置舒适的沙发和茶几,或摆放立式装饰品(如花瓶、盆栽、雕塑等),也可摆放大型的绿植组合,绿植组合高度为1.5~2.5米,宽度为1.0~1.5米,既能起到净化宴会厅空气的作用,又能为其增添一抹生机盎然与自然之美。

通过以上对宴会厅各个装饰区的精心布局设计,能够使宴会厅在满足功能需求的同时,展现出独特的艺术魅力和优雅氛围,给宾客留下深刻而美好的印象。宴会包房装饰空间设计见图3-3。

图3-3 宴会包房装饰空间设计

(二)宴会厅立面设计

宴会厅的立面设计包括门面设计、顶面设计、墙面设计、地面设计等。

❶ 门面设计

门面是宴会厅给人的第一印象,所以宴会厅的门面既要美观,又要独特,还要有辨识度,使宾客能轻松寻得入口,瞬间沉浸于宴会厅独特的设计氛围与理念之中。大门与庭院应巧妙融合区域特色,以坪地、花园、喷泉、水池及雕塑等进行布置,激发宾客的好奇心和探索欲。

❷ 顶面设计

顶面设计主要是对宴会厅的天花板进行设计,这样不仅能提升空间美观度,还能营造出丰富多彩的室内空间艺术形象。常见顶面形式有天顶画、吊顶等。天顶画,这一绘于建筑室内穹顶的艺术瑰宝,可以精妙地诠释宴会主题,为宴会氛围添上浓墨重彩的一笔。宴会厅的吊顶应当保持一定高度,反光和吸音效果要好,设计要有层次感,强调灯光效果,以营造温馨、典雅的氛围。更要保持顶面无破损、脱皮、开裂、渗水等现象,做到清洁美观。

❸ 墙面设计

墙面作为宴会主题的璀璨舞台,其设计需注重材料、样式构思及色调,确保墙面的斑斓色彩、精致图案与独特形式,与宴会厅的整体风貌和谐相融。同时,吸声功能需符合消防要求和环保要求,且便于清洁、维护。常见的材料有石材、墙纸、墙布、织物软包等。如果厅房内墙面面积较大,可通过适当运用装饰物(如绿植、雕塑、绘画、灯光)等来提升视觉效果和质感。

❹ 地面设计

地面设计既要美观,又要防滑、耐磨、防污,还要便于清洁。通常选用大理石、木地板、地毯等材料对宴会厅地面进行铺设布置。高档豪华的宴会厅,往往选择地毯作为装饰设计的点睛之笔,其色彩缤纷、图案各异,不仅赋予空间高贵优雅、庄重典雅的气质,还巧妙地烘托了氛围,美化了环境,更兼具防滑安全、触感柔软的实用性能。

二、宴会厅气氛设计

宴会厅气氛设计是宴会成功的关键因素之一。通过营造有特色的主题气氛可以突出宴会的主题,从而让宾客拥有全方位的体验和享受。

(一)色调

宴会厅的色调设计是营造氛围、提升宾客体验的关键环节。色调可分为冷色调和暖色调,不同色调会对宴会气氛产生不同的影响,因此,在设计时应充分考虑宾客的心理需求。

❶ 中式宴会厅的色调设计

中国文化中,颜色有诸多象征意义。例如,红色在婚宴、新年宴会等场合使用较多,象征吉祥、喜庆和热情。金色象征高贵和华丽,常用于重要的商务宴请或传统节日宴会,如在寿宴布置中红金色系的使用,以及在欧式婚礼宴会设计中红金搭配的描述。在现代中式宴会厅设计中,米色与原木色也可以巧妙搭配以营造一种自然、宁静的氛围(图3-4)。

在室内设计中,色彩的选择对于空间感知有着显著的影响。例如,浅色调(如淡米色、浅黄色等)可以使空间较小的宴会厅看起来更开阔、明亮,从而创造出宽敞的视觉效果。对于采光条件良好的宴会厅,适当使用深色系可以增加空间的层次感;采光不足的宴会厅则应使用浅色系和明亮的灯光来弥补光线的缺陷,以避免空间显得过于狭小和压抑。

❷ 西式宴会厅的色调设计

西式餐饮文化强调用餐的仪式感与优雅氛围的营造,故而色调选择多倾向于安静、舒适且不失精致的格调。西式宴会厅常见的有米白色、淡灰色、淡蓝色等冷色调或中性色调,这些色调能够给人以宁静、放松、浪漫的感觉,使宾客可以安静、悠闲地进餐和交谈。

❸ 色调设计的作用

(1)营造宴会氛围。

色调会影响宴会厅的氛围和宾客的感觉。红色、橙色等暖色调能够激发宾客的热情,让宾客更容易融入欢乐的气氛中,加强亲密感与温馨感。蓝色与绿色等冷色调,宛如自然界的宁静之风,轻轻拂过宾客心灵,给宾客带来舒缓与安宁,它们营造出一种静谧清凉的氛围,让宾客在繁忙中寻得一片放松的净土,更以其独特的视觉魅力,巧妙地拓宽了空间感,让宴会厅焕发出宽敞明亮的视觉效果。

知识拓展

Note

图 3-4 中式宴会厅色调

(2) 视觉效果调整。

浅色调(如白色、米色、淡蓝色等)可以在视觉上扩大宴会厅的空间。如果宴会厅的面积较小,使用白色的墙面和浅色系的家具,可以让空间看起来更加宽敞明亮。

深色调如同夜幕低垂,为空间披上了一层神秘的纱幔,巧妙地收缩了视觉上的广阔感。在大型宴会厅中,若欲营造一种温馨而浪漫的氛围,只需在深色调背景上装饰、点缀,这种对比效果能够增强宴会视觉效果,提升宴会整体美感。

(3) 体现主题风格。

与宴会厅主题相符合的色调,能够使宴会主题更加突出,营造更加合适的宴会氛围。不同的地域文化有其典型的色彩。在设计具有地域主题或文化主题的宴会时,色调的选择要符合主题特点。例如,设计一个具有地中海风格的宴会厅,通常会以蓝色和白色为主色调,蓝色代表海洋,白色代表当地建筑的颜色,这种色调组合能够让宾客立刻联想到地中海沿岸的风光。

(二) 光线

光线是宴会气氛设计首要考虑的关键因素之一,因为光线能够决定宴会厅的格调,营造不同的氛围。在设计灯光时,应根据宴会厅的风格、档次、空间大小、光源形式等,为宾客提供更加舒适的用餐体验。

① 宴会厅常见光源

(1) 白炽光。

白炽灯作为宴会厅的主要照明工具,光线柔和、光色多样,以白色、黄色为主。其出色的显色性能,能使食物显得尤为诱人,进一步提升宾客的用餐体验。工作人员通过灵活调节白炽灯的明暗度,能够创造出多样化的光影效果和温馨、舒适的用餐氛围,从而精准地渲染符合宴会主题的氛围。

(2) 烛光。

蜡烛是宴会厅的传统光源,烛光偏向黄色、红色等暖色调,源自西餐的餐台布置。烛光能调节宴会厅气氛,这种光线的暖色调能使宾客、食物与酒水显得更漂亮、精致,比较适用于恋人会餐、节日盛会等场景。中式宴会厅偏爱使用红色蜡烛,以此营造出一种喜庆而温馨的氛围;西式宴会厅则更倾向于选择白色蜡烛,以彰显其古典而浪漫的情调。

(3)彩光。

彩光灯的颜色可以根据需要随意调节,以针对不同的情景营造出相应的氛围。工作人员通过变换彩光的颜色和明暗程度,增加宴会空间的层次感。在大型宴会厅中合理地使用彩光灯,可以起到烘托气氛的作用,使宾客在视觉和情感上得到双重享受。

(4)自然光。

自然光(图 3-5)也是常见的光源,透明度高,宾客能够第一眼清晰地看到餐厅的菜品、环境、气氛和服务状况。宴会厅如果有落地玻璃窗,可以采用自然光,将人与自然景物联系在一起,扩展餐厅的空间。还可以巧妙地运用窗帘、遮阳设备等工具,调节自然光的强度和方向,营造丰富的光影效果,提升宴会厅空间效果,营造出独特的氛围。

图 3-5　自然光

❷ 光照强度

光照强度是指物体单位面积上所受可见光的量,用来表明物体被照亮的程度。光照强度的合理调控,对宴会厅氛围的营造至关重要,进而影响着宾客的宴饮体验和视觉舒适度。不同类型宴会厅的光照强度和宴会厅不同区域的光照强度的要求不同,需要合理设计。

(1)不同类型宴会厅的光照强度。

光照强度需要根据宴会厅类型的不同而进行调整。一般而言,中式宴会厅的基础照明强度通常控制在一定范围内,以确保宴会厅整体明亮、通透,同时营造出符合中式风格的氛围。西式宴会厅的传统气氛特点是幽静、雅致,宴会厅的光照强度值较低,光线偏暗、柔和。

(2)宴会厅不同区域的光照强度。

宴会厅不同区域的光照强度差异会影响宴会的整体气氛。在同一宴会厅内,不同区域的光照强度设计应有所区分,以营造多样化的视觉体验(图 3-6)。通常宴会大厅的光照强度要高于门厅,门厅的光照强度要高于过道和走廊,餐桌的光照强度要高于附近区域,主灯灯光应集中于餐桌上的菜品。同时,光照强度的调节可以形成不同的氛围。例如,婚宴中灯光的变化围绕着宴会的主角,在新郎、新娘进场时,宴会厅灯光调暗,仅留聚光灯照射在新人身上,以突出新人的形象,营造出浪漫、梦幻的氛围,当新郎、新娘站定后,灯光调亮,让这一时刻成为新人和宾客心中美好的回忆。

(三)空气

宴会厅的空气质量是确保宾客舒适和健康的关键因素之一。宴会定制服务师要注意改善宴会

图 3-6　宴会厅不同区域的光照强度

厅内的空气质量,定期维护排风系统、清洗中央空调管道等,以营造一个良好、舒适的空间。

❶ 空气质量

(1)温度。

宴会厅内温度过高,会干扰宾客的体温调节机制,导致体温升高、血管扩张、脉搏加快,进而引发疲倦感、头晕目眩、思维迟缓及记忆力减退。

反之,若宴会厅内温度过低,人体代谢减缓,血管收缩,脉搏与呼吸频率降低,呼吸黏膜的防御力亦随之下降,从而增加患呼吸道疾病的风险。同时,需考虑室内外的温差,若温差过大,人体难以适应,容易感冒。

夏季人体适宜的温度为 22～26 ℃,冬季人体适宜的温度为 18～22 ℃,用餐高峰时人体适宜温度为 24～26 ℃。宴会厅应随时根据情况调节室内温度。

(2)湿度。

当宴会厅湿度过低时,宾客会因上呼吸道黏膜的水分大量散失而感到口干舌燥,易导致感冒或心绪烦躁。

夏季,宴会厅湿度过高,会抑制人体蒸发散热,使宾客感到潮湿、胸闷;冬季,宴会厅湿度过高,会加快室内热传导,使宾客感觉阴冷、抑郁。因此,宴会厅内的空气湿度应当调节到适宜范围,以保障宴会在轻松、舒适的环境中进行。

宾客感受到的"冷"和"热",是温度和湿度共同作用的结果。据研究分析可知,人体对温度和湿度的适应有一定的限度。在有空调的空间内,为了达到最佳的舒适度,建议室内温度控制在 22～26 ℃,湿度维持在 40%～50%。夏天室内温度可稍高些,控制在 23～28 ℃,湿度则在 30%～60% 较为适宜;而冬天室内温度应控制在 18～25 ℃,湿度可放宽至 30%～80%。室温维持在 18～20 ℃,湿度保持在 40%～60% 时,人的思维最为敏捷,工作效率显著提升。

(3)洁净度。

如果宴会厅空气清新,人们会感觉呼吸顺畅,心情愉悦。相反,如果宴会厅内空气浑浊,有异味或者闷湿,会给宾客带来不好的体验,影响宴会的整体氛围。

宴会厅通常人员密集,这容易导致空气质量下降。空气中可能会含有大量的细菌、病毒和过敏原等有害微生物。宴会厅需维持空气洁净度,确保空气中化学物质、细菌及可吸入颗粒物含量低,为宾客提供安全、舒适的环境。

宴会厅要求室内通风良好,空气新鲜。不少高端品牌酒店使用特有的香熏给宾客留下深刻的气味印象,使宾客心情愉悦。

❷ 改善空气质量的方法

(1) 增加通风。

适当通风能减少室内空间的湿度与异味积聚,通过开窗、新风系统、换气扇等增强内、外空气流通,是提升宴会厅空气质量的有效手段。

(2) 空气净化。

选择合适的空气净化器,可以有效去除空气中的悬浮颗粒物、细菌和有害气体,起到空气净化的作用。

(3) 植物绿化。

绿色植物可以有效吸附粉尘,吸收有害气体,并释放氧气。宴会厅可适当放置吊兰、常春藤、绿萝等绿色植物,美化装饰的同时也可以改善空气质量。

(4) 定期清洁。

制定并执行严格的清洁卫生制度,减少灰尘和过敏原,可显著提升空气质量。

(5) 环保材料。

在装修时选用低甲醛、低挥发性有机化合物类材料是确保宴会厅内空气质量、保障宾客健康的重要措施。

(四) 声音

宴会厅的声音主要由噪声和背景音乐构成,对宴会的气氛有重要影响。

❶ 噪声

使人感到厌烦、不需要或有害身心健康的声音,都可称为噪声。在宴会厅中不可避免地产生各种声音(如机械的噪声、人流噪声、餐具碰撞等),这些声音与店外人流车声交织在一起,汇聚成噪声。一般而言,超过65分贝的噪声环境会对人们的精神状态和心理情绪等造成负面影响,使人烦躁易怒、不安或焦虑。因此,酒店应当尽力减少宴会厅内的噪声。

人们长期暴露于65分贝以上的噪声环境中,可能会经历一系列健康问题。轻微的健康影响包括注意力分散、思维迟钝、情绪烦躁和疲劳感增加等问题。更严重的,可能会导致愤怒、焦虑以及攻击性和侵犯性行为的出现。当噪声水平达到85分贝以上时,听力受损的风险显著增加,超过130分贝的噪声水平则可能导致永久性耳聋。此外,噪声还可能引起睡眠障碍、心血管问题、中枢神经系统损害、自主神经系统功能紊乱、内分泌机能损害及对心理状态的负面影响。噪声对宴会产品舒适度会构成极大的影响。餐厅噪声应严格控制在45分贝以下。

可以从以下几个方面入手减少宴会厅噪声的影响。

(1) 物理隔音措施。

酒店选址需远离嘈杂环境,确保建筑材料具备优异的隔音性能,通过安装双道门、双层窗等有效措施,最大限度地阻挡外部噪音侵扰。宴会厅的墙壁、天花板等关键区域,应铺设高效隔音材料,以此强化室内隔音屏障,有效抑制声音的反射与扩散。此外,地面铺设柔软地毯、房门增设密封隔音胶条、管线接口实施专业隔音处理等均有效隔绝噪音,共同营造出一个宁静、雅致的宴会氛围。

(2) 合理设计布局。

宴会厅内合理布局设计旨在为宾客提供宽敞的用餐空间,减少宾客之间的干扰和噪声。此外,提高服务人员专业技能至关重要,应培养他们说话轻、走路轻、操作轻的工作习惯。同时,设置必要的提示标志,可以起到提醒宾客在用餐时保持安静的作用。

(3) 音乐噪声控制。

在宴会厅播放音乐时,确保音量适中,既能提供轻松、愉快的用餐环境,又不会造成过大的噪声。

❷ 背景音乐

宴会期间播放背景音乐或演奏乐曲,不仅能减弱噪声,而且可以烘托宴会的主题,给宾客以美的感受,能够营造欢快热烈的气氛、增强情感共鸣、促进交流互动,为宾客带来愉悦且难忘的体验。需要注意的是在播放背景音乐时,音量必须适当,理想的状态是既能听到,又不影响交谈。一般宴会厅的噪声不宜超过 50 分贝,空调设备的噪声应低于 40 分贝。

选择背景音乐时,需遵循四大原则:①与宴会主题相融;②适应宴会氛围;③契合身心节奏;④满足欣赏层次。例如,在 2019 年庆祝中华人民共和国成立 70 周年的联欢活动上,演奏了一系列精心挑选的曲目,包括《歌唱祖国》《我的祖国》《让我们荡起双桨》《我和我的祖国》等,这些歌曲不仅与中华人民共和国成立 70 周年的气氛相契合,而且都是广为流传、深受人们喜爱的歌曲。它们引发了现场观众的共鸣和大合唱,展现了乐团的精湛演奏技艺,使联欢活动取得了巨大的成功。

宴会厅播放背景音乐,既可以供宾客欣赏,又可以营造与宴会主题相适应的气氛与情调。背景音乐的题材、节奏、主题应与宴会主题相符。此外,背景音乐能微妙地调节人的行为与心理。优雅平和之音,能令宾客平复心绪,释放压力;轻快活泼之曲,能令宾客心情愉悦,食欲大增。

(五)绿植

宴会厅进行绿化布置,可以营造自然情调,对宴会气氛起到很好的烘托作用。宴会厅常用到绿植,餐台上可以放置鲜花、盆花等。绿植是宴会厅中最佳饰物,但在摆放时应注意植物高低对称,摆放位置要注意不影响宾客和服务人员的行走,以及不影响宾客的视线和就餐。

宴会厅绿植设计需满足以下要求。

❶ 营造氛围

绿植本身具有自然属性,能够将户外的自然气息引入宴会厅,给人以清新、舒适的感觉,缓解室内空间的生硬感,使宴会环境更加生动、美观。

不同的绿植在文化中有不同的象征意义,可以借此增添文化氛围。例如,在中国文化中,竹子不仅象征着坚韧不拔和虚怀若谷的品质,还代表着高洁、平安、富贵、事业成功以及君子的气节。在中式宴会厅中,摆放竹子盆景,不仅能作为装饰物,还能体现中式文化内涵,让宾客感受到浓郁的传统文化气息。

❷ 空间利用与划分

宴会厅的空间可能存在一些角落或者空白区域,绿植可以很好地填充这些空间。绿植可以作为一种自然的隔断来划分宴会厅的不同功能区域。例如,在宴会厅的用餐区和休息区之间使用绿植(图 3-7),既分隔了空间,又不会像传统隔断给人以压抑感,使区域过渡更加自然。

❸ 视觉效果提升

绿植的颜色可以丰富宴会厅的色彩层次,形成高低错落、疏密有致的空间形态,吸引宾客的目光,使整个空间更加生动、活泼。而且绿色本身是一种非常舒缓的颜色,能够平衡宴会厅中可能出现的过于艳丽或者单调的色彩,以增强整体美感。

❹ 空气净化与健康保障

宴会厅内人头攒动,导致空气质量往往不尽如人意。此时,绿植便成了改善空气质量的得力助手。绿植能够吸收空气中的二氧化碳、甲醇等有害物质,还能释放氧气,改善宴会厅的空气质量,为宾客营造一种更加清新健康的环境。

绿植还可以调节室内的湿度。在干燥的环境中,绿植通过蒸腾作用向空气中释放水分,增加空气湿度;而在潮湿的环境中,绿植又可以吸收部分水分。特别是在配备空调的宴会厅中,空气湿度较低。此时,绿植的蒸腾作用便显得尤为重要,它们能够向空气中释放水分,有效缓解干燥,为宾客带来舒适感。

图 3-7 绿植

(六)装饰品

宴会厅的装饰品,要与宴会厅的规模、风格、档次相一致。宴会厅装饰品的主要类型有餐面饰品、墙面与悬挂饰品、地面饰品、灯光饰品等(图 3-8)。

图 3-8 宴会厅装饰

宴会厅的装饰品设计应符合以下要求。

❶ 契合主题

要根据宴会主题来选择宴会厅装饰品,保证二者的风格一致。对于有特定文化主题的宴会,装饰品要能够体现相应的文化元素和特色。例如,在中式宴会上,瓷器上的青花图案、屏风上的山水花鸟画都是中国传统文化的体现。

❷ 空间布局

宴会厅有不同的区域(如入口、舞台、用餐区、休息区等),要根据空间特点布置装饰品,合理利用空间。要注意装饰品的数量和大小,避免使空间显得过于拥挤或空旷。也可以通过布置不同高度、不同大小、不同形状的装饰品,以及采用装饰品色彩和材质差异来增加层次感和立体感。

❸ 协调统一

宴会厅内所有的装饰品风格要保持一致。装饰品的色彩要相互协调,避免色彩冲突,可以采用同色系搭配,也可以采用互补色搭配,但要注意控制色彩的比例和强度,以免造成视觉疲劳。

❹ 美观安全

装饰品的本质是为了装饰和美化宴会厅,其外观应当美观、高雅,能够带给宾客美的享受。此外,要选用质量合格、材质环保的装饰品,在陈设时,要注意悬挂或悬吊饰品的牢固性以及尖锐边角、易碎物品的妥善处理,杜绝安全隐患。

(七)娱乐

现在部分餐厅在举办宴会过程中,有歌舞表演、乐队演奏、客前烹调等极具观赏性和娱乐性的表演,也起到了营造宴会气氛的作用。

❶ 歌舞表演

可通过选择合适的表演类型、精心策划与布置现场、确保表演质量以及结合宴会主题和受众喜好来提升宴会品质。优秀的歌舞表演能够迅速吸引观众的注意力,引发情感共鸣,使观众沉浸在表演所传达的情感和氛围中。表演者与观众的眼神交流、邀请观众共舞等互动环节,使宾客在享受美食的同时,也能欣赏到精彩的艺术表演。

❷ 乐队演奏

乐队现场演奏所产生的真实、饱满的音效,是录制音乐无法替代的。乐器之间的默契配合、演奏者的现场发挥,能为观众带来极具感染力的音乐体验,使宴会充满活力和动感。乐队可以根据宴会的性质和观众的喜好,演奏各种不同风格的音乐,满足多样化的需求。乐队通过音乐的节奏、旋律和音量的变化,灵活地营造出不同的氛围。在宴会的开场、用餐、交流和结束等不同环节,演奏相应的音乐,可起到引导活动流程、调节现场气氛的重要作用。例如,在开场时演奏激昂的音乐吸引观众注意力,用餐时演奏舒缓的音乐促进交流,结束时演奏欢快的音乐为宴会画上圆满句号。

❸ 客前烹调

将烹饪过程从幕后搬到台前,让宾客亲眼看见美食的制作过程,为宾客带来视觉和味觉的双重享受。厨师的烹饪技巧、食材的新鲜搭配以及烹饪过程中的火焰、香气等元素,都成为表演的一部分,增强了宴会的趣味性和观赏性。

客前烹调通常允许宾客与厨师进行一定程度的互动(如提问、参与部分简单的制作环节等),这种互动能让宾客深入地了解美食文化和烹饪技巧,同时也增强了宾客在宴会中的参与感和体验感,而且厨师可以根据宾客的口味偏好和特殊要求,进行个性化的烹饪,满足不同宾客的需求,为宾客带来独特的用餐体验。

(八)员工

员工作为宴会服务的提供者,仪表、行为、态度、谈吐及处理宾客要求的反应等,在营造宴会气氛方面发挥着不可替代的作用。他们通过优质的服务态度、专业的知识技能、良好的沟通与互动能力、应对突发事件的能力、个人形象与礼仪以及团队协作与配合,为宾客创造一个温馨、舒适、愉悦的宴会环境,同时还提升了酒店的品牌形象。

❶ 服务态度与专业性

员工的服务态度直接决定了宾客的感受。热情、耐心、细致的服务态度能让宾客感受到尊重和舒适,从而提升宴会的整体氛围。员工的专业性也至关重要,他们需要对宴会流程、菜品、酒水等细节有深入的了解,以便在宾客询问时能够给予准确的回答和合理的建议。

❷ 沟通与互动能力

员工需要具备良好的沟通能力,能够与宾客进行愉快的交流,了解宾客的需求和意见,并及时反馈给相关部门,以便及时调整服务。通过与宾客的互动,员工可以营造更加亲切、友好的宴会氛围,使宾客感受到宾至如归。

❸ 应对突发事件的能力

在宴会过程中,可能会遇到各种突发事件,如菜品出错、设备故障等。员工需要保持冷静,迅速而有效地处理这些问题,以减少对宴会的负面影响。员工的应变能力不仅体现了员工个人的专业素养,还增强了宾客对宴会服务的信任感和满意度。

❹ 个人形象与礼仪

员工的个人形象和礼仪也是营造宴会气氛的重要因素之一。员工应穿着得体、整洁,举止优雅、大方,以展现宴会服务的专业性和高品质。良好的个人形象和礼仪能够给宾客留下深刻的印象,提升宴会的整体形象、专业形象。

❺ 团队协作与配合

宴会服务通常需要多个员工的协作和配合。员工应具备良好的团队合作意识,能够与其他员工紧密配合完成工作任务,减少服务中的失误。一个团结、高效的团队能够营造出更加和谐、愉悦的宴会氛围。

> **任务实施**

思政园地

分析宴会厅气氛设计的情况

1. 任务要求

(1)学生自由分组,每组 4～6 人,并推选出小组长。

(2)每个小组选择一个宴会厅气氛设计的案例,小组成员介绍案例中宴会厅气氛设计的内容,分析其优点与不足之处,并提出改进措施。

(3)小组长汇总小组成员的主要观点,并以 PPT 的形式进行汇报演示。

2. 任务评价

在小组演示环节,主讲教师及其他小组依据既定标准,对演示内容进行综合评价。

评价项目	评价标准	分值	教师评价(60%)	小组互评(40%)	得分
知识运用	熟悉宴会厅气氛设计的内容	30			
技能掌握	所选案例具有代表性,对案例的分析合理、准确,提出的改进措施有可行性	40			
成果展示	PPT 制作精美,观点阐述清晰	20			
团队表现	团队分工明确,沟通顺畅,合作良好	10			
	合计	100			

同步测试（课证融合）

一、选择题
1. 宴会厅场地设计主要包括（　　）。
   A. 空间设计　　　B. 立面设计　　　C. 环境设计　　　D. 氛围设计
2. 下列选项中不属于宴会气氛设计范畴的是（　　）。
   A. 色调　　　　　B. 绿植　　　　　C. 路线　　　　　D. 宾客
3. 酒店餐厅空间通常划分为（　　）。
   A. 营业空间　　　B. 公用空间　　　C. 装饰空间　　　D. 就餐空间

二、简答题
1. 简述改善宴会厅空气质量的方法。
2. 简述色调在宴会厅氛围设计中的作用。

扫码看答案

任务三　宴会厅台型设计

任务引入

一场有歌舞表演的中式宴会

某酒店举办了一场有歌舞表演的中式宴会。因酒店场地有限，只能将宴会放在酒店的大堂举行，但是仍然摆不下供200名宾客使用的桌椅，只能借用大吧区三分之一的场地。大吧区比大堂区高0.45米，中心还有一个固定的小舞台，给宴会台型设计带来了一定挑战。

在进行宴会设计时，设计师将大吧区原有的小舞台扩大，并在舞台后面设立背景板，背景板后面无法利用的空间作为演员候场区。宴会的主桌采用长条弯月形台，供贵宾单面就座和观看演出。

大堂区是酒店的公共区域，为了减少干扰，酒店在大堂区两边树立了高大的宴会主办方宣传立板，并设有可供住店宾客出入的通道。在宴会入口处，用高大的绿色植物作为屏障，以增强通透感，减少两边高大立板带来的压抑感。此外，酒店还为宾客、演员、员工等分设了不同的移动路线和出入口，以缓解因空间狭小而引起的拥堵情况。总体台型设计如图3-9所示（大吧区为A区，大堂区为B区）。

请同学们带着以下问题进入任务的学习：
1. 中式宴会中有哪些常见台型？
2. 该酒店在进行宴会台型设计时采用了哪种台型？

知识讲解

宴会台型设计是指设计宴会的餐桌排列组合的总体形状和布局。通常需要根据宴会主题、接待规格、赴宴人数、主题、场地条件，以及宴会厅的结构、形状、面积、空间等因素来进行设计。宴会台型设计和选择需综合考虑多个因素，以确保宴会顺利进行并给宾客留下良好印象。

一、中式宴会台型

中式宴会的台型设计要求旨在确保宴会布局合理、美观且实用，以满足宴会氛围和宾客需求，通常为圆形或方形。

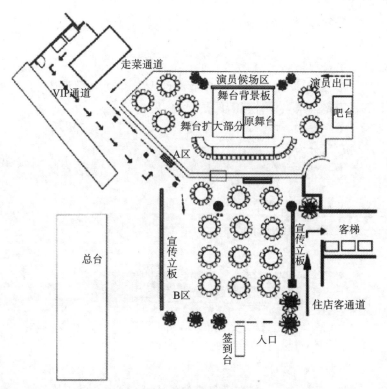

图 3-9 总体台型设计

(一)设计要求

❶ 突出主桌

中式宴会是一种具有深厚文化底蕴和丰富礼仪传统的餐饮形式,十分注重宴会主人和主宾的重要地位。

主桌应位于宴会厅的正中或显著位置,通常位于宴会厅的中央或正前方,以突出其重要地位,也便于所有宾客都能清晰地看到主桌的情况;在一些传统习俗中,主桌还会被安排在宴会厅入口的对侧,确保主桌的宾客能纵观全局;主桌上可摆放精美的花卉、餐具和装饰品,以彰显宴会的隆重、典雅以及突显其重要性;主桌的餐桌台面必要时需大于其他席桌,以便容纳更多主宾;通常还应摆放主宾的席位卡,以便主宾入席。

除主桌外,其他桌子都应编号,号码架立在餐桌上,以便宾客快速找到对应座位。

❷ 整体布局

在设计宴会台型时,需要根据宴会厅的形状、面积、内部结构等设计出合适的台型布局方案,使整个台型布局得井井有条。总的要求是左右对称,布局匀称,整齐划一,出入方便。既要在有限空间内将餐桌排列得整齐有序,突显独特的设计美感;又要做到间隔适当、布局合理,使餐桌的面积、间隔与宴会厅环境相符,方便宾客就餐及席间服务。

台型设计还需考虑防滑、防火等安全因素,确保宴会期间的安全问题得到有效解决。

❸ 次序分明

中式宴会台型设计的整体布局要做到次序分明。除主桌外,其他餐桌的布置应当按照"以右为尊"的国际惯例和"近高远低"的原则,将比较重要的宾客安排在右席区或离主桌较近的餐桌,将其他宾客安排在左席区或离主桌较远的餐桌。

(二)台型设计

1 服务区域规划

(1)宾客就餐区域。

①先确定主桌。主桌又称主台,通常称为"1号台",供宴会主宾、主人或其他重要宾客就餐,是宴请活动的中心部分,一般只设1张,安排8~20人就座。主桌应放在显著地方,以所有赴宴宾客都能看到为原则。

②餐桌与餐椅布置要求。中式宴会的餐台一般使用圆桌和玻璃转盘。在宴会餐桌的布局上,要求整齐划一,要做到桌脚、椅子、桌布、花瓶等保持一条线,横竖成行(列),主桌主位能互相照应。

(2)服务辅助区域。根据宴会的实际情况,服务辅助区域一般包括签名台、礼品台、工作台、酒水台等。

(3)讲话致辞区域。根据会议主办单位的要求及宴会的性质、规格等设置主席台或表演台。

另外还设有服务台、乐队表演区和绿化装饰区域。

2 布局设计方案

宴会餐桌标准占地面积一般每桌为10~12平方米,桌距一般为140厘米,最佳桌距为183厘米。一般大型豪华宴席厅的餐位面积为1.8~2.5平方米/餐位,大型宴席厅的餐位面积为1.5~2平方米/餐位,普通宴席厅的餐位面积为1.2~1.5平方米/餐位。根据桌数的不同,有不同的设计方案。

(1)小型宴会台型设计。

通常把1~10桌的宴会称为小型宴会。其台型设计相对灵活,应根据宴会厅实际大小和形状选择合适的台型。

1桌宴会时,餐桌应置于宴会厅中央位置,墙顶顶灯对准餐桌中心。

2桌宴会时,餐桌应根据厅房形状和门的方位来定,分布成横"一"字形或竖"一"字形。横"一"字形:两桌并列,面门定位,先右后左。竖"一"字形:两桌纵向排列,以远为上,以近为下,确保身份较高宾客能坐在显眼且便于交流的位置(图3-10)。

图3-10　2桌宴会台型设计

3桌宴会时,可排列成"一"字形或"品"字形。"一"字形:三桌并列,可以是直线或稍微倾斜。"品"字形:三桌排列,形成三角形布局(图3-11)。

图3-11　3桌宴会台型设计

4桌宴会时,在正方形宴会厅中,餐桌可摆成正方形;在长方形宴会厅中,可摆成菱形(图3-12)。

图3-12　4桌宴会台型设计

5~10桌宴会时,可将台型设计成正方形、长方形、梅花瓣形、三角形等。小型宴会可以设置1张主桌,在宴会厅条件允许的情况下,主桌的餐桌台面可以大于其他来宾的餐桌台面且装饰和台面布置更为华丽。通常主桌在厅堂的正上方或者中间(图3-13、图3-14)。

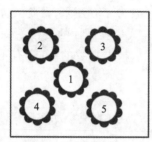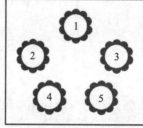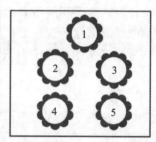

图3-13　5桌宴会台型设计

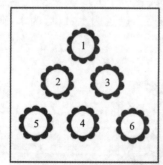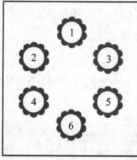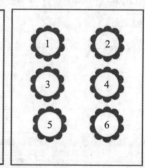

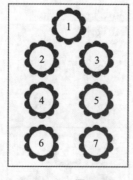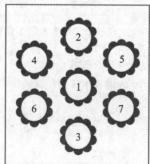

图3-14　6~7桌宴会台型设计

(2)中型宴会台型设计。

11~30桌宴会,属于中型宴会,为突出主桌,可以专门设计主桌区域,由1主桌、2副主桌组成。除主桌外,其余各桌都需要编号,便于宾客就餐和服务人员进行服务。

(3)大型宴会台型设计。

31桌以上宴会就属于大型宴会。由于宾客多、餐桌多,投入的服务力量也大,为了指挥方便、行动统一,可根据宴会规模将宴会厅分成若干服务区,例如,主宾席区和来宾席区。主宾席区一般设5桌,也就是1主桌,4副主桌。主宾席区要区别于来宾区,一般桌面大小和台面摆设都有所区别,同样除主桌外,其余各桌都需要编号。

二、西式宴会台型

(一)设计原则

❶ 实用性、便捷性

(1)合理布局:在设计过程中,应充分考虑相邻餐桌的位置关系,确保餐位大小合理,餐具摆放便捷。同时,需要考虑参加宴会的人群特点,为儿童、残疾人等特殊群体提供人性化设计。

(2)进出通道:确保宾客进出通道宽敞,便于宾客进出和服务员服务。主行道应比其他行道宽敞,以容纳更多的客流量。

❷ 美观性

(1)台面装饰:台面设计应遵循美观性原则,通过台布、餐具、鲜花等装饰物提升宴会的美观性。台布颜色可选用白色、香槟色、浅灰色等颜色,也可根据不同节日选用与节日主题相吻合的颜色。

(2)主题创意:台面设计可以融入时代特征、传统文化等元素,创造出独特的主题。例如,可以设计以阅读为主题的宴会台面,通过摆放书籍、眼镜、笔记簿等物品来营造宁静雅致的阅读氛围。

❸ 礼仪性

(1)突出主桌:在宴会台型设计中,应突出主桌的位置,以体现礼仪规范。主桌通常设在宴会厅的中间位置,与其他餐桌保持适当的距离。

(2)餐具摆放:餐具的摆放应遵循西餐礼仪规范,如装饰盘、面包盘、黄油碟、餐具、酒具等的摆放位置和顺序都有严格的规定。餐具的摆放应对准座椅中心,同时确保间距均匀合理。

❹ 适应性

(1)适应餐厅风格:西餐宴会台型设计应与餐厅的装饰风格相适应,不同风格的西餐厅餐台布置也应有所不同。例如,豪华型西餐厅可采用圆弧形长桌或方形长桌作为主桌,以彰显其高贵典雅的气质。

(2)适应服务方式:台型设计还需与服务方式相适应。根据不同的西餐服务方式,台型设计也会有较大的差异。例如,法式西餐要求餐厅灯光可以调节,服务通道要通畅,因此台型设计应更加宽敞。

❺ 创新性

(1)创新设计:在遵循基本原则的基础上,应大胆创新,凸显时代特征。可以通过采用新的材料、新的装饰手法或新的设计理念来创造出独特的宴会台面效果。

(2)突出主题:在创新设计中,应充分突出宴会的主题。可以通过摆放与主题相关的装饰物、选用与主题相符的色彩和材质等方式来营造独特的氛围和效果。

(二)台型种类

❶ "一"字形台

特点:设在宴会厅的中间位置,与四周的距离大致相等,两端留有充分余地(一般应大于2米),便于服务操作。适用于9~10人的宴会。

布局:圆弧形长桌适用于豪华型单桌的西式宴会,主人与主宾的餐位是弧形的,以体现尊贵;方形长桌适用于大型宴会的主桌,主人与主宾坐在长桌的中间。

同步案例

❷ U形台

特点：横向长度比纵向长度短，桌形凸出部分有圆弧形和正方形两种。主要部分摆放5个餐位，体现主人对主宾的尊重。凹口处便于法式服务的现场表演，便于主宾观看。

适用场合：主宾的身份要高于或等同于主人。

❸ E、M形台

特点：横向比纵向短（面向餐桌的凹处），各翼长度一致。主人坐在中间竖向的位置，宾客坐在主人的两边和横向的位置。

适用场合：人数较多的单桌。

❹ "回"字形台

特点：设在宴会厅的中央，是一个中空的台形。主人坐在面向门中间的位置，宾客从主人位置左右依次排列就座。

适用场合：需要特定交流主题的西式宴会。

❺ 教室形台

特点：主宾席用"一"字形长台，一般席用长方形餐桌或圆形餐桌。

适用场合：人数较多的西式宴会。

此外，还有T形、鱼骨形、星形等多种台型，可以根据宴会规模、宴会厅形状及宴会举办者的要求灵活设计。

（三）台型设计

❶ 正式西式宴会

正式西式宴会一般使用长方形餐桌或小方桌。餐桌的大小和餐桌的排法，可根据宴会的人数、宴会厅的大小、服务的组织、宾客的要求等因素进行设计，做到尺寸对称、出入方便、排法新颖。椅子之间的距离不小于20厘米，餐台两边的椅子应对称摆放。正式西式宴会台型设计常用的排法有长方形、直线形、"口"字形、U形、E形或M形（图3-15）。

（1）不超过36位宾客时，适宜采用直线形排法。可用1.8米×0.75米的长方形餐桌拼合而成。特点是设在宴会厅的中央位置，与四周距离大致相等。餐台两端留有2米以上的空间，便于服务人员操作。

（2）超过36位宾客时，适宜采用"口"字形或U形排法，可用1.8米×0.75米的长方形餐桌拼合而成，中间部位可布置花草等装饰物。桌形凹口处，为法式服务的现场表演处，便于主客观看。

（3）超过60位宾客时，适宜采用E形或M形排法。

（4）若需要容纳上百人同时进餐，一般采用多桌型宴会，即在宴会厅内将多张餐桌以一定形式排列布局，这样既可满足宾客的宴饮需要，又具有审美功能。常见的多桌型西式正式宴会的台型有星形、教室形、鱼骨形、平行线形等，设计师应根据宴会主题和宴会厅条件综合设计。

❷ 酒会台形设计

酒会，是一种经济简便、轻松活泼的宴会招待形式，是便宴的一种形式，酒会上不设正餐，只是略备酒水、点心、菜肴等，而且多以冷食为主。酒会起源于欧美，一直沿用至今，在人们的社交活动中占有重要地位。酒会通常是社会团体或个人为举行纪念、庆祝活动，或者联络感情、增进交流而举办。

酒会按举行时间的不同可分为正餐之前的酒会和正餐之后的酒会。一般习惯于将正餐之前的酒会称为鸡尾酒会。

酒会人数可多可少，一般不设置主宾席，也不摆放座位，不配备刀叉，只摆设餐台以及一些小圆桌或茶几。餐台布置简单，放置供宾客食用的酒水和点心，摆设小圆桌或茶几是为了方便宾客在交谈中放置酒杯或点心碟。宾客可以随意走动，自由交谈，在酒会中通常以站姿进餐。有时为照顾一些行动不便人士，也会安排一些座椅供其休息，这些座椅一般靠边摆放，不影响大部分宾客的交流。

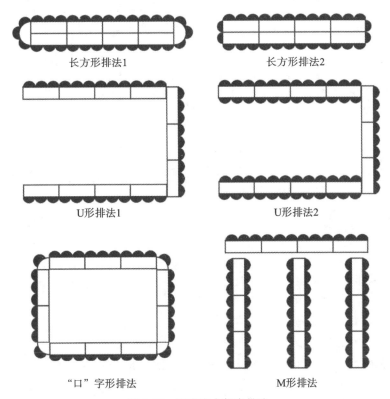

图 3-15 西式宴会餐桌排法

❸ 冷餐会台型设计

冷餐会又称自助餐会,是当今比较流行的餐饮形式,也是集古今中外餐饮特色的宴请方式。随着时代的发展,菜品不再以冷食为主,已经发展成包括冷菜、热菜、主食、汤品、甜品、饮品、酒水等多种类型菜品的就餐形式。适用于会议用餐、团队用餐和各种大型活动。宾客根据个人需要,自行选取食物。宾客可以多次取食,自由走动,任意选择座位。

冷餐会台面是冷餐会中最占据视线,以及反映氛围的部分,其可以根据冷餐会的主题和主人要求进行装饰。因宾客人数较多,在台型设计时应考虑宾客就餐时间相对集中,通道的宽敞程度,以保证人流的通畅。餐桌可根据实际需要,摆放成 Y 形、L 形、S 形、Z 形等,同时餐桌也要保证有足够的空间来布置菜肴,使宾客每走一步就可以挑选一种菜肴是比较合适的空间布置。

> 任务实施

1. 任务情境

某酒店的中式宴会厅为正方形,其长、宽均为 30 米。宴会厅正中央的背景墙处有一长为 6 米、宽为 3 米的长方形舞台。该酒店即将举行一场 150 人的商务宴会,宴会主人要求主桌坐 20 人。

2. 任务要求

(1)学生自由分组,每组 4~6 人,并推选出小组长。
(2)每个小组成员根据上述情境,查阅相关文献和资料,设计该宴会厅的台型,并绘制台型图。
(3)小组长汇总小组成员的台型设计方案,并以 PPT 的形式进行汇报演示。

3. 任务评价

在小组演示环节,主讲教师及其他小组依据既定标准,对演示内容进行综合评价。

评价项目	评价标准	分值/分	教师评价(60%)	小组互评(40%)	得分
知识运用	熟悉宴会的台型和设计要求	30			
技能掌握	台型设计具有合理性、可操作性和创新性	40			
成果展示	PPT制作精美,观点阐述清晰	20			
团队表现	团队分工明确,沟通顺畅,合作良好	10			
合计		100			

扫码看答案

同步测试(课证融合)

一、选择题

1. 中式宴会台型布局原则是（　　）。
 A. 突出主桌　　　B. 以右为尊　　　C. 近高远低　　　D. 以左为尊
2. 中式宴会中,梅花式台型适合（　　）宴会。
 A. 2桌　　　　　B. 3桌　　　　　C. 4桌　　　　　D. 5桌
3. 在进行西式宴会台型设计时,36人以下的宴会台型一般选择（　　）。
 A. 直线形　　　　B. "口"字形　　　C. U形　　　　　D. E形

二、简答题

1. 简述宴会台型设计的一般程序。
2. 简述冷餐会的台型设计要求。

教学资源包

任务四　宴会厅席位设计

任务引入

家宴上的闹剧

从海外留学回来的小王正好赶上了春节,于是他跟随父母回到老家,准备欢度新年。但是,由于长期生活在海外,小王对国内传统习俗不是很了解,也因此闹出了不少笑话。

在宴会开始前,餐桌上还没有人入席,小李就直接走到正对入口的最远位置坐下,并转身背对着门口,观看窗外小孩嬉戏。过了一会儿,小李拉着堂弟和堂妹坐在他两边,一起玩起了扑克牌。

等到快要开席了,长辈们一边交谈一边走近餐桌,才发现这3个小辈坐在了餐桌的主位,还边玩扑克牌边嗑瓜子,瓜子壳撒满了主位桌面。一向看重传统习俗和礼节的爷爷十分生气,直接拿着拐杖把他们赶走,并罚他们站着吃饭。

思政园地

宴会后,小李感到十分委屈,便问他父母缘由。在得知自己的行为有违当地宴会席位礼仪之后,小李觉得十分愧疚,于是真诚地向爷爷道歉。

请同学们带着以下问题进入任务的学习:

1. 在中式宴会中,应如何进行席位安排?
2. 上述宴会的席位安排一般应遵循什么原则?

> 知识讲解

宴会席位安排的原则

因地制宜：根据来宾级别、陪同领导和人员级别以及餐厅现场实际情况确定。

以中为尊：左右横向排列时，以中心位置为尊，从而突出主位、主桌和主宾席区。

以右为尊：左右横向排列时，以主人的右席位置为尊。

以前为尊：前后纵向排列时，以前排席位为尊。

以上为尊：空间上下排列时，以上面的席位为尊。

以近为尊：按位置远近排列时，以靠近主位的位置为尊。

以内为尊：以靠近房间内部的席位为尊。

以佳为尊：以位于正门对面、面对景观或舞台、背靠主体背景墙的席位为尊。

各桌同向：各桌上的主宾位都要与主桌主位保持同一方向。

思政园地

思政园地

一、中式宴会席位安排

在中式宴会中，座次安排必须符合礼仪规格，尊重风俗习惯，便于席间服务。根据宴会的性质、主办单位或主人的特殊要求，以及出席宴会的宾客身份等确定相应的座位。

（一）确定主位

根据餐桌数量，中式宴会可以划分为单桌型中式宴会和多桌型中式宴会。

在单桌型中式宴会中，餐桌设在宴会厅正中央，主位一般设在正对门口或背景墙的位置。宴会主人坐在主位上，其他宾客则按照事先安排好的席位依次入座。

在多桌型中式宴会中，首先需要根据位置、装饰等确定主桌，使宴会主人坐在主桌的主位上；再确定普通桌的主位，保证每张餐桌都有主人一方的人员陪同宾客。普通桌的主位可以与主桌主位朝同一方向而设或面对而设。如果主宾身份、地位高于主人，为了表示尊重，可安排主宾在主位上就座，而主人则坐在主宾的右手边。

（二）确定其他席位

除了宴会主位以外，其他席位一般遵循以右为尊、近高远低、主客交叉的原则。

当只有一个主位（单主位）时，应将主宾安排在主位右侧，第二主宾安排在主位左侧，其他宾客则按照从右至左、从近至远的顺序依次就座（图 3-16）。

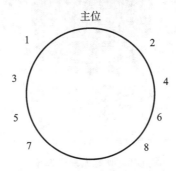

图 3-16 单主位宴会席位安排

当有两个主位（双主位）时，通用的中式宴会席位安排方式有两种，如图 3-17 所示。

此外，在多桌型宴会中，为了确保宾客能顺利找到自己的席位，可以在请柬上注明宾客所在的桌牌号、座位号等。

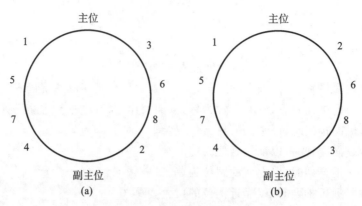

图 3-17 双主位宴会席位安排

二、西式宴会席位安排

在西餐礼仪中,女士总是受到特别的尊重。因此,在安排席位时,女主人通常会被安排在主位,而男主人则坐在次主位。西式宴会注重交叉排列,男女交叉、熟人和生人也应当交叉排列,交叉排列有助于促进人们之间的相互交流和认识,达到社交目的。

(一)西式圆桌席位排法

在西式圆桌席位排法中,女主人坐在面向门的位置,男主人则背对着门而坐,女主人左右两边应安排两位男宾,右边为第一男主宾,左边为第二男主宾。男主人左右两边也各为两位女宾,右边为第一女主宾,左边为第二女主宾。其余中间座位用以安排较次要的宾客。理论上,座位安排应为一男一女交叉而坐,但因男、女主人座位固定,所以将出现一边为两位男宾同坐,而另一边为两位女宾同坐的情形。上菜及斟酒时,一律以女士为优先服务对象。从第一女主宾开始,依序进行服务,女主人最后。女主人之后紧接着服务第一男主宾,男主人则为最后。若是采用西式坐法、中式吃法,在宾客没有特别要求的情况下,将从第三和第五男宾中间上菜(图 3-18)。

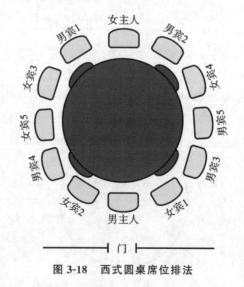

图 3-18 西式圆桌席位排法

(二)法式长方桌席位排法

法式(也称"欧陆式")长方桌必须配合西式服务(西餐或"中餐西吃")的使用。餐桌的摆设为横向,主人坐中间,女主人面向门,男主人背对门;女主人右边为第一男主宾,左边为第二男主宾;男主人右边为第一女主宾,左边则为第二女主宾;餐桌两端安排较次要的宾客。法式长方桌席位排法如

图 3-19 所示。座位安排应由较长的桌缘开始,若空间不够,则可再将其余座位安排在较短的桌缘。上菜时应先服务女士,从第一女主宾开始,依序进行服务。

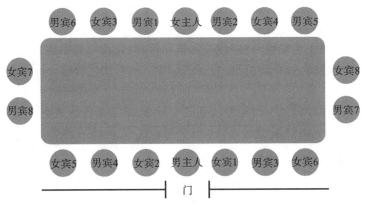

图 3-19 法式长方桌席位排法

(三)英美式长桌席位排法

在英美式长桌席位排法中,餐桌的摆设为直向,男、女主人各坐餐桌的顶端,女主人座位面向门,男主人则背对门,男、女主宾各坐于男、女主人的左右两侧。女主人右边为第一男主宾,左边为第二男主宾。男主人右边为第一女主宾,左边则为第二女主宾。菜肴上桌应先服务女士,从第一女主宾开始,依序服务(图 3-20)。

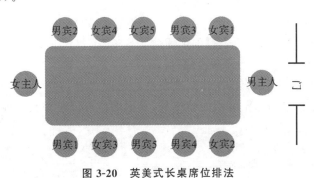

图 3-20 英美式长桌席位排法

(四)西式大型宴会席位安排方法

西式大型宴会上需要分桌时,餐桌的主次以离主桌的远近而定,右高左低;以宾客职位高低定桌号顺序,每桌都要有若干主人作陪;每桌的主人位置要与主桌的主人位置方向相同。如用长桌,主桌只有一面坐人,并面向分桌;主人和重要宾客居中,分桌宾客侧向主桌。

(五)其他餐桌席位安排

(1)U 形:主人和重要宾客座位正对 U 形缺口。

(2)T 形:席位安排总体上与 U 形餐桌席位安排相同,主人一般都安排在横向餐台的中间位置,重要宾客则安排在主人的两侧。

(3)E 形:主人位置位于横边上,重要宾客都与主人安排在一个台位。去掉 E 形的横边就是"川"字形,这样使得整个台位没有主宾之分,适用于较为自由的西式宴会。

▶ 任务实施

1.任务情境

某企业为了款待与其长期合作的美国宾客,决定在 A 酒店举办一场西式宴会。预计该宴会一共有20位外宾,加上企业的接待人员,一共有50人参加。该宴会采用"一"字形台。主宾有3位,分别为对方公司的总经理、总经理夫人和副总经理。请为该企业设计一份完整的席位安排方案。

2.任务要求

(1)学生自由分组,每组4~6人,并推选出小组长。

(2)每个小组成员根据上述情境,查阅相关文献和资料,设计一份完整的席位安排方案。

(3)小组长汇总小组成员的台型设计方案,并以PPT的形式进行汇报演示。

3.任务评价

在小组演示环节,主讲教师及其他小组依据既定标准,对演示内容进行综合评价。

评价项目	评价标准	分值/分	教师评价(60%)	小组互评(40%)	得分
知识运用	熟悉宴会席位安排的原则,掌握西式宴会席位安排的方法	30			
技能掌握	方案设计具有合理性、可操作性和针对性	40			
成果展示	PPT制作精美,观点阐述清晰	20			
团队表现	团队分工明确,沟通顺畅,合作良好	10			
合计		100			

  同步测试(课证融合)

一、判断题

1.中式宴会席位安排中没有必要遵循国际惯例。　　　　　　　　　　　　　　　　(　　)

2.西式宴会席位安排要遵循女士优先的原则。　　　　　　　　　　　　　　　　　(　　)

3.在大型宴会席位安排中,餐桌的主次以离主桌的远近而定。　　　　　　　　　　(　　)

4.在中式宴会席位安排中,除了宴会主位以外,其他席位可以主客交叉地安排座次。(　　)

二、简答题

简述宴会席位安排的原则。

项目四

宴会出品设计

项目描述

宴会出品设计是宴会设计的重要组成部分,是宴会最核心、最重要的组成部分之一。这是一项复杂的工作,也是一种要求很高的创造性劳动。本项目设置了宴会菜品设计、宴会酒水设计和宴会菜单设计三个任务。

项目目标

素养目标

1. 通过对宴会菜品、酒水等知识的学习,增强学生对中国饮食文化的了解,进一步帮助学生树立文化自信。

2. 在宴会菜品生产中选用绿色环保食材,养成良好的卫生习惯,保证食品安全,同时杜绝浪费,提倡光盘行动。

3. 通过对宴会菜单设计的学习,培养学生良好的美学素养,逐步提升学生的审美能力。

知识目标

1. 掌握宴会菜品设计的原则。
2. 掌握中西式宴会菜品设计的要求。
3. 掌握中西式宴会常用酒水的知识。
4. 掌握宴会酒水设计的原则。
5. 掌握宴会菜单制作的流程和要求。

能力目标

1. 能够根据宴会主题和顾客要求设计出搭配合理的宴会菜品。
2. 能够根据宴会菜品、主题和顾客要求设计出适宜的酒水搭配。
3. 能够根据宴会的台面设计和菜品设计制作出符合宴会主题的精美菜单。

知识框架

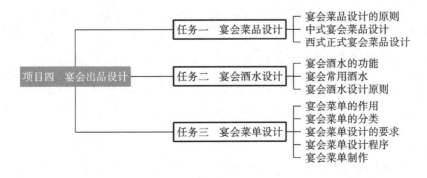

教学资源包

岗位要求：
宴会定制服务师

任务一　宴会菜品设计

➡ 任务引入

2018年6月9日至10日，上海合作组织青岛峰会在青岛顺利举行。在青岛国际会议中心举行的欢迎晚宴上，各国领导人对精心准备的国宴菜品赞不绝口。晚宴菜品包括孔府一品八珍盅、孔府焦溜鱼、孔府神仙鸭、孔府酱烧牛肋排以及孔府蔬菜，这些菜品不仅色香味俱佳，还蕴含了丰富的文化意义。在国家重大活动中，国宴菜品历来都是大家关心的热点。此次晚宴，菜品主打孔府菜，孔府菜又被誉为宫廷菜，是鲁菜最重要的一支。

孔府菜始于公元前272年，孔府菜的历代传人，秉承孔子"食不厌精，脍不厌细"的遗训，在制作菜肴时极为考究，不仅要料精、细作、火候严格、注重口味，而且要巧于变换调剂，应时新鲜。孔府菜集古今烹调技艺之大成，融合南北饮食精华，在食材选择、菜肴烹饪、宴席布局、糕点制作及饮食礼仪等方面均达到极高水平，尤以做工精细、调味巧妙、盛器考究而著称，展现出华贵典雅、味道醇厚的独特魅力。

孔府菜讲究造型完整，在掌握火候、调味、摆盘等方面，难度较大。为确保上桌菜品色香味俱全，后厨团队历经两个多月精心研发，每一道菜都力求完美。比如孔府一品八珍盅，需要经过8个小时的炖煮以及2个小时的调味，共10个小时才能完成，并最终端到各国领导人面前。另外，为了尊重各国不同的文化习俗，晚宴全部为清真菜品，以示对多元文化的尊重。

请同学们带着以下问题进入任务的学习：

1.此案例中国宴的菜品为什么选择孔府菜？
2.此案例中的菜品设计给你带来哪些启发？

➡ 知识讲解

一、宴会菜品设计的原则

（一）满足需求

❶ 了解顾客口味偏好

不同地域的顾客有不同的口味习惯。例如，北方顾客可能更喜欢咸香口味的菜肴，南方顾客尤其是广东等地的顾客，偏爱鲜美精致的菜肴。在设计宴会菜品时，要充分考虑顾客群体的地域特点。此外，还需考虑顾客个人口味，如素食主义者的需求，确保提供充足的素食选项。

❷ 考虑顾客预算

根据宴会预算设计菜品，高档商务宴请可选高档食材，而普通家庭聚会则注重性价比，应选择美味实惠的食材。

❸ 照顾顾客特殊要求

部分顾客有宗教信仰要求，如穆斯林顾客需清真菜品，避免使用猪肉，以牛羊肉等符合宗教习俗的食材为主。

（二）突出主题

❶ 根据宴会主题选择菜品

如果是中式传统婚礼宴会，菜品可以围绕"喜庆、团圆"的主题。例如，"四喜丸子"，其名称就带有吉祥的寓意;"红枣莲子羹",象征着早生贵子。

商务宴请的宴会,菜品应彰显高端精致,由精细刀工与高档食材打造的中式佳肴,更能凸显商务宴会的品位。

❷ **在菜品呈现方式上体现主题**

以儿童生日宴会为例,可以将菜品设计成卡通形象。比如,把米饭做成熊猫造型,蔬菜沙拉拼成卡通动物图案,或者用模具将糕点制作成童话人物的模样,使整个宴会的菜品充满童趣。

(三)平衡膳食

❶ **保证营养均衡**

菜品需涵盖多种营养素,肉类、鱼类、豆类等富含蛋白质,如红烧鲤鱼可为身体提供动物蛋白,凉拌豆芽则提供植物蛋白。

碳水化合物不可或缺,如米饭、馒头等主食可为身体供能。此外,蔬菜和水果沙拉中含有丰富的维生素和矿物质,如生菜、黄瓜、番茄、苹果混合的沙拉,能补充维生素 C、维生素 B 等。

❷ **注意荤素搭配**

荤素搭配要合理,一般宴会菜品的荤素比例控制在 7∶3 或 6∶4。还要注意主食与副食的搭配,主食不能过于单一,除了常见的米饭、面条外,还有玉米、红薯等粗粮可作为主食。副食的种类也应多样,包括热菜、凉菜、汤品等。

(四)特色鲜明

❶ **突出地方特色**

若宴会选在四川,则可突出川菜之精髓。诸如麻婆豆腐、水煮鱼等经典佳肴,不仅承载着四川深厚的文化底蕴,更以其麻、辣、鲜、香的独特风味,让食客们沉醉。

思政园地

❷ **展现餐厅特色**

餐厅如果有招牌菜,如某家海鲜餐厅的招牌菜是避风塘炒蟹,在宴会菜品设计中就可以将其作为重点菜品推出。这不仅能体现餐厅的烹饪优势,还能让顾客品尝到餐厅最具代表性的菜肴。

(五)考虑时令

❶ **选用时令食材**

时令食材新鲜美味且价格合理。例如,春季,可选用新鲜的春笋来烹制腌笃鲜,春笋鲜嫩多汁,使得这道菜口感醇厚,鲜美无比;夏季,吃完西瓜后,可将西瓜皮变废为宝,制作成清爽可口的凉拌西瓜皮,既解暑又美味。

思政园地

❷ **结合时令节日习俗**

在中秋节的宴会上,可以加入月饼作为点心;端午节的宴会可以安排粽子。与节日相关的食物更能增添宴会的节日氛围。

二、中式宴会菜品设计

(一)中式宴会菜品构成

中式宴会菜品的构成,有"龙头、象肚、凤尾"之说。"龙头"喻指冷菜,其造型之美,犹如乐章的前奏,悄然响起,引人入胜,为宴会拉开序幕。"象肚"则象征热菜,作为宴会之核心,精彩纷呈,恰似乐章的高潮,激昂澎湃,令人回味无穷,难以忘怀。"凤尾"指的是餐后水果,如凤尾般绚丽多姿,起到锦上添花的作用。

不论何种宴会菜品,其内部结构大致相同,差异主要表现在食品原材料和加工工艺的不同。

❶ **冷菜**

冷菜有单盘、双拼、三拼、什锦拼盘或主盘加围碟等形式,是佐酒开胃的冷食菜,特点是讲究调味、刀工与造型,要求荤素兼备、质优味美。

单盘采用直径16~23厘米的圆盘或条盘,每盘专注一种冷菜,依据宴会规格与人数,巧妙设置六盘、八盘或十盘,多为双数,更显和谐之美。各单盘之间交错变换,荤素搭配,量少而精,用料和口感都不重复。单盘是目前中式宴会最常用且最实用的冷菜形式之一。

每盘由2种冷菜组成的称为"双拼",由3种冷菜组成的称为"三拼",由10种冷菜组成的称为"什锦拼盘"。目前,在酒店举办的中、高档宴会中,冷菜大多不采用拼盘形式,而以单盘为主。

主盘加围碟这种形式多见于中、高档宴会冷菜。围碟就是单盘,是主盘的陪衬,每盘菜量在100克左右。主盘运用"花式冷拼"技艺,通过精湛的刀工和装饰艺术,在盘中巧妙拼出花鸟、山水、建筑等图案,以表达宴会主题。如婚礼庆典常用"鸳鸯戏水",寿宴则偏爱"松鹤延年",迎宾宴则多选"满园春色"。由于花式冷拼耗时费力,且注重美观和技术,目前许多酒店举办宴会时已较少使用,更多见于烹饪技能比赛中。

❷ 热菜

一般由热炒、大菜组成,是宴会的"主题曲",属于宴会的躯干,质量要求较高,排菜应富于变化,将宴会逐步推向高潮。

热菜一般安排在冷菜之后,起承上启下的作用。热炒常使用旺火热油,采用炸、熘、爆、炒等快速烹饪技法,大多在30秒至2分钟之内完成,以色香、味美、新鲜爽口为特点,一般是4~6道,每道菜所用净料多为300克左右,用直径为26~30厘米的平圆盘或腰盘盛装。热炒可以连续上席,也可以间隔在大菜中穿插上席,一般质优者先上,质次者后上,突出名贵食材;清淡者先上,浓厚者后上,防止口味互相压制。

在宴会中,大菜作为主要菜品,通常由头菜和热荤大菜组成,其成本占食材总成本的50%~60%,是决定宴会档次和质量的关键。通常大菜食材精选山珍海味及鸡鸭鱼肉的精华,常用整件(如全鸡、全鸭、全鱼),或大件(如十只鸡翅、十二只鹌鹑)拼装,呈现菜式丰满、大气的特点。烹制方法多样,以烧、扒、炖为主,历经多道工序,耗时较长,在质与量上超越其他菜品。

大菜一般讲究造型,名贵菜肴多采用按位上菜的形式上席。

(1)头菜是整席菜品中原料最好、质量最优、名气最大、价格最贵的菜肴,通常排在所有大菜最前面,统帅全席。头菜成本若过高或过低,均会影响其他菜肴的配置。头菜档次提升,热炒及其他大菜的档次亦随之提升。鉴于头菜的特殊地位,食材多选山珍海味或常用食材中的精品。另外,选择头菜要与宴会性质、规格、主题,主宾的口味,以及餐厅的技术专长结合起来。头菜的盛器要别致,装盘要注意造型,服务人员要重点加以介绍。

(2)热荤大菜是大菜中的支柱,宴会中常安排2~5道,多由鱼虾、禽肉、蛋奶以及山珍海味组成。它们与甜食、汤品一起,共同烘托头菜,构成整桌筵席的主干。需要注意的是,热荤大菜档次都不能超过头菜,各道热荤之间也要搭配合理,食材、口味、质地与烹调技法相协调,避免重复。

热菜的配置原则:在宴席中突出热菜,在热菜中突出大菜,在大菜中突出头菜。

❸ 甜菜

甜菜包括甜汤、甜羹,泛指宴会中一切甜味的菜品,甜菜的制作方法有拔丝、蜜汁、挂霜、糖水、烩、煎炸、冰镇等,每种制作方法都能派生出不少菜式。

档次比较高的有冰糖燕窝、木瓜雪蛤等;普通档次的有拔丝香蕉、蜜汁莲藕等。甜菜在宴会中,能起到优化营养搭配,丰富口感,增添风味的作用,同时还能解酒提神。

❹ 素菜

素菜作为宴会不可或缺的部分,常选用豆类、菌类及时令蔬菜等精心烹制,一般配备2~4道,且多在宴会后期上桌。烹调方法有炒、焖、烧、烩等。素菜的准备一要顺应时令,二要取其精华,三要精心烹制。宴会中合理地安排素菜,能够丰富宴会食物的营养结构,去腻解酒,变化口味,增进食欲,促进消化。

⑤ 点心

宴会点心的特色是注重款式和档次,讲究造型和容器(搭配),观赏价值高。宴会点心一般安排2～4道,要求制作精细,造型独特,富有审美。上点心的顺序通常是穿插在大菜之间。

⑥ 汤品

汤品种类较多,传统宴席中有首汤、二汤、中汤、座汤和饭汤之分。

首汤也被誉为"开席汤",于冷菜之前登场,精选海米、虾仁、鱼丁等上乘鲜嫩食材,与清汤一同精心烹制,口感清新淡雅,是宴会中不可或缺的清口润喉、开胃提神、激发食欲的佳品。首汤多见于广东、广西、上海、香港、澳门等地,现在部分餐厅举办宴会时会上首汤,不过是安排在冷菜之后、作为第一道菜上桌。

二汤源于清代。满汉全席作为清代宫廷宴席的代表,融合了满族与汉族饮食文化的精华。在使用二汤的宴席中,头菜多为烧烤,为了爽口润喉,头菜之后往往要配一道汤菜,因其在热菜顺序中排列第二,所以得名。如果头菜为烩菜,二汤可以省去。

中汤,亦称"跟汤",于酒过三巡、菜至半饱之时悄然登场,它巧妙地安排在热荤大菜之后,以其独特的魅力,化解之前酒菜的油腻,为品尝后续的美味佳肴做好铺垫。

座汤具有镇得住场的含义,又称"主汤""尾汤",是大菜中最后的一道菜,也是最好的一道汤,座汤的规格一般都很高,制作座汤可用整只鸡、鸭或整条鱼,也可以加名贵辅料,清汤、奶汤均可。安排宴会菜品时,座汤的规格应当仅次于头菜,给热菜一个完美的收尾。

饭汤指在宴会快要结束的时候,与饭菜配套的汤品,如酸辣鱿鱼汤、虾米紫菜汤等。在现代宴会当中,饭汤已不多见。

汤品的配置原则:经济型宴会仅配座汤,中档宴会加配二汤,高档宴会再加配中汤。

⑦ 主食

主食一般由大米和小麦制成,与冷菜和热菜相辅相成,确保宴会菜肴营养均衡。主食通常包括米饭和面食,一般不用粥品。

⑧ 下饭菜

下饭菜又称"小菜",与前面的冷菜、热菜、大菜等相对,专指饮酒后用以下饭的菜肴。宴会中配置下饭菜有清口、解腻、醒酒、佐饭等作用。下饭菜在座汤后入席,在丰盛的宴席中,由于菜肴较多,宾客很少食用米饭,因此常常被取消。

思政园地

⑨ 辅佐食品

(1)手碟。手碟是宴会前接待宾客的小食,通常由水果、糕饼、瓜子、糖果等搭配而成。手碟可以缓解宾客等待开席前的焦躁情绪,缩短宾客等待的时间。

(2)蛋糕。蛋糕用于我国宴会是受欧美国家习俗的影响,多用于生日宴、婚宴等。蛋糕造型独特,图案和文字寓意吉祥,增添喜庆氛围,彰显宴会主题,同时能丰富宴会食品的营养结构。

(3)果品。果品多使用新鲜时令水果。在宴会上,果盘会在最后上桌,表示宴会结束。

(4)茶品。茶品在开席前和收席后都可以上。上茶的关键一是注重茶的档次,二是尊重宾客的风俗习惯。

我国不同地区筵席的上菜顺序如表4-1所示。

表4-1 我国不同地区筵席的上菜顺序

序号	地区	上菜顺序
1	北方地区(华北、东北、西北)	冷菜(有时也带果碟)→热菜(以大菜带熘炒的形式组合)→汤品(以面食为主体,有时也跟在大菜后)

续表

序号	地区	上菜顺序
2	西南地区（云贵川渝和藏北）	冷菜（主盘带围碟）→热菜（一般不分热炒和大菜）→小吃（1～4道）→饭菜（以小炒和泡菜为主）→水果（多用当地水果）
3	华东地区（江浙沪皖，江西、湖南、湖北部分地区）	冷碟（多为双数）→热菜（多为双数）→大菜（含头菜、二汤、荤素大菜、甜品和座汤）→饭点（米面兼备）→茶果（视席面而定）
4	华南地区（广东、广西、海南、港澳地区，福建、台湾地区也受影响）	汤品→冷菜→热炒→大菜→饭点→水果

资料来源：杨铭铎，严祥和，刘俊新.餐饮概论[M].武汉：华中科技大学出版社，2023.

（二）中式宴会菜品设计程序

中式宴会菜品设计一般包括以下程序。

❶ 了解宴会信息

（1）主题与目的。

明确宴会类型、主题及办宴目的，以便合理安排菜品。例如，婚礼宴会应围绕喜庆、团圆主题设计菜品，注重寓意吉祥；而商务宴请则需强调菜品的档次与精致感。

（2）宾客信息。

①口味偏好：通过与主办方沟通或调查问卷等方式，了解宾客主要来自哪些地区。若宾客多为四川人，则可适当增添麻辣口味的菜品；若广东宾客占多数，则应多准备清淡鲜美、具有粤菜特色的菜品。

②饮食禁忌：了解宾客中是否有素食者、宗教信仰限制饮食者（如穆斯林宾客不吃猪肉）、食物过敏者（如对海鲜、花生等过敏）等情况，以便在菜品设计时合理安排。

③人数和年龄分布：在中式婚宴中，菜品的数量通常为双数，以体现成双成对的含义。一般菜品在12～20道之间，例如，12道菜六冷六热代表月月幸福。此外，根据宾客人数，可以参考中餐点菜的配份表，例如，6～8位宾客推荐6～8道菜以及饭或面品、甜食或水果各1道。年龄分布同样关键，若宴会中儿童较多，则可增设一些外形可爱、甜度适中的菜品。

（3）时间和场地。

①时间因素：考虑宴会是午餐还是晚餐。午餐可以适当丰富，晚餐可以相对清淡。如果是长时间的宴会，还需要考虑是否增加一些小吃或茶点作为补充。

②场地条件：了解厨房设备情况，判断是否能完成复杂的烹饪工艺。如果场地没有大型烤箱，就避免设计需要烤制的大型菜品。同时，场地的空间大小和布局会影响上菜的速度和方式，也需要纳入考虑范围。

❷ 确定菜品结构与数量

（1）凉菜设计：根据宾客人数确定凉菜数量，一般10人桌可安排4～6道凉菜。选择不同类型的凉菜，注意荤素搭配。

（2）热菜设计：建议按照人均1～1.5道热菜的比例进行安排。热菜种类应丰富多样，涵盖海鲜、禽类、畜类等食材，烹饪方式也应多变，包括蒸、煮、炒、炸、炖等。

（3）汤品设计：一般安排1～2道汤品。汤品可以是清淡的蔬菜汤，也可以是浓郁的肉汤。

（4）主食设计：主食种类多样，包括米饭、面条、馒头、饺子等。若宾客以南方人为主，应首选米饭作为主食；若北方宾客较多，则可增加面食的种类和分量。

（5）点心设计：点心一般安排2～3种。可以是传统的中式点心，也可以是地方特色点心。

❸ 菜品搭配与营养均衡

荤素搭配需合理,建议荤菜与素菜的比例控制在 7∶3 或 6∶4,确保每轮上菜均包含荤素两类菜品。

确保菜品营养均衡,富含蛋白质、碳水化合物、适量脂肪以及丰富的维生素和矿物质。蛋白质主要来源于肉类、鱼类及豆类;碳水化合物则主要依赖主食供应;而蔬菜和水果则是维生素和矿物质的重要来源。

❹ 菜品主题与文化内涵

(1)菜品主题设计:根据宴会主题设计特色菜品。例如,在寿宴上可以设计"松鹤延年"造型的拼盘,用食材拼出松鹤的图案,寓意长寿;在春节宴会上安排"年年有余(鱼)""团团圆圆(丸子)"等寓意吉祥的菜品。

(2)文化内涵融入:菜品可以融入地方文化、历史文化等元素。如在以"江南文化"为主题的宴会上,设计"东坡肉"这道菜,它与苏轼在杭州的故事有关,体现历史文化。还可以在菜品的制作工艺、命名等方面体现文化内涵。

❺ 成本核算与价格控制

应对每一道菜品的食材成本进行核算,包括原材料的采购价格、用量等。例如,一道白灼虾,虾的市场价格,葱、姜、蒜等调料的成本,以及食用油的用量成本等都要计算在内。

思政园地

依据宴会预算,科学规划并严格控制菜品的总成本。在保证质量和数量的前提下,尽量选择性价比高的食材。如果预算有限,可以适当减少高档食材的使用,增加普通食材的创意烹饪。同时,考虑烹饪过程中的损耗,合理调整食材采购量。例如,国宴在保证菜品质量的同时,也会根据不同的预算和场合,调整食材的选择和烹饪方式,如 1959 年国庆十周年招待会的菜单标准为 5 元/人,多数菜品为冷菜,热菜只上两道,这体现了在有限预算下对食材和烹饪方式的精心设计。

❻ 菜单制作与调整

(1)菜单制作:制作精美的菜单,包括菜品名称、主要食材、烹饪方式、特色介绍等内容。菜品名称可以富有诗意或体现地方特色。同时,对每道菜品的特色进行简单介绍,能够让宾客更好地了解菜品。

思政园地

(2)菜单调整:在宴会前,根据实际情况对菜单进行调整,如宾客人数的变化、食材供应情况等。如果发现某种食材缺货,可以及时更换为类似的食材或调整菜品结构。

三、西式正式宴会菜品设计

(一)西式正式宴会菜品构成

西式正式宴会适宜招待规格较高,人数不是很多的宾客。正式宴会的菜品包括头盘、汤、副菜、主菜、沙拉、甜点、饮料、水果等,由于不同国家、不同民族生活习惯不同,在菜品内容的安排上也会有所不同。目前,多数酒店对西式正式宴会的菜品安排大体如下。

❶ 头盘

头盘又称开胃品或开胃菜。即开餐后的第一道菜,起到清爽开胃的作用,是西式宴会的"开路先锋",表示宴会即将开始。头盘制作精细,量少而精,味道常以咸、酸为主,常见有鱼子酱、鹅肝酱、焗蜗牛等。头盘有冷头盘、热头盘之分,传统的头盘多为冷菜,目前热头盘也很流行。头盘成本通常约占宴会总成本的 20%,并且在宴会中一般只会安排一道头盘。

❷ 汤

有一种说法是当宾客开始喝汤的时候,西式宴会就正式开始了,可见汤在西餐中的重要性。汤可分为冷汤和热汤,一般冷汤较少,热汤中有清汤和浓汤之分。汤的制作要求原汤、原色、原味。常见的有牛尾清汤、奶油汤、海鲜汤、罗宋汤等。通常法国人喜欢清汤,北欧人喜欢浓汤。汤品不仅美味,更在西式宴会中扮演着开胃的作用,为接下来的美食体验拉开序幕。

❸ 副菜

副菜精选鱼类、贝类等海鲜,辅以蛋类、面包等,既丰富了口感,又易于消化,为接下来的主菜品尝做好铺垫。常见的西餐副菜有奶油汁炸鱼、熏鲤鱼、奶酪龙虾等。

❹ 主菜

主菜无疑是西式正式宴会的精髓所在,其制作过程极为讲究,不仅追求菜肴的色、香、味、形俱全,更兼顾营养价值,为宾客带来全方位的味蕾享受。主菜一般以肉类、禽类菜品为主。肉类菜品的原料通常取自牛、羊、猪的各个部位,最具代表性的西餐肉类主菜是牛排。禽类菜品的原料通常取自鸡、鸭、鹅等家禽,常见的禽类主菜有烤鸡肉西兰花、蒜香鸡排等。此外,主菜还包括一些熟食蔬菜,如煮菠菜、炸土豆、白灼花椰菜等配菜,常与肉类、禽类主菜一起上席。

❺ 沙拉

沙拉是西式正式宴会中的蔬菜类菜品,具有帮助消化的作用。通常在主菜之后上席,有助于调换口味、促进消化。沙拉通常是将新鲜蔬菜、水果精心切成小块后,淋上特制的醋油汁、法国酱汁或千岛酱等调味酱汁,拌匀而成。

汤、副菜、主菜、沙拉约占宴会总成本的60%。

❻ 甜点、饮料、水果

主菜用完后一般用甜点。甜点有冷热之分,是最后一道餐食,常见的有冰激凌、布丁和各种蛋糕等。

甜点、饮料、水果约占宴会总成本的20%。

(二)西式正式宴会菜品设计程序

西式正式宴会按照流程,可划分为前奏、正餐、酒会三个阶段。宴会的前奏往往以鸡尾酒会的形式呈现,时间通常安排在18:00—20:00,旨在迎接并等待宾客的陆续光临。此时提供的菜品主要包括精致的甜点、新鲜的水果以及风味独特的冷盘等,分量适中,旨在开胃并缓解宾客的饥饿感。宴会正餐一般设在20:00—23:00。西式正式宴会菜品的设计与制作十分讲究,因此每道菜品都需要精心设计。一些高档宴会在正餐结束后,会安排酒会作为宴会的尾声,一般在会客室或餐桌边进行。该阶段通常提供一些餐后饮品,如咖啡、红茶、利口酒等。

❶ 了解宴会基本信息

(1)确定宴会主题和目的。

主题是菜品设计的方向指引。例如,如果是商务晚宴,菜品应偏向精致、经典,体现档次;若是婚礼宴会,菜品风格可以更加浪漫、丰盛。若是庆祝节日,菜品应融入节日特色;表彰大会晚宴则需设计便于交流互动的菜品。

(2)掌握宴会时间和地点。

时间影响菜品选择。例如,午餐宜清淡,晚餐可丰富,下午茶则需增加甜品与小食的占比。地点同样关键。例如,海边宴会宜用海鲜,酒庄宴会则可多样化搭配葡萄酒。

(3)明确宴会人数和预算。

根据人数确定菜品分量与种类,确保每位宾客都能品尝到适量菜品。预算决定食材品质与菜品复杂度,预算充足时可选用高档食材,如松露、鱼子酱等。

❷ 进行市场调研

(1)研究当前流行的西餐菜品和趋势。

关注美食杂志、电视节目和社交媒体上美食博主的分享,了解当下受欢迎的西式菜品。例如,近年来分子料理技术在高端西餐中比较流行,一些利用低温烹饪、液氮处理等技术制作的菜品可以考虑融入。

注意西餐食材的流行搭配,如三文鱼搭配牛油果、牛排搭配松露等很受宾客欢迎。

(2)分析目标客户群体的饮食喜好和禁忌。

若宴会以年轻人为主,他们倾向于选择新颖且富有创意的菜品;若宴会以中老年人为主则可能更偏爱传统的经典西餐。

需考虑宗教信仰及食物过敏等禁忌因素。例如,为犹太宾客举办宴会,需遵循犹太教饮食规定,严禁使用猪肉等禁忌食材;同时,为海鲜过敏的宾客提供合适的替代菜品。

❸ 制定菜单方案

(1)选择开胃菜(appetizer)。

开胃菜可以包括冷头盘和热头盘。冷头盘如蔬菜沙拉、烟熏三文鱼配鱼子酱等,能够开胃并刺激食欲。热头盘像法式焗蜗牛、蘑菇汤等,给宾客带来温暖的口感体验。通常提供2~3种开胃菜供宾客挑选。

(2)设计主菜(main course)。

主菜通常以肉类、禽类或海鲜为主。常见的有菲力牛排配黑胡椒汁、烤羊排配迷迭香、香煎鳕鱼配柠檬奶油汁等。建议提供两种主菜选项,以满足不同宾客的口味偏好。同时,主菜的配菜也需精心搭配,如牛排搭配烤土豆和芦笋,鳕鱼则搭配土豆泥和青豆,以丰富口感和营养。

(3)安排配菜(side dish)。

除了主菜自带的配菜,还可以额外提供一些独立的配菜,如奶油菠菜、焗西兰花等。这些配菜可以让宾客根据自己的喜好自由搭配主菜。

(4)规划甜点(dessert)。

甜点有经典的法式焦糖布丁、意大利提拉米苏、美式苹果派等多种选择。可以根据宴会主题进行创意设计,比如情人节宴会的爱心形状的巧克力蛋糕。甜点的口味需精心调配,以达到甜而不腻的效果,可巧妙融入新鲜水果,以自然之味调和甜腻。

(5)考虑汤品(soup)。

汤可以在开胃菜之后、主菜之前上。有清汤(如鸡肉清汤)、浓汤(如奶油南瓜汤)之分。汤品的选择,需与菜单整体风格相协调,如冬季宴会时,汤品选择浓郁的奶油汤就恰如其分,温暖人心。

❹ 考虑菜品搭配

(1)食物搭配原则。

口味平衡至关重要,油腻主菜搭配一抹清爽的配菜或酱汁,恰似点睛之笔,能够中和油腻,提升食物口感。如烤猪肋排搭配酸甜的苹果酱,能减少油腻感。

质地搭配亦有考究,软嫩与酥脆交织,方能成就绝佳口感。如主菜中,软嫩鱼肉与酥脆洋葱圈搭配,口感层次丰富。

(2)酒水搭配建议。

对于开胃菜,白葡萄酒或香槟是比较合适的选择。如清爽的长相思白葡萄酒搭配海鲜开胃菜,能提升海鲜的鲜味。

主菜方面,红肉(如牛排、羊排)通常搭配红葡萄酒,如赤霞珠葡萄酒;白肉(如鸡肉、鱼肉)搭配白葡萄酒,例如霞多丽白葡萄酒搭配烤鸡肉。

甜点可以搭配甜酒,如波特酒搭配巧克力甜点,增强甜味体验。

❺ 审核和调整菜单

(1)营养均衡审核。

营养均衡的菜单应包含蛋白质(如肉类、鱼类、豆类)、碳水化合物(如土豆、面包)、脂肪(如橄榄油、奶油)及维生素和矿物质(如蔬果),避免营养失衡。

(2)成本核算调整。

核对每道菜的成本,包括食材、人工等,确保总成本不超预算。超支时,应考虑替换高价食材或简化工艺。

(3)口味测试与调整。

制作菜品小样,邀请专业人士及目标客户品尝,收集反馈后调整口味、调料用量及烹饪时间。

6 确定最终菜单并安排制作

(1)制作详细的菜品制作流程表。

明确每道菜的制作步骤、烹饪时间、所需食材、调料用量、摆盘要求等细节,确保厨房团队能够按照标准制作出高质量的菜品。

(2)与采购部门沟通食材采购事宜。

根据宴会人数和菜单内容,确定各种食材的采购量。注意食材的新鲜度和质量,与可靠的供应商合作,确保食材能够按时、保质供应。

(3)安排服务流程和人员培训。

规划菜品的上菜顺序和时间间隔,保证宴会的用餐节奏。注重服务人员的培训,使其熟知菜品特色、食材来源、烹饪方法及酒水搭配,从而提升服务质量。

(三)鸡尾酒会菜品设计

鸡尾酒会以饮为主、以吃为辅,常作为正式宴会的前奏。其菜品主要包括各种小点心、冷盘、热菜、现切肉、小吃、甜点、水果、佐酒菜等。其酒水主要为鸡尾酒和低度数的葡萄酒。

设计鸡尾酒会菜品时,需注意:食物应切小块便于取食;分量宜少且限量供应;避免设计沙拉和汤类等菜品以防汤汁溅洒;根据宾客人数确定菜品数量。

(四)冷餐会菜品设计

冷餐会以冷菜为主、热菜为辅。其菜品种类丰富,通常为20~30种。其中,冷菜占比最大,约为55%;热菜占比较小,约为20%;点心、水果等占比约为25%。

冷餐会菜品需确保原料新鲜卫生,品种多样,通过不同原料、烹饪技法及造型塑造菜品特色;大型菜品应完整呈现给宾客欣赏后,再由服务人员现场分发。

> 任务实施

分析中式宴会菜品设计的情况

1.任务要求

(1)学生自由分组,每组4~6人,并推选出小组长。

(2)每个小组选择一个中式宴会菜品设计的方案,小组成员介绍该方案的基本情况,并讨论分析方案是否满足宴会菜品设计的原则。

(3)小组长汇总小组成员的主要观点,并以PPT的形式进行汇报演示。

2.任务评价

在小组演示环节,主讲教师及其他小组依据既定标准,对演示内容进行综合评价。

评价项目	评价标准	分值/分	教师评价(60%)	小组互评(40%)	得分
知识运用	熟悉宴会菜品设计原则和中式宴会菜品设计的程序	30			
技能掌握	方案具有代表性,对宴会菜品设计方案的分析合理、准确	40			

续表

评价项目	评价标准	分值/分	教师评价(60%)	小组互评(40%)	得分
成果展示	PPT制作精美,观点阐述清晰	20			
团队表现	团队分工明确,沟通顺畅,合作良好	10			
	合计	100			

同步测试(课证融合)

一、选择题

1. 中式宴会菜品的核心是（　　）。
A. 头菜　　　　　B. 主汤　　　　　C. 首点　　　　　D. 辅菜

2. 一般来说,辅佐菜品的数量可以是核心菜品数量的（　　）倍。
A. 1~2　　　　　B. 2~3　　　　　C. 3~4　　　　　D. 4~5

3. 下列选项不属于中式宴会菜品排菜顺序的是（　　）。
A. 先冷后热　　　B. 先咸后甜　　　C. 先菜后点　　　D. 先浓后淡

4. 在西式宴会中,选用精美的小盘子或鸡尾酒杯来盛装,并以蔬菜雕刻的花、鸟等进行装饰,构造优雅、精致的摆盘的是（　　）。
A. 头盘　　　　　B. 汤　　　　　　C. 主菜　　　　　D. 甜点

5. 下列菜品属于鲁菜的是（　　）。
A. 九转大肠　　　B. 文思豆腐　　　C. 佛跳墙　　　　D. 宫保鸡丁

二、简答题

简述宴会菜品设计的原则。

任务二　宴会酒水设计

任务引入

国际上常用的佐餐酒是葡萄酒,其风格、风味多变,可按菜品口感选择不同类型的葡萄酒。当葡萄酒与恰当的菜品相遇,二者便能相互映衬,菜品的滋味更加层次分明,葡萄酒的风味也愈发醇厚。正因如此,葡萄酒已然成为宴请聚餐中不可或缺的酒中佳选。

我国国宴上选用的葡萄酒通常产自中国。2016年G20峰会国宴酒水选用的是2012年张裕赤霞珠干红和2011年张裕霞多丽干白。2017年"一带一路"国际合作高峰论坛的国宴酒水选用的是2010年长城干红和2011年长城干白。长城葡萄酒,作为中国葡萄酒行业领导品牌,隶属于中粮集团,它开创性地酿造出了干白葡萄酒、干红葡萄酒以及起泡酒,填补了国内空白。长城葡萄酒拥有沙城怀涿盆地产区、宁夏贺兰山东麓产区、秦皇岛碣石山产区、蓬莱海岸产区和新疆产区五大优质产区,并相继完成对智利和法国知名酒庄的收购。中国第一家葡萄酒企业——张裕,由著名的爱国华侨张弼士先生于1892年在山东烟台创立,这为中国产业化酿造葡萄酒拉开了辉煌的序幕。经过一个多世纪的发展,张裕已成为中国乃至亚洲领先的葡萄酒生产经营企业。2022年张裕葡萄酒产品实现营业收入28.41亿元,葡萄酒产销量分别为66269吨和65540吨,稳居行业首位。2020—2023年,张裕三夺"全球最具价值葡萄酒品牌"榜单第二名,品牌价值最高达12亿美元,显示出其在国际市场上的竞争力。

请同学们带着以下问题进入任务的学习：

1. 宴会酒水具有哪些功能？
2. 进行宴会酒水设计时应遵循哪些原则？

> 知识讲解

一、宴会酒水的功能

（一）酒的功能

❶ 社交功能

（1）营造轻松氛围。

酒水可助宾客放松心情，化解拘谨。例如，在商务宴会开始时，一杯香槟或开胃酒可以让初次见面的宾客之间的交流变得更加自然和融洽。宾客手持酒杯，在轻松的氛围中交谈，有助于建立良好的人际关系。

（2）促进互动交流。

共品酒水，共话心得。酒成为宾客间互动的桥梁，例如，在品酒会形式的宴会中，宾客可以分享对不同葡萄酒的口感、香气和年份的见解，这种互动能够增强宾客之间的联系和沟通。

（3）作为社交礼仪的载体。

敬酒是社交场合的重要礼仪之一。例如，在中国的宴会上，主人向客人敬酒表示欢迎和尊重，客人回敬则表示感谢。在西方，碰杯象征着友好与祝福，相关酒水礼仪增强了社交场合的仪式感。

❷ 搭配食物功能

（1）提升食物口感。

合适的酒水可以提升食物的风味。例如，在享用牛排时，一杯浓郁的红葡萄酒（如赤霞珠）能够提升牛排的醇厚口感。葡萄酒中的单宁能中和牛排的油腻感，牛排的肉汁则丰富了葡萄酒的口感。对于海鲜料理，清淡的白葡萄酒（如长相思）可以突出海鲜的鲜美，使其口感更加清新。

（2）平衡味觉体验。

酒水可以平衡菜肴的味觉体验。重口味的菜肴，如辣味墨西哥菜，搭配冰爽的啤酒能缓解辣味，使口腔保持清爽。在品尝甜点时，甜酒（如波特酒）能够增强甜点的甜味，同时酒的酸度又能避免甜点过于甜腻，创造出和谐的味觉享受。

❸ 调节宴会节奏功能

（1）开场引导作用。

宴会还未正式开始时，酒水能引导宾客进入状态。例如，在鸡尾酒会形式的宴会上，宾客可以一边品尝各种精心调制的鸡尾酒，一边等待宴会正式开始，这使得开场阶段更加有序和愉快。

（2）划分用餐阶段。

不同的酒水也可以用来划分用餐的各个阶段。开胃酒、葡萄酒至餐后甜酒的依次更换，象征着用餐流程从开胃菜至主菜再至甜点的自然过渡，让宾客尽享用餐之旅。

（3）掌控宴会节奏。

精心规划酒水供应，以适时调节宴会时长。例如，在设计了演讲或表演流程的宴会上，适当控制酒水的供应时间，避免宾客因饮酒过量影响其对活动的参与，确保宴会按照预定的时间和流程进行。

❹ 体现宴会档次功能

（1）展示宴会品质。

高档的酒水选择可以提升宴会的整体档次。例如，在豪华的婚礼宴会上，提供顶级的香槟和珍稀年份的葡萄酒,会让宾客感受到宴会的高品质和主人的盛情款待。品牌酒水的精美包装与展示,同样能为宴会增添视觉亮点。

(2)凸显文化内涵。酒水的选择还可以体现特定的文化内涵,使宴会更具文化氛围。例如,在法国主题的宴会上,选用法国著名产区的葡萄酒,能够展示法国的酒文化;在日本料理宴会上,搭配日本清酒可以凸显日本饮食的文化特色。

(二)软饮料的功能

软饮料品类繁多,各具特色:茶提神醒脑,牛奶滋补养颜,果汁调和味蕾。总的来说,软饮料在宴会中的主要功能是冲淡菜品之辣、咸、腻,以便宾客调换口味和解渴。

二、宴会常用酒水

(一)中式宴会常用酒水

中式宴会中有多种常用酒水,每种酒水都有其独特的特点和适用场合。

❶ 白酒

白酒作为中国传统的蒸馏酒,酒精度数普遍偏高,一般为38%vol~65%vol。白酒香气扑鼻,依据香型差异,可细分为酱香型、浓香型、清香型及米香型等多种风味。例如,酱香型白酒(如贵州茅台)酱香突出,幽雅细腻;浓香型白酒(如五粮液)香味协调,具有浓郁的窖香;清香型白酒(如汾酒)则清香纯正,口感清爽。

在中国,商务宴请和正式的社交场合中使用白酒的频率很高。在商务宴会上,高档白酒常常被用来招待重要客户,体现主人的诚意和对客人的尊重。在传统节日(如春节、中秋节等)的家庭聚餐中,白酒也是常见的饮品,大家围坐在一起,举杯共饮,增添了节日的欢乐气氛。

❷ 黄酒

黄酒,这一拥有悠久历史的中国酿造酒,酒精度数通常为14%vol~20%vol。其香气浓郁,融合了米香、麦香及陈香等多重风味。口感醇厚而不腻,略带一丝甘甜。例如,绍兴黄酒作为黄酒的典型代表之一,其口感柔和,回味悠长,酒中还含有多种氨基酸等营养成分。

黄酒在中国南方地区的宴会中较为常见,尤其是在江浙一带。在传统的中式婚礼宴会、寿宴等场合,黄酒是很好的选择。它也适合搭配中式菜肴,如与大闸蟹一起食用,黄酒以其温热的口感与醇厚的味道,巧妙地中和了大闸蟹的寒性,进一步提升了整体的食用体验。

❸ 葡萄酒

近年来,中国的葡萄酒产业蓬勃发展,葡萄酒的种类与风格也日益丰富。国产葡萄酒酒精度数一般为12%vol~15%vol。葡萄酒按色泽可分为红葡萄酒、白葡萄酒和桃红葡萄酒。红葡萄酒(如张裕解百纳)以其浓郁的口感、果香与单宁的酸涩,令人回味无穷;白葡萄酒(如长城五星干白)则以其清爽的口感、清新的果香与恰到好处的酸度,赢得了众多食客的青睐;桃红葡萄酒则兼具红葡萄酒、白葡萄酒的一些特点,色泽娇艳,口感适中。

在西式宴会或者与国际友人交往的宴会上,葡萄酒是常用酒水。它可以搭配多种菜肴,例如,红葡萄酒适合搭配烤肉、红烧类菜肴,白葡萄酒适合搭配海鲜、禽类等清淡的菜肴。在沿海城市的海鲜宴会上,白葡萄酒的使用也越来越普遍。

❹ 啤酒

啤酒是以麦芽、啤酒花为主要原料精心酿造的饮品,以其低酒精度(通常为3%vol~5%vol)而广受喜爱。它具有清爽的口感,泡沫丰富。中国啤酒品牌众多,口味也有所差异,有的啤酒风味纯正,麦香浓郁(如青岛啤酒);有的则清新淡爽,口感柔和(如雪花啤酒)。

在炎炎夏日,无论是充满欢声笑语的户外烧烤,还是灯火辉煌的夜市,总是少不了啤酒的那份清凉。它不仅能消暑解渴,更与烧烤、麻辣小龙虾等菜肴相得益彰,成为餐桌上的一道亮丽风景线。由于啤酒的酒精度数较低,适合畅饮,因此在年轻人居多的聚会上,啤酒也是常见的选择。

❺ 果酒

果酒是以水果为原材料而酿造的酒,酒精度数一般为10%vol~18%vol。常见的果酒有杨梅酒、青梅酒、桑葚酒等。果酒散发着迷人的果香,口感酸甜适中,宛如初恋般温柔细腻,令人回味无穷。例如,杨梅酒色泽红润,带有杨梅的果香和酸甜,还含有一定的维生素等营养成分。

果酒在女性或年轻人居多的中式宴会中很受欢迎。在一些以水果为主题的宴会上,如草莓园的采摘庆祝宴,用草莓酒作为饮品会非常合适。果酒也适合搭配一些清淡的中式甜点或者小食,如绿豆糕、糯米糍等。

❻ 软饮料

现代中式宴会不仅酒香四溢,更备有琳琅满目的软饮料供宾客选择,清新的果汁、醇厚的茶、冒泡的碳酸饮料、香浓的乳饮等为那些不宜饮酒的宾客提供多种选择。一般来说,中式宴会的软饮料味道偏甜、淡,以消解菜品之咸、辣。

(二)西式宴会常用酒水

西式宴会主要包括餐前酒、佐餐酒、餐后酒和软饮料。

❶ 餐前酒

餐前酒,又称开胃酒,是在西餐正餐开始前饮用的酒。它不仅能够激发食欲,还能让宾客在等待美食的时光中悠然自得,为社交聚会增添一抹轻松愉悦的氛围。

餐前酒的常见类型及特点如下。

味美思(Vermouth)是一种经过调味或加香的加强型葡萄酒,以具有中性风味和香气的葡萄酒为基底,加入多种植物与香料(诸如苦艾、丁香、肉桂等)精心浸制而成。味美思酒精度数一般为14%vol~22%vol,具有浓郁的草本和香料香气,口感复杂且略带苦味。例如,干味美思口感较干,适合喜欢清爽口味的人;甜味美思则更甜润,香气也更为浓郁。

金巴利(Campari)是一款独具苦韵与浓郁香氛的佳酿,精选多种草药与水果精心酿制而成,酒体呈现出鲜艳夺目的红色。金巴利的酒精度数为20%vol~28%vol,苦味和甜味相互平衡,还有明显的橙子、香料等香气,通常加冰块或苏打水饮用,能有效地刺激味蕾。

干型雪莉酒(Sherry)是西班牙特产的加强型葡萄酒,干型雪莉酒中的佼佼者菲诺(Fino),泛着淡淡的金黄色光泽,色泽淡雅。雪莉酒带有独特的酵母、杏仁、青苹果等香气,酒精度数为15%vol~17%vol。这种酒口感清爽、甘洌,非常适合作为开胃酒。

香槟(Champagne)和其他起泡酒(Sparkling Wine)。香槟,作为法国香槟产区的起泡酒,拥有严格的酿造标准。其制作过程包括采收特定品种的葡萄进行细致的压榨、调配和二次发酵,以及长时间的陈年培养,确保每一瓶香槟都能展现出其独特的风味和气泡,其酒精度数一般为12%vol~13%vol。其特点是气泡细腻、持久,香气丰富,包括青苹果、梨、烤面包、酵母等味道。其他起泡酒虽然没有香槟那样严格的产地限制,但也有类似的特点。它们的酸度和气泡能够刺激唾液分泌,从而起到开胃的作用。

❷ 佐餐酒

佐餐酒是在进餐过程中饮用的酒,用于搭配不同的菜肴,提升食物的口感和风味,使酒与食物相互映衬,达到更好的味觉体验。

佐餐酒通常选用葡萄酒,不同类型的葡萄酒适合搭配不同的食物。

红葡萄酒(如赤霞珠、梅洛、黑皮诺等)通常与红肉搭配,如牛肉、羊肉、猪肉等。红葡萄酒中的单宁可以与肉类中的蛋白质结合,使口感更加平衡,其蕴含的丰富果香与香料气息,进一步升华了肉类的风味。赤霞珠葡萄酒单宁丰富,口感浓郁,带有黑莓、黑醋栗等香气,适合搭配牛排等煎烤肉类;梅洛葡萄酒口感相对柔和,果香浓郁,适合搭配羊肉等;黑皮诺葡萄酒口感较为轻盈,带有樱桃、草莓等香气,适合搭配猪肉等。

白葡萄酒一般与白肉、海鲜等搭配,如鸡肉、鱼肉、虾等。白葡萄酒(如白葡萄酒有霞多丽、长相思、雷司令等)的酸度可以增加食物的清新感,去除海鲜的腥味,提升白肉的鲜嫩口感。霞多丽葡萄酒口感丰富,带有苹果、梨、香草等香气,经过橡木桶陈酿的霞多丽还会有烤面包、黄油等香气,适合搭配烤鸡、煎鱼等;长相思葡萄酒口感清新,带有柑橘、草本植物等香气,适合搭配海鲜沙拉、清蒸鱼等;雷司令葡萄酒酸度较高,带有柑橘、桃子、蜂蜜等香气,可搭配多种海鲜和白肉菜肴,尤其适合搭配带有甜味的菜肴,如糖醋排骨等。

桃红葡萄酒介于红葡萄酒和白葡萄酒之间。颜色娇艳,通常带有草莓、樱桃、玫瑰等香气,口感较为轻盈,酸度适中。酒精度数一般为11%vol~13%vol。桃红葡萄酒是一种比较百搭的佐餐酒,适合搭配沙拉、烤肉、海鲜等多种食物。

❸ 餐后酒

餐后酒是在西餐结束后饮用的酒,主要作用是帮助消化,让宾客在饭后能够享受悠闲的时光,同时也有助于缓解用餐后的饱腹感。

餐后酒的常见类型及特点如下。

白兰地(Brandy)是以水果为原料,经过发酵、蒸馏制成的烈酒。最常见的是葡萄白兰地,如干邑(Cognac)白兰地和雅文邑(Armagnac)白兰地。白兰地具有浓郁的果香、香料(如肉桂、丁香)味、焦糖味、香草味,其酒精度数一般为35%vol~60%vol。饮用时可以纯饮,也可以加冰块或少许水来释放香气。

波特酒(Port Wine)产于葡萄牙,是一种加强型甜葡萄酒。在发酵过程中加入白兰地,终止发酵,保留了较高的糖分和酒精度数。波特酒口感浓郁、甜美,带有黑莓、李子、巧克力等香气。酒精度数为17%vol~22%vol。波特酒适合搭配奶酪、甜点等一起食用,如蓝纹奶酪、巧克力蛋糕等。

甜型雪莉酒如佩德罗-希梅内斯(Pedro Ximenez),颜色偏黑,甜度很高,带有葡萄干、黑糖、咖啡、坚果等香气,其酒精度数为17%vol~20%vol。这种酒可以作为餐后酒单独饮用,也可搭配一些甜点,如水果塔、布丁等。

利口酒(Liqueur),又称餐后甜酒,是在烈酒中加入水果、香料、草药等浸泡或蒸馏而成。口感甜美,酒精度数较高。例如,君度橙酒(Cointreau)带有浓郁的橙子香气和甜味,酒精度数在40%vol左右;百利甜酒(Baileys)由爱尔兰威士忌和奶油等原料调配而成,口感香甜醇厚,带有巧克力、咖啡等香气,酒精度数约为17%vol。利口酒可直接饮用,也可用于调制鸡尾酒。

❹ 软饮料

西式宴会的软饮料主要包括红茶、牛奶、咖啡、果汁等。其中,最受欢迎的是红茶和咖啡,红茶一般要加糖或蜂蜜,咖啡一般要加糖、淡奶油等,以增添其风味。西式宴会菜品组成及与佐餐酒的习惯搭配见表4-2。

表 4-2 西式宴会菜品组成及与佐餐酒的习惯搭配

菜序	角色类别	菜品特点	习惯搭配的酒品
1	开胃菜(头盘)	用水果、蔬菜、熟肉制成,或用新鲜水产配以美味的沙司和沙拉,一般分量较少。开胃菜有冷热之分	低度、干型白葡萄酒
2	汤	(1)冷汤:德式杏冷汤、西班牙冻汤等 (2)热汤:分为清汤和浓汤,如牛尾清汤、奶油汤、法式洋葱汤等	一般不配酒,如需要可配颜色较深的雪莉酒或白葡萄酒

续表

菜序	角色类别	菜品特点	习惯搭配的酒品
3	鱼虾类菜品(副菜)	品种包括各种淡、海水鱼类、贝类及软体动物。肉质鲜嫩,比较容易消化	干白葡萄酒、玫瑰露酒
4	肉、禽类菜品(主菜)	(1)肉类:原料取自牛、羊、猪等 (2)禽类:原料取自鸡、鸭、鹅等	红葡萄酒
5	奶酪	吃奶酪时要配黄油、面包、苏打饼干、芹菜条和小萝卜等	甜葡萄酒、波特酒
6	甜品	(1)热甜品:各式布丁、煎饼等 (2)冷甜品:冰激凌、各式蛋糕等	甜葡萄酒、起泡酒

三、宴会酒水设计原则

(一)酒水选用原则

❶ 主人自行决定

宴会设计师在选用酒水时,应征求宴会主人的意见。若宴会主人已经确定酒水,则不再询问;若宴会主人未确定酒水,则可以适当推荐合适的酒水。

❷ 符合宴会档次

在正式宴会中,如国宴,应选用品质卓越、知名度高的酒水(如茅台酒),以彰显宴会的高端格调。对于普通宴会,应选择口感佳且性价比高的酒水,以确保宾客的愉悦体验。普通宴会若选用高档酒水,会抢去菜品风头;高档宴会若选用普通酒水,会拉低宴会档次,破坏宴会气氛。

❸ 突出宴会主题

中式宴会素来讲究酒水与主题的相得益彰。升学宴上,"状元红"寓意金榜题名;婚宴上,"喜临门"与"女儿红"则象征着幸福美满;寿宴上,"麻姑酒"与"寿生酒"更是传递着寿比南山的美好祝愿。此外,在气氛热烈、隆重的宴会上,高度数酒往往成为锦上添花的佳选,将欢庆的氛围推向极致;而在气氛肃穆、庄重的场合,低度数酒则更为适宜,以免宾客因过度兴奋而破坏了庄重氛围。

❹ 适应季节气候

在夏季,可选用冰镇的酒水,如冰啤酒、冰可乐等;在冬季,可选用黄酒、高度数白酒等。

(二)酒水搭配原则

❶ 菜品与酒水的搭配

(1)菜为主,酒为辅。

在宴会中,酒水应处于既不张扬,也不失其独特的韵味的辅助地位,其作用以衬托菜品为主,不可喧宾夺主。例如,中餐宴会常用竹叶青配鱼虾,黄酒配河蟹,以突出河鲜之鲜;用加饭酒(绍兴黄酒的一种)配牛羊肉,状元红配鸡肉鸭肉,以衬托肉香。

(2)酒水和菜品的色、香、味应匹配。

色、香、味淡雅的酒,应与色调冷、香气雅、口味纯的菜品相匹配;色、香、味浓郁的酒,应与色调暖、口味杂的菜品相匹配。例如,海鲜类菜品适合搭配淡雅的干白葡萄酒,厚重的牛肉、羊肉等菜品适合搭配浓郁的干红葡萄酒,烧烤类菜品适合搭配桃红葡萄酒或香槟酒。

(3)酒水和菜品的温度应匹配。

冷酒应与冷盘搭配,温酒则与热菜相宜,以避免温差过大影响菜品和酒水的风味体验。例如,在食用海鲜刺身时饮用冰镇香槟,可使宾客同时品尝到刺身的滑嫩和香槟的冰爽。

(4)酒水和菜品的风格应匹配。

中餐和西餐在食材、烹饪技法等方面存在较大差异,口味也大不相同。因此,需精心挑选与宴会风格相契合的酒水,以更好地凸显菜品的独特风味。

❷ 酒水与酒水的搭配

(1)酒水应按顺序上席。

中式宴席各种酒水上席顺序:低度酒在前,高度酒在后;软性酒在前,硬性酒在后;有汽酒在前,无汽酒在后;新酒在前,陈酒在后;普通酒在前,名贵酒在后;淡雅风格的酒在前,浓郁风格的酒在后;白葡萄酒在前,红葡萄酒在后(甜型白葡萄酒除外)。

西式宴席各种酒水上席顺序:应先呈上白葡萄酒,红葡萄酒随后(甜型白葡萄酒除外);辣味葡萄酒先行,甜味葡萄酒随后;酸性酒品在前,口味清淡者随后;清淡型酒品在前,浓郁醇厚型酒品压轴;酿造时间短的酒品先上,酿造时间长的酒品随后;味道单纯的酒品在前,味道丰富的酒品随后;冰冻酒品先上,常温酒品随后;价格低的酒品先上,价格高的酒品则留待最后。

(2)酒水与酒水搭配原则。

①风味协调原则。

a.香气协调:在搭配酒水时,要考虑不同酒品之间香气的融合性。例如,带有柑橘、草本香气的白葡萄酒(如长相思)与带有相似清新香气的鸡尾酒(如金汤力)搭配时,它们的香气能够相互呼应,共同营造出清新、爽口的口感。再如,甜酒(如波特酒)中的葡萄干、焦糖香气与白兰地的果香、香料香可以相互补充,使香气整体更加复杂、浓郁。

b.口味互补:不同酒水口味应相互补充,避免冲突。例如,酸度较高的香槟可以搭配甜度稍高的利口酒(如百利甜酒)。香槟的酸度能够平衡百利甜酒的甜味,使酒水口感不会过于甜腻,同时百利甜酒的醇厚口感也能缓解香槟的干涩,创造出一种酸甜平衡、口感丰富的味觉体验。

②强度平衡原则。

a.酒精度数平衡:合理搭配不同酒精度数的酒水,避免高酒精度数酒水对味蕾的过度刺激。如12%vol~13%vol 的桃红葡萄酒可与 40%vol~60%vol 的威士忌搭配。先品桃红葡萄酒,感受其轻盈与适度的口感,再尝威士忌,既能避其强烈冲击,又显桃红葡萄酒之柔和。

b.口感强度平衡:应综合考虑酒水的浓郁度、甜度、酸度等因素,如清淡的清酒可与浓郁的红葡萄酒搭配。清酒的清淡可清洁口腔,为红葡萄酒复杂浓郁的口感做铺垫;同时,清酒的清爽又解红葡萄酒的厚重,平衡口感。

③循序渐进原则。

a.从淡到浓:在安排酒水顺序时,口味一般按照从清淡到浓郁的顺序进行搭配。例如,在宴会中,先以清淡的白葡萄酒或香槟作为开场酒,它们的酸度和清新口感能够刺激食欲。随着菜品的增加和用餐氛围的变化,再搭配中等浓郁度的红葡萄酒。最后,以浓郁的餐后酒(如波特酒或白兰地)结束,这样的顺序可以让味蕾逐步适应不同强度的味道,充分享受每一种酒水的特点。

b.从干到甜:遵循从干型酒到甜型酒的顺序也是一个重要原则。干型酒(如干白葡萄酒、干型雪莉酒)的酸度较高,甜度较低,先饮用干型酒可以清洁口腔,提升味觉敏感度。随后品尝甜型酒(如甜型利口酒、甜葡萄酒)时,能够更好地感受到甜型酒的甜度和复杂的风味。例如,先饮用菲诺雪莉酒(干型),再品尝苏玳甜白葡萄酒,就能更好地体会到甜白葡萄酒甜蜜和浓郁的果香。

④场合适配原则。

a.正式场合:在正式的商务宴会或高档晚宴中,酒水搭配要体现专业性和档次。通常会以经典的香槟作为开场酒,搭配优雅的红葡萄酒或白葡萄酒作为佐餐酒,最后以优质的白兰地或波特酒作为餐后酒。这种搭配符合正式场合的礼仪和氛围,展示主人的品位和对宾客的尊重。

b.休闲场合:在轻松的聚会或户外野餐等休闲场合,酒水搭配可以更加灵活多样。例如,可以从具有创意的鸡尾酒开始,如莫吉托或水果味的桑格利亚酒,然后搭配易于饮用的啤酒或桃红葡萄酒,最后以甜美的利口酒或甜葡萄酒结束。这种搭配能够满足不同宾客的喜好,营造出轻松、愉快的氛围。

(三)茶叶选用原则

❶ 红茶

(1)特点。红茶干茶色泽乌黑,冲泡后,汤色红亮,香气浓郁,带有果香(如苹果香)、花香(如玫瑰花香)或薯香等。例如,祁门红茶,又称"群芳最",其似花、似果、似蜜的综合香气形成了独具特色的"祁门香"。

(2)口感。红茶在加工过程中去除了绝大部分茶多酚,所以其滋味醇厚,带有一定的甜味。例如,正山小种,其冲泡后有桂圆香味,口感醇厚。

(3)适用场合。①早餐或早茶会。可搭配面包、糕点等早餐食品。如英式早餐茶,是英式早餐的经典搭配,其浓郁的口感可以中和食物的油腻感。②商务宴会。红茶的稳重气质很合适商务场合。它可以搭配一些简单的茶点,如曲奇饼干、小蛋糕等。在商务洽谈的过程中,红茶的温暖和醇厚有助于营造轻松融洽的氛围。③冬季宴会。因为红茶属于全发酵茶,茶性温和,在寒冷的冬季饮用可以暖身。因此,在冬季的节日宴会或家庭聚会上,提供红茶能让宾客感到舒适和温馨。

❷ 绿茶

(1)特点。绿茶色泽翠绿,汤色嫩绿明亮。香气清高,有豆香(如西湖龙井)、兰花香(如碧螺春)、板栗香(如安吉白茶)等。以西湖龙井为例,其有类似炒豆的香气。

(2)口感。绿茶滋味鲜醇爽口,含有丰富的茶多酚和氨基酸等营养成分,口感清新且有回甘。像碧螺春,入口时鲜爽生津,咽下后有甘甜的回味。

(3)适用场合。①春夏季节的宴会。绿茶的清新口感与春夏季节的氛围相契合。在户外花园宴会或者以海鲜、蔬菜沙拉等清淡菜品为主的宴会上,绿茶是很好的选择。它能够提升菜肴的清新感,给宾客带来清爽的感觉。②下午茶聚会。在传统的下午茶场合,可搭配精致的点心(如绿豆糕、苏式小点心等),绿茶的清新可以中和点心的甜腻,让口感更加平衡。③健康主题宴会。由于绿茶富含抗氧化物质(如儿茶素等),对于注重健康的宾客来说,绿茶是非常合适的选择。

❸ 乌龙茶

(1)特点。乌龙茶的外形多样,色泽青褐。汤色金黄明亮,香气馥郁持久,有花香(如铁观音的兰花香)、果香(如凤凰单枞的杏仁香)等多种香气类型。而且乌龙茶的香气在冲泡过程中会有变化,如武夷岩茶以"岩骨化香"著称,香气层次丰富。

(2)口感。乌龙茶滋味醇厚回甘,韵味悠长。其制作工艺介于绿茶和红茶之间,既有绿茶的清新口感,又有红茶的醇厚滋味。例如,大红袍,口感醇厚,有独特的"岩韵",茶味浓郁,咽下后回甘明显。

(3)适用场合。①中式传统宴会:在中国南方地区的传统宴会上,乌龙茶常常出现。它可以搭配中式菜肴,如粤菜、闽菜等。与烧腊、海鲜等菜肴搭配时,乌龙茶的醇厚口感能够提升菜肴的风味,同时减轻油腻感。②文化交流宴会:乌龙茶在中国茶文化中占有重要地位,在文化交流活动或有外国友人参加的宴会上,提供乌龙茶可以展示中国传统茶文化。让外国宾客品尝乌龙茶,感受其复杂的香气和独特的口感,是一种很好的文化交流方式。

❹ 黑茶

(1)特点。黑茶色泽黑褐,汤色红艳明亮。其香气纯正浓厚,带有松烟香(如茯茶)或陈香(如普洱茶)等。普洱茶经过一段时间的陈化后,会产生独特的陈香,这种香气随着时间的推移会变得更加浓郁复杂。

(2)口感。滋味醇厚回甘,有滑润的口感。黑茶在制作过程中有渥堆发酵的工序,这使茶叶的口感变得醇厚,而且随着存放时间的增加,口感会更加醇厚顺滑。例如,六堡茶有明显的槟榔香,口感醇厚,且有清凉感。

(3)适用场合。①少数民族特色宴会(如蒙古族、藏族):黑茶在少数民族地区非常受欢迎。在蒙古族举办的宴会上,黑茶是主要的茶饮。藏族的酥油茶也是以黑茶为原料,在藏族特色宴会或文化交流活动中,黑茶可以体现出民族文化特色。②冬季养生宴会:黑茶性温,适合在冬季饮用。在冬季的养生主题宴会中,黑茶的醇厚口感和暖身作用可以为宾客带来舒适的体验。它还可以搭配一些坚果类食物,如核桃、杏仁等,丰富口感。

❺ 花草茶

(1)特点。花草茶的色泽和香气取决于所选用的花草原料。例如,薰衣草茶呈淡紫色,有浓郁的薰衣草花香;薄荷茶色泽淡绿,有清凉的薄荷香气;玫瑰花茶则是粉红色,香气芬芳甜美,带有玫瑰花香。

(2)口感。口感通常比较清淡、柔和。花草茶一般不含茶叶,主要是花草本身的味道,可能带有淡淡的甜味或草本的清凉、苦涩味。如洋甘菊茶,口感温和,有淡淡的花香和微甜的味道。

(3)适用场合。①以女士为主的宴会或聚会:花草茶的淡雅香气和温和口感深受女性宾客的喜爱。在女士下午茶聚会、新娘婚前派对等场合,提供玫瑰花茶、洛神花茶等花草茶很合适,同时可以搭配一些小甜品,如马卡龙、水果塔等。②餐后消化:一些花草茶具有帮助消化的作用,如薄荷茶可以缓解餐后的饱腹感。在宴会结束后,为宾客提供薄荷茶等花草茶,有助于促进消化,让宾客在享受美食后感到舒适。③主题宴会(如花园主题):根据宴会的主题选择相应的花草茶。在花园主题的宴会上,各种花草茶可以与宴会的氛围相得益彰。宾客可以品尝到与周围花卉相呼应的茶品,增添宴会的趣味性。

> **任务实施**

婚宴酒水选女儿红还是茅台酒?

1.任务情境

在某中式婚宴中,新娘想自备酒水,用家中窖藏多年的女儿红来款待宾客。但是,新郎却认为这样不够档次,想从酒店购买茅台酒作为宴会的主要酒水。已知该宴会的酒席价格为3888元/桌,一瓶茅台的价格为1499元;参加宴会的宾客多为长辈,习惯饮用当地产的黄酒;该宴会菜品多为江浙菜。请结合本任务所学知识,针对"婚宴酒水选女儿红还是茅台酒?"进行小组讨论。

2.任务要求

(1)学生自由分组,每组4~6人,并推选出小组长。

(2)每个小组成员根据宴会酒水设计原则和上述条件,讨论并分析该婚宴的主要酒水应选女儿红还是茅台酒。

(3)小组长汇总小组成员的主要观点,并以PPT的形式进行汇报演示。

3.任务评价

在小组演示环节,主讲教师及其他小组依据既定标准,对演示内容进行综合评价。

评价项目	评价标准	分值/分	教师评价(60%)	小组互评(40%)	得分
知识运用	熟悉中式宴会常用酒水、宴会酒水设计的原则	30			
技能掌握	讨论、分析观点鲜明,思路清晰,论证有力	40			
成果展示	PPT制作精美,观点阐述清晰	20			
团队表现	团队分工明确,沟通顺畅,合作良好	10			
	合计	100			

扫码看答案

教学资源包

> 同步测试（课证融合）

一、选择题

1. 宴会酒水的功能不包括（　　）。
   A. 营养功能　　　B. 开胃功能　　　C. 社交功能　　　D. 饱腹功能
2. 西式宴会常用酒水主要包括（　　）。
   A. 餐前酒　　　　B. 佐餐酒　　　　C. 餐后酒　　　　D. 软饮料

二、简答题

简述宴会酒水设计原则。

任务三　宴会菜单设计

> 任务引入

2001年10月21日，当参加亚太经合组织（Asia-Pacific Economic Cooperation，APEC）第九次领导人非正式会议的各国领导人步入午餐宴会厅用餐时，首先映入大家眼帘的便是那富有中国古典意蕴的菜单——古色古香的卷轴展开便是用中国书法写成的中文菜单：

相辅天地蟠龙腾　冷龙虾　　　互助互惠相得欢　翡翠羹
依山傍水鳌匡盈　炒螃蟹　　　存扶伙伴年丰余　煎鳕鱼
共襄盛举春江暖　烤填鸭　　　同气同怀庆联袂　美点心
繁荣经济万里红　鲜果盅

这些菜名大都取自我国古典佳作，如"相辅天地蟠龙腾"出自《易传·象传上·泰》"辅相天地之宜"，意指要像自然界中的天与地一样和谐适宜，才能干成大事；"共襄盛举春江暖"则出自苏轼诗句"竹外桃花三两枝，春江水暖鸭先知"。菜名组成了一首藏头诗，蕴含了"相互依存，共同繁荣"的美好祝愿。最后这份菜单也作为国礼送给了参会的各国领导人。

请同学们带着以下问题进入任务的学习：

APEC国宴的菜单设计，对你有哪些启发？

> 知识讲解

宴会菜单是宴会设计的重要组成部分，其设计是一项复杂的工作，也是一种要求很高的创造性劳动。宴会菜单设计具有专业性，它要求设计者不仅要掌握烹饪学、营养学、美学等学科知识，而且还应该了解顾客的需求和喜好，洞察顾客的消费心理，制定合理的价格。

菜单一词的词源在拉丁语中是"minus"，意为备忘录，即菜单本是厨师为了备忘而记录的单子。如今，菜单是餐饮企业提供餐饮产品的目录。宴会菜单设计是"菜品组合的艺术"，是开展宴会的基础，不仅能增加宴会的氛围，也可以使宾客得到精神和物质的双重享受。

一、宴会菜单的作用

❶ 关系到宴会经营成本

菜单设计是餐饮设计的第一要务，同样，宴会菜单设计决定着宴会的经营成本。对宴会经营来说，调整菜单上不同成本菜品比例成为控制生产成本的重要环节。

❷ **反映宴会部门的接待能力**

首先,宴会部门选购设备、厨具、家具及餐具时,其种类、规格、品质、价格很大程度上取决于菜单上菜肴的种类、特色和目标顾客需求;其次,宴会菜单的设计还要考虑后厨的技术力量、服务人员的服务技能和经验。

❸ **影响食品原材料采购及储藏**

食品原料的采购和储藏是宴会部门经营活动的必要环节,菜单内容从某种意义上来说是采购和储藏的指南,在一定程度上决定了采购的规模和储存的要求。如果宴会菜单经常变化,必然使原料的采购变得更加繁琐,耗费更多人力和物力成本。

❹ **制订宴会服务方案的依据**

首先,菜单直接影响服务人员的配备。宴会的服务出菜顺序、现场服务计划等都需要围绕菜单来进行,且不同主题的宴会菜单需要的服务人员数量也有很大差别。其次,菜单也影响了宴会服务中心岗位的工作量。

❺ **企业和客户沟通的桥梁**

作为一种信息的载体,菜单在无形中体现了酒店的组织管理水准,显示了企业的文化内涵。菜单通过颜色、装饰、文字等设计反映了企业的综合文化。菜单中菜肴的特色、价格水准以及服务标准等信息,也直接影响着顾客的最终购买决策。

二、宴会菜单的分类

(一) 按应用特点分类

按应用特点分类,宴会菜单可分为标准宴会菜单、专供宴会菜单和点菜宴会菜单。

❶ **标准宴会菜单**

标准宴会菜单是餐厅预先设计的不同规格的标准菜单。这类菜单,一是价格档次分明,由低到高设置多种价格的宴会,供顾客选择,基本上涵盖了一个餐饮企业经营宴会的范围;二是所有档次宴会菜品组合都已基本确定;三是同一价格档次内列有几份不同菜品组合的菜单,以供顾客挑选。

标准宴会菜单主要是以宴会档次和宴饮主题(如婚宴菜单、寿宴菜单、商务宴菜单等)作为划分依据,它根据市场行情,结合企业的经营特色,提前将宴会菜单设计出来,供顾客选用。标准宴会菜单针对性不强,主要满足目标顾客的一般性需要,无法满足有特殊需要的顾客。

❷ **专供宴会菜单**

专供宴会菜单是根据顾客的要求和消费标准,结合酒店资源情况,专门为顾客量身定做的菜单。这类菜单由于十分清楚顾客的需求,有明确的目标,有充裕的设计时间,因而其针对性很强,特色展示很充分。其不足是不适应酒店正常宴会的经营节奏,付出的精力与成本较大。

❸ **点菜宴会菜单**

点菜宴会菜单是指顾客根据自己的饮食喜好,在饭店提供的点菜单或原料中自主选择菜品,组成一套宴会菜品的菜单。许多餐厅把宴会菜单的设计权交给顾客,酒店提供通用的点菜菜单,任顾客在其中选择菜品。服务人员在一旁做情况说明,提供建议,协助顾客确定宴会菜单。点菜宴会菜单通常应用于小型宴会。

思政园地

(二) 按使用时长分类

按使用时长分类,宴会菜单可分为固定宴会菜单、阶段宴会菜单和即时宴会菜单。

❶ **固定宴会菜单**

固定宴会菜单是指能够长期使用,菜式品种相对固定的菜单。由于菜单品种固定,有利于采购标准化,节约餐饮产品成本,减少浪费;有利于加工烹调标准化;有利于调配生产人员和提高劳动生产率;有利于产品质量标准化。

固定宴会菜单的不足之处在于菜单不灵活,难以适应市场变化,缺乏菜肴创新,容易使顾客产生吃腻、厌倦等情绪而选择其他餐厅。另外,由于固定菜品的生产操作多为重复性劳动,容易使生产人员对工作产生倦怠心理。

❷ 阶段宴会菜单

阶段宴会菜单是指在规定时限内使用的宴会菜单。例如,能反映不同季节的时令菜的季节性菜单;餐饮企业举办美食活动推出的特色宴会菜单;在某一时段内专门针对特定的目标顾客设计的宴会菜单,如大学生毕业离校前、高考录取期间,餐饮企业推出的毕业庆典宴会、谢师宴、金榜题名宴菜单等,这些都属于阶段性使用的菜单。阶段宴会菜单的优点:第一,菜单有变化,给顾客新鲜感,也使生产人员不易对工作产生倦怠心理;第二,有利于宴会销售,增加企业经济效益;第三,能扩大企业影响,提升企业品牌形象;第四,能有效实施生产和管理标准。

阶段宴会菜单的不足之处在于,在餐饮生产、劳动力安排方面增加了难度;增加了库存原料的品种与数量;菜单编制和印刷费用较高;菜单策划、宣传及其他费用会增加。

❸ 即时宴会菜单

即时宴会菜单又称临时性宴会菜单,是根据某一时期原料供应情况而设计的宴会菜单或专门为某一个特定宴会任务设计的菜单。即时宴会菜单的优点:一是灵活性强,虽然只使用一次,但是能契合顾客的口味需求和饮食习惯的变化,能依据季节的变化及时变换菜单;二是能及时适应原料市场供应的变化,充分利用库存原料和剩余食品;三是可以充分发挥厨师的烹调潜力和创造性。

即时宴会菜单的不足之处在于,由于菜单变化较大,增加了原料采购、储藏、生产和销售难度,难以做到标准化;扩大了经营成本,增加了管理上的困难;一般供应的品种较少。所以餐饮企业一般不把即时宴会菜单作为长期的经营内容。

(三)按用途分类

按用途分类,宴会菜单可分为宴会即席菜单、宴会销售菜单和宴会生产菜单。

❶ 宴会即席菜单

宴会即席菜单,又称提纲式宴会菜单,是酒店中常用的菜单,按照上菜顺序依次列出各种菜肴的类别和名称,清晰地分行,整齐地排列。所用的原材料以及其他说明往往有一个附表作为补充。这种菜单在宴会摆台时可以放置在台面上,既可让客人熟悉宴会菜品,又能充当装饰品和纪念品。

❷ 宴会销售菜单

宴会销售菜单,又称固定式宴会菜单,是酒店长期使用的菜单,选纸讲究、印刷精美、成本较高,多用于婚宴、寿庆宴、开业庆典等喜庆宴会之中。

❸ 宴会生产菜单

宴会生产菜单,又称表格式宴会菜单。这种菜单既按上菜顺序分门别类地列出所有菜名,同时又在每一菜名的后面列出主要原料、烹制方法、味型、刀工成形、烹调方法、配套餐具、成本、售价等。这种菜单是酒店标准化菜单的缩写。厨师一看菜单,就知道如何制作,以确保菜品质量。

三、宴会菜单设计的要求

(一)宴会菜单设计的指导思想

宴会菜单设计时需要符合一定的要求,现代宴会菜单设计的指导思想是科学合理、整体协调、丰俭适度、确保盈利。

❶ 科学合理

科学合理是指在宴会菜单设计时,既要充分考虑顾客饮食习惯的合理性,又要考虑宴会菜品组合的科学性。要突出宴会菜品组合的营养科学与美味统一。

❷ 整体协调

整体协调是指在宴会菜单设计时,既要考虑到菜品之间的相互联系与相互作用,又要考虑到菜品与整个宴会的相互联系与相互作用。

❸ 丰俭适度

丰俭适度是指在宴会菜单设计时,要正确引导宴会消费,倡导文明餐桌公约,节俭用餐,不浪费。菜品数量丰足或档次高,但不浪费;菜品数量偏少或档次低,但保证吃好吃饱。丰俭适度有助于建立良好的消费观和养成良好的消费习惯。

❹ 确保盈利

确保盈利是指餐饮企业要把自己的盈利目标自始至终贯穿到宴会菜单设计中去。要做到双赢,一方面,要使顾客的需求从菜单中得到满足,利益得到保护;另一方面,要通过合理有效的手段让菜单给企业带来盈利。

(二)宴会菜单设计的原则

❶ 按需配菜,参考制约因素

"需"指顾客的要求;"制约因素"指客观条件。忽视任何一方,都会影响宴会效果。制定宴菜单,一要考虑顾客的愿望。对于订席人提出的要求,只要是在条件允许的范围内,都应当尽量满足。二要考虑宴会类别和规模。类别不同,菜品配置也需做出相应的变化。例如,一般宴会可以上我们常吃的水果——梨,若是用在婚宴上,就大煞风景,因为梨与"离"读音相同。桌次比较多的大型宴会,适合选择易于成型,便于烹制的菜品,以确保能节省时间按时开席。三要考虑货源的供应情况,因料施艺。原料不齐的菜品尽量不选,优先选用积存的原料。四要考虑设备条件,如宴会厅的大小要能承担接待的任务,设备设施要能符合菜品的制作要求,炊饮器具要能满足开席的要求。五要考虑厨师的技艺。

❷ 随价配菜,讲究品种调配

"价"指宴会的售价;随价配菜即按照"质价相称""优质优价"的原则,合理选配宴会菜品。售价是排菜的依据,既要保证餐厅的合理收入,又不使顾客吃亏。调配品种有许多方法:①选用多种原料,适当增加素菜的比例;②特色菜品为主,乡土菜品为辅;③多用成本低廉但能烘托席面规格的菜品;④适当安排烹饪方法独特或造型惊艳的菜品;⑤巧用粗料,精细烹调;⑥合理安排边角余料,物尽其用。这既节省成本,美化席面,又能给人丰富之感。

❸ 因人配菜,迎合顾客喜好

"人"指就餐者;"因人配菜"就是根据顾客的国籍、民族、宗教、职业、年龄、体质以及个人喜好和忌讳,灵活安排菜式。宴会菜单设计只有投顾客所好,才能充分满足顾客的不同需求。编制宴会菜单时,一要了解顾客的国籍(尤其是外宾)。国籍不同,口味喜好会有所差异。如日本人喜清淡,喜生鲜,忌油腻,爱鲜甜;意大利人要求醇浓、香鲜、原汁、微辣。二要了解顾客的民族和宗教信仰。三要了解地域习俗。我国自古就有南甜北咸、东淡西浓的口味偏好。四要了解顾客的职业、体质,及其饮食习惯。如体力劳动者偏爱醇浓,脑力劳动者喜清淡,老年人喜软糯,病人需清淡等。

❹ 应时配菜,突出特色物产

"时"指季节、时令;"应时配菜"指设计宴会菜单要符合时令要求。原料的选用、口味的调配、质地的确定、色泽的变化、冷热干稀的安排之类,都需视气候不同而有差异。首先,要注意选择应季的原料,原料都有成长期、成熟期和衰老期,只有成熟期的新鲜原料,才能烹饪出滋味鲜美,质地适口,带有自然鲜香的菜品。其次,要按照节令变化调配口味。"春多酸、夏多苦、秋多辣、冬多咸"。夏秋偏重清淡,冬春趋向醇浓。最后,注意菜肴色泽和质地的变化。夏秋气温高,应是汁稀、色淡、质脆的菜居多,春冬气温低,要以汁浓、色深、质软的菜为主。

❺ 酒为中心,席面贵在变化

现今"无酒不成席"。宾主之间的相互祝酒,是一种传统礼节。酒可以刺激食欲,助兴添欢。从宴会编排的程序来看,先上冷碟是劝酒,跟上热菜是佐酒,辅以甜食和蔬菜是解酒,配备汤品与茶果是醒酒。至于饭食和点心,它们的作用是压酒。宴会是菜品的艺术组合,向来强调"席贵多变"。要使席面丰富多彩,赏心悦目,在菜与菜的配合上,应注重冷热、荤素、咸甜、浓淡、酥软、干稀的调和。菜品间的配合,要重视原料的调配、刀口的错落、色泽的变换、技法的区别、味型的层次、质地的差异、餐具的组合和品种的衔接。其中,口味和质地最为重要,应在确保口味和质地的前提下,再考虑其他因素。

❻ 营养平衡,强调经济实惠

人们赴宴,除了能够获得口感上、精神上的享受之外,还能补充营养,调节人体机能。宴会是一系列菜品的组合,完全有条件构成一组营养均衡的膳食。配置宴会菜肴,要多从整桌菜品的营养是否合理着手,还要考虑这组食物是否有利于消化,是否便于吸收以及原料之间的互补效应和抑制作用如何。宴会中的菜品还要提供相应的矿物质、丰富的维生素和适量的植物纤维。提倡"两高三低(高蛋白质、高维生素、低热量、低脂肪、低盐)",选择菜品时应适当增加植物性原料,使之保持在总原料的1/3左右。此外,在保证宴会风味特色的前提下,还需控制用盐,以清淡为主,突出原料本味,以维护人体健康。

为了降低宴会成本,增强宴会效果,设计宴会菜单时,不能崇尚奢华,也不能贪多求大,造成浪费。我们应该从原料的采购、菜肴的搭配、宴席的制作、接待服务、营销管理等方面节约出发,力求以最小的成本获取最佳的效果。

(三)宴会菜单设计的要求

❶ 准确把握宾客的特点

设计者在设计宴会菜肴前,一定要准确把握宾客的特征。出席宴会的宾客各有不同,对于菜肴味道的选择,也有一定的偏好。特别是招待外宾或其他民族和地区的宾客时一定要注意其禁忌。另外,不同年龄人群对菜肴的要求也不同,如老年人偏爱糜烂、软嫩、清淡的菜肴,而年轻人偏爱香脆、浓郁的菜肴。只有了解宾客的个性特点,搭配菜品时"投其所好,扬长避短",才能使宾客满意。制定菜单还必须根据顾客的具体要求(设宴目的、饮宴要求、用餐环境)进行合理设计,只有这样,才能真正满足顾客的需求。

❷ 合理把握宴会菜肴的数量

宴会菜肴的数量是指宴会的菜肴总数和每道菜肴的分量及其主辅料之间的比例。宴会菜肴的数量是宴会菜单设计的重中之重,数量合理则令人既满意又回味无穷。宴会菜肴的数量应直接与宴会档次和宾客特点联系在一起。宴会档次高,菜肴数量相对多,每份分量相对要少。在总量上,宴会菜肴的数量应与参加宴会的人数相吻合,如10人桌宴会,按个数的菜品,如"金牌蒜香排骨",不能少于10根;在个体数量上,应以平均每人吃500克左右净料为原则。

❸ 明确宴会价格与菜肴质量的关系

任何宴会都有一定的价格标准,宴会价格标准的高低是设计宴会形式和菜肴的依据,宴会价格的高低与宴会菜肴的质量有着必然的联系。价格标准的高低只能在原料使用上有区别,宴会的整体效果不能受到影响,在规定的标准内,尽量把菜肴搭配得使宾主都满意。

❹ 宴会菜单的营养搭配

宴会菜单的设计要从宾客实际的营养需要出发。宾客的营养需要因人而异,不同性别、年龄、职业、身体状况、消费水平的宾客对营养的需要都有一定的差异,设计宴会菜单应严格把握各种原料搭配的合理性。宴会菜肴如果是以荤素菜肴为主,就要适当地加入主食和点心,使营养成分得到更好的吸收。

❺ 宴会菜单的品种比例要合理

宴会菜单比例是指组成一套宴会的各类菜肴和菜肴形式搭配要合理。例如前文中讲道，中式宴会通常包含冷菜、热菜、素菜、甜菜（包括甜汤）、汤品、主食和点心七大类，还配有水果、饮品，这样搭配才能使宴会菜单有丰富多彩的效果。

❻ 注重菜肴的色彩搭配

宴会菜单色彩运用的好坏是衡量菜肴好坏的首要标准，一道菜肴最早让宾客接收的信息便是它的颜色。菜肴色彩设计就是合理巧妙地利用原料的颜色，外加点缀物的颜色、盛装器皿的颜色，使菜肴的整体色彩赏心悦目，层次分明，不落俗套。宴会菜肴色彩安排协调，不仅能够使宾客食欲增加，而且能够给人以美的艺术享受。

❼ 突出特色，力求创新

宴会菜单的制定，离不开地方特色，与众不同的地方特色菜肴，可以吸引宾客长期光顾。宴会菜肴应尽量利用当地的特产原料，充分显示当地的饮食习惯和风土人情，施展当地厨师的技术专长，力求新颖别致，展现当地风格和特色。要充分发挥厨房设备及厨师的技术，制定具有独特个性的品牌菜肴和创新菜肴。

四、宴会菜单设计程序

宴会菜肴的设计是一项融艺术性、技术性、创造性为一体的难度相当大的工作。宴会菜肴设计成功与否，直接影响着酒店的经营效果，因此，宴会菜单设计人员应共同做好宴会菜单设计工作。宴会菜单设计工作与其他工作相同，有着严格的工作程序。宴会菜单设计程序是指宴会菜单设计人员接到宴会预订单或宴会厅主题确定后，在充分了解顾客情况并加以分析的基础上，再结合本宴会具体情况设计出适合顾客需求的宴会菜单的过程。

（一）掌握办宴信息

❶ 掌握酒店信息

一是酒店的经营方针、组织机构、管理风格、财务政策、设施设备与生产条件；二是员工素质、技术水平、团队精神；三是菜品构成、菜品种类、菜品营养、时令季节；四是接待能力、服务方式、上菜次序与服务技能；五是原料性质、货源供应、价格水平、酒店储备等信息。

❷ 掌握宾客信息

做到"八知三了解"："八知"是知宴请规模、知宾主情况、知宴会标准、知开餐时间、知菜单内容、知主办地点、知收费办法、知宴请主题。"三了解"是了解宾客风俗习惯、了解宾客生活忌讳、了解宾客特殊需要和爱好。如果是外宾，还应了解其国籍、宗教、信仰、禁忌和口味特点。

（二）确定宴会的主题

不同的宴会主题，其设计要求和菜单内容也不相同。如婚宴要求用红枣、莲子、百合制作菜肴，寓意"早生贵子""百年好合"等；家宴、生日宴要求气氛热烈，菜名应吉利，采用祝福、祝愿等方面的内容，讲究菜肴量多、味好、实惠；寿宴要烘托气氛，安排"寿桃武昌鱼""松鹤延年汤""长寿面"等菜品；商务宴讲究排场，菜名要体现出吉祥如意、心想事成、恭喜发财的内容，故而设计"黄金大饼""鱼丸滚发菜"之类的菜肴；团队会议一般档次不太高，配菜要实惠；旅游团餐标准比较低，菜品要实惠，分量要足，多配地方风味特色菜。

（三）确定宴会的规格

宴会规格的高低取决于两个方面，一是宴会价格标准的高低，价格越高，规格高；二是宴会的类别和特点，如国宴、商务宴、招待会等规格相对较高，家宴等规格相对较低。宴会的档次不同，各类菜品的比例也不同。各类规格的宴会，其菜品的比例如下：

一般宴会:冷菜约占10%,热炒约占50%,大菜约占30%,点心、水果约占10%。
中档宴会:冷菜约占12%,热炒约占48%,大菜约占30%,点心、水果约占10%。
高档宴会:冷菜约占15%,热炒约占25%,大菜约占45%,点心、水果约占15%。
特级宴会:冷菜约占15%,热炒约占20%,大菜约占50%,点心、水果约占15%。

(四)确定菜品的用料

宴会档次和规格是选择菜品原料的主要依据。一般宴会选料以普通家禽、家畜、四季时蔬和粮豆制品等为主,也可配置少量的山珍海味充当主菜;中档宴会多选用质量较好的家禽、家畜、蛋、奶、时令蔬菜、水果和精细的粮豆制品为原料,并配有2~3道山珍海味;高档宴会用料以上乘的动物原料为主,配置适量的植物原料,其中山珍海味、名品特产为代表的菜品所占比重较大。选择菜的原料要充分考虑各民族的风俗习惯。

(五)确定菜品的风味和名称

菜品的名称多采用寓意命名,菜品的风味设计应该注意以下几点。

(1)在一般宴席中,菜品味型以咸为主,其他菜品味型基本不重复,仅允许冷菜中某一菜品的味型和热菜中某一菜品的味型重复,以确保整个宴会菜品味型的多样性。

(2)菜品的味型设计应该体现出季节性、区域性。如春季多酸、夏季多苦、秋季多辛、冬季多咸,以及南甜、北咸、东辣、西酸等。

(3)根据顾客的具体要求设计菜品味型,如果顾客有特色味型需要,可进行特色设计。

(六)确定菜品的价格

在制定宴会菜单前,首先对各种原料的成本、毛利、售价的核算熟记于心,这样既能保证顾客以经济实惠的价格享用高品质的菜品,又能保证酒店盈利。

(七)确定宴会出品的顺序

一般宴会出品的编排顺序是先冷后热,先炒后烧,先咸后甜,先小后大,先饭菜后汤菜,最后为点心、水果。传统的宴会出品顺序为头道菜是主菜,主菜上完后依次是炒菜、大菜、饭菜、甜菜、汤品、点心、水果。现代宴会出品顺序的编排略有不同,一般是冷盘、热炒、大菜、汤品、炒饭、面点、水果,小吃则是穿插在菜肴中间,上汤表示菜齐。宴会菜单的设计应该根据宴会类型、特点,因人、因事、因时而定。

五、宴会菜单制作

(一)宴会菜单内容

宴会菜单的内容通常由三个部分组成。

(1)宴会名称。根据宴会性质和类型来命名,一般写在宴会菜单上方中间位置。

(2)菜品名称和价格。宴会菜品名称分为写实菜名和写意菜名。写实菜名一般清晰易懂,能够突出菜肴特色,大多体现菜品的质感、主料、烹制方法,比如清蒸鲈鱼,清蒸是烹制方法,鲈鱼是主料;写意菜名将成语、典故等有美好寓意的内容和宴会主题结合起来,比如婚宴中常见的菜品名称有花好月圆等。一般宴会菜单基本采用写实菜名,也可以将写实菜名和写意菜名结合使用。

宴会菜单要注明每桌可食用的人数及整桌的价格,标注在宴会菜单名称的后面,不单独列出每道菜的价格。菜名按照上菜顺序分门别类地排列。

(3)告示性信息。宴会菜单是推销酒店的有力手段,通常在菜单上印上酒店的名称、联系方式等信息,一般列在菜单的封面或扉页。

（二）宴会菜单制作方法

1 宴会菜单制作材料

宴会菜单通常只使用一次，一般选择纸质材料。高档宴会要用高级的薄型纸、花纹纸。制作精美的宴会菜单，可以作为礼物让宾客带走。

长久使用的宴会销售菜单，可采用经久耐用、质地较好的材料，且手感要舒适。但需要注意的是菜单纸张的费用不得超过整个菜单设计印刷费用的三分之一。

随着时代的发展，电子菜单也应运而生，比如通过手机在平台上点外卖，看到的就是餐厅的电子菜单。也有一些餐厅使用了可以和顾客互动的智能餐桌，顾客可以自助点菜、下单、结账，还可进行其他的游戏互动，给顾客以新鲜的体验感。

2 销售菜单制作

(1)封面。

宴会菜单封面是展现了酒店与宴会厅的形象，要求其美观、新奇，具有吸引力。封面内容包括酒店、宴会厅的名称和标志，形式要与整体装饰协调，封面颜色应与酒店主题色吻合。制作封面的材料可选用经久耐用且不易沾油污的重磅纸，还可选用高级塑料和优质皮革做封面。

(2)内页。

销售菜单的菜品按照冷菜、热菜、汤品、点心等大类排列，不应按照价格高低排列，价格的高低会在一定程度上左右顾客的选择，这不利于宴会推销。可以把宴会厅重点推销的菜品放在菜单的首、尾部分，并配以彩色实例照片，这样容易引起顾客的注意，提高点单率。

在排版格式上，菜单篇幅应留有50%左右的空白，顾客阅读起来会比较舒服。菜单四边的留白应宽度相等，给人均匀之感。菜单的字体应易于辨认，且字体不宜过小，利于顾客在餐厅的光线下，特别是在晚间的灯光下能清楚地阅读。调查统计显示，最易阅读的字号为三号。

知识拓展

同步案例

> 任务实施

设计中式寿宴菜单

1.任务情境

年逾古稀的张某即将迎来他的下一个生日。家中晚辈决定为其筹备一场中式寿宴，邀请亲朋好友为其祝寿。酒店通过与客户沟通，得知以下信息：

(1)寿宴当天为端午节，宴会开始时间为18:30，与会宾客约50人。

(2)宴席标准为2888元/桌。

(3)客户要求菜名吉利、喜庆，富有寓意，菜单简洁明了。

(4)需安排酒店的特色菜乔府醋鱼、曹师傅花椒鸡，特色主食长寿一根面。

2.任务要求

(1)学生自由分组，每组4～6人，并推选出小组长。

(2)小组成员分头查找资料，并结合宴会菜单设计的原则、程序和上述条件，设计一份中式寿宴菜单。

(3)小组长汇总小组成员的主要观点，并以PPT的形式进行汇报演示。

3.任务评价

在小组演示环节，主讲教师及其他小组依据既定标准，对演示内容进行综合评价。

评价项目	评价标准	分值/分	教师评价(60%)	小组互评(40%)	得分
知识运用	熟悉宴会菜单设计的原则，掌握宴会菜单设计的程序	30			

续表

评价项目	评价标准	分值/分	教师评价(60%)	小组互评(40%)	得分
技能掌握	菜单设计方案具有针对性、合理性和可操作性	40			
成果展示	PPT制作精美，观点阐述清晰	20			
团队表现	团队分工明确，沟通顺畅，合作良好	10			
	合计	100			

同步测试（课证融合）

扫码看答案

一、选择题

1．以下不属于宴会菜单内容的是（　　）。
A．菜品名称　　　B．菜品价格　　　C．菜品介绍　　　D．原料价格

2．宴会菜单按用途划分，不包括（　　）。
A．菜品名称　　　B．菜品价格　　　C．菜品介绍　　　D．原料价格

3．以下选项不属于宴会菜品命名方式的是（　　）。
A．写实命名法　　B．寓意命名法　　C．传统命名法　　D．形象命名法

4．宴会菜单的书写格式不包括（　　）。
A．排列式　　　　B．提纲式　　　　C．杂志式　　　　D．表格式

二、简答题

1．简述宴会菜单的作用。

2．简述宴会菜单设计的原则。

课赛融合

中餐主题宴会菜单设计

从以下三类宴会中任选一类，自定主题，设计一款宴会菜单。

（一）商务类宴会

企业团体或组织由于商务洽谈、协议签署、企业庆典等活动需要而举行的宴请活动。

（二）家庭类宴会

亲朋好友因为庆祝、纪念订婚、结婚、生日、升学等原因而举行的宴请活动。

（三）政务类宴会

政府或其他社会组织由于欢迎、招待、答谢等原因而举行的比较正式的宴请活动。

评价标准

菜单设计评价标准

模块	序号	M=测量 J=评判	标准名称或描述	权重	评分
B 主题宴会 设计	B5 菜单设计 (2分)	M	菜单设计的各要素（如颜色、背景图案、字体、字号等）与主题一致	0.2	Y|N
		M	菜品设计能充分考虑成本因素，符合经营实际	0.2	Y|N

续表

模块	序号	M=测量 J=评判	标准名称或描述	权重	评分
B 主题宴会 设计	B5 菜单设计 （2分）	M	菜品设计注重食材选择，体现鲜明的主题特色和文化特色	0.2	Y|N
		M	菜单外形设计富有创意，形式新颖	0.2	Y|N
		M	菜品设计（菜品搭配、数量及名称）合理，符合主题	0.2	Y|N
		J	3 菜单设计整体富有创意，富有艺术性，富有文化气息，设计水平高，具有很强的可推广性 2 菜单设计整体较有创意，较有艺术性，较有文化气息，设计水平较高，具有较强的可推广性 1 菜单设计整体创意一般，艺术性一般，文化气息一般，设计水平一般，具有一定推广性 0 菜单设计整体创意较差，艺术性较差，文化气息较差，设计水平较差，不具有可推广性	1.0	3 2 1 0

注：评价标准源自全国职业院校技能大赛高职组酒店服务赛项主题宴会设计模块。

宴会台面设计

项目描述

宴会台面设计是根据宴会台面设计的要求、宴会台面设计的步骤和方法完成主题宴会台面设计,完成宴会摆台,并对宴会台面进行美化的过程。本项目设置了宴会台面概述和摆台流程设计两个任务。

项目目标

素养目标
1. 培养创新思维和创新意识。
2. 培养精益求精、关注细节的工匠精神。
3. 树立团队合作意识,具有团队协作能力。

知识目标
1. 了解宴会台面的知识。
2. 熟知宴会台面设计的知识。
3. 熟知美化宴会台面的方法。
4. 熟知中式宴会摆台的知识。
5. 熟知西式宴会摆台的知识。

能力目标
1. 能够根据宴会主题和顾客要求完成宴会台面设计。
2. 能够对宴会台面进行美化。
3. 能够介绍宴会台面设计思路并推销宴会台面设计作品。
4. 能够根据宴会台面设计要求评价宴会台面设计作品。
5. 能够熟练操作中、西式宴会摆台的程序与技法。

知识框架

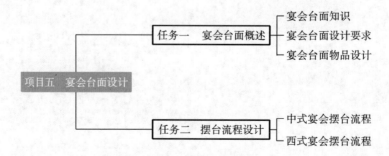

项目五 宴会台面设计

任务一　宴会台面概述

教学资源包

岗位要求：
宴会定制服务师

任务引入

某酒店为当地一个戏曲表演团筹备庆功宴。该表演团邀请了许多戏曲爱好者参与宴会，要求庆功宴具有传统戏曲文化艺术的特点。为此，酒店在进行宴会设计时加入了曲艺元素。其中，最吸引人眼球的就是宴会的台面设计。该宴会采用圆桌，每桌10人且设一个主位。台面中心放置有精致的生、旦、净、末、丑等不同曲艺角色的模型。模型前后分别放置有小型花篮和屏风，以遮挡模型的底座和背部。模型正面面向主位，以示尊敬。每位宾客的餐盘上都有形态各异的餐巾花，而主位的餐巾花最大。此外，曲艺角色模型到主位之间，铺设有小型红毯，以构造戏曲舞台的样式。

台面的餐具和台布都是酒店精心挑选的。餐具采用上等的骨瓷，并印制了各种生动、可爱的卡通曲艺形象。台布采用金黄色的绸布并印有精美的花纹，十分大气、优雅。该宴会台面使参会宾客感受到了浓厚的戏曲艺术氛围，令他们称赞不已。

请同学们带着以下问题进入任务的学习：

1. 此次宴会设计中的宴会台面属于哪种台面？宴会台面设计的要素有哪些？
2. 通过此案例的分析，你获得了哪些启发？

知识讲解

一、宴会台面知识

（一）宴会台面的种类

宴会台面的种类较多，按餐饮风格可划分为中式宴会台面、西式宴会台面和中西混合宴会台面；按台面的用途可划分为食用台面、观赏台面和艺术台面。

❶ 按餐饮风格划分　宴会台面按餐饮风格可划分为中式宴会台面、西式宴会台面和中西混合宴会台面。

（1）中式宴会台面（图5-1）。中式宴会台面用于中式宴会，一般以圆桌台面为主。其小件餐具通常包括筷子、汤匙、骨碟、搁碟、味碟、口汤碗和各种酒杯。台面造型图案多为中国传统吉祥图饰，如鸳鸯、喜鹊、寿桃、蝴蝶、金鱼、孔雀、折扇等。

（2）西式宴会台面（图5-2）。西式宴会台面用于西式宴会，主要有直长台面、横长台面、T形台面、工字形台面、腰圆形台面和M形台面等。西式台面的小件餐具通常包括各种餐刀、餐叉、餐勺、菜盘、面包盘和各种酒杯。西式宴会台面布置简洁、素雅，台面使用的花卉和布置的图案要根据不同情况而定。

（3）中西混合宴会台面（图5-3）。中西混合宴会台面也称为中餐西吃宴会台面，一般用于中餐西吃的宴会，即可用中式宴会的圆桌台面，也可用西式宴会的各种台面。其小件餐具通常由中餐用的筷子，西餐用的餐刀、餐叉、餐勺和其他小件餐具组成。进餐方式以分餐为主，提供西餐美式服务（又称各客式服务）。每道菜肴都在厨房或工作台边桌上分派装盘，然后直接端给每位宾客食用。

❷ 按台面用途划分　宴会台面（图5-4）按照用途可以分为食用台面、观赏台面和艺术台面。

（1）食用台面。食用台面也称餐台或素台，在饮食服务行业中称为正摆台。这种宴会台面的餐具摆放应根据就餐人数、菜单的编排和宴会标准来使用，如7件头、9件头、12件头等。放在每位宾

图 5-1　中式宴会台面

图 5-2　西式宴会台面

图 5-3　中西混合宴会台面

图 5-4 宴会台面(1)

客就餐席位前的各种餐具、用具间隔距离要适当,做到清洁实用、美观大方。各种装饰物品都必须摆放整齐,并且要尽量做到相对集中。这种餐台多用于中档宴会,也可用于高档宴会的餐具摆设。

(2)观赏台面。观赏台面也称看台或展台,是专门供宾客观赏的一种装饰台面。在举办高档宴会时,为了营造宴会气氛,在宴会厅入口处或宴会厅中央的位置,用花卉、雕刻物品、盆景、果品、面塑、口布、餐具等在台面上布置主题造型,以此来突出宴会主题。观赏台面一般不摆放餐位用品,也不摆放公用餐具,四周也不设座椅。布置这种台面时,所选用的装饰物必须符合宾客的审美习惯,同时要注意主题造型要突出宴会主题,如婚宴的"龙凤呈祥"、寿宴的"松鹤延年"、洗尘宴的"黄河归来"、庆功宴的"金杯闪光"等。

(3)艺术台面。艺术台面也称花台,是用鲜花、绢花、盆景、花篮及工艺美术品和雕刻物品等点缀而成的各种新颖、别致、得体的台面。这种台面设计要符合宴会的内容,突出宴会主题。这种台面既可供宾客就餐,又可供宾客欣赏,是食用台面与观赏台面的综合体,艺术台面是目前酒店最常用的一种台面形式,多用于中高档宴会。

(二)宴会台面的命名

(1)按台面的形状或构造命名,这是最基本的命名方法,如中餐的圆桌台面、方桌台面、转台台面;西餐的直长台面、T形台面、M形台面、工字形台面等。

(2)按每位宾客面前摆放的小件餐具件数命名,如5件餐具台面、7件餐具台面等。这种命名方式便于宾客了解宴会的档次和规格。

(3)按造型及其寓意命名,如百鸟朝凤席、蝴蝶闹花席、友谊席等。

(4)按宴会的菜肴名称命名,如全羊席、鱼翅席、海参席、燕窝席等。

二、宴会台面设计要求

(一)宴会台面设计的定义

宴会台面设计源于欧洲,19世纪末20世纪初传入我国。宴会台面设计是饮食文化高度发达的产物,是现代文明进步的表现。宴会台面设计又称餐桌布置艺术,它针对宴会的主题,运用一定的心理学和美学知识,通过多种手法,将宴会台面用品进行合理摆放和装饰点缀,使整个宴会台面变成一个餐桌组合艺术形式(图5-5)。

(二)宴会台面设计的内容

宴会台面设计主要包括宴会的摆台技法、台面美化、席位安排等。台面设计没有特定的形式,宴

图 5-5　宴会台面(2)

会设计人员可以按照一定的规律和共性,对宴会台面进行灵活设计,既要对宴会台面的台布、台裙、餐具、鲜花、饰品等进行造型,突出台面的设计美感,又要细致地安排宴会席位,展示恰当的宴会礼仪。

(三)宴会台面设计的作用

❶ **烘托宴会气氛**　采用与宴会气氛相适应的餐具、鲜花、饰品等对宴会台面进行设计和布置,使其与宴会的整体布局相得益彰,烘托宴会气氛。当宾客进入宴会厅,便可看到餐桌上造型别致的餐具陈设、千姿百态的餐巾折花、玲珑鲜艳的餐桌插花,隆重的宴会气氛扑面而来。

❷ **展示宴会主题**　通过对宴会餐具、鲜花、饰品等进行精心设计,可向宾客展示宴会的主题,让人一目了然。如"孔雀迎宾""喜鹊登枝""青松白鹤""和平鸽"等宴会台面,分别反映了"喜迎嘉宾""佳偶天成""庆祝长寿""向往和平"的宴会主题。

❸ **显示宴会档次**　一般宴会的台面设计具有简洁、朴素、实用等特点,而高档宴会的台面设计则更加精致、华贵、高雅。因此,可以根据台面设计的特点来判断宴会档次。

❹ **确定宾客座次**　对不同餐桌的台面进行区别设计与布置,有助于明确宴会的主桌、主位。一般而言,主桌台面的餐具、餐巾花、台布等均比普通桌更加精致,因此,宾客可以通过台面摆设知道自己的座次。

❺ **便于就餐服务**　台面设计要便于宾客进餐,易于工作人员服务。

❻ **体现管理水平**　宴会台面的设计与布置,是酒店宴会设计人员工作能力的体现,也是酒店在宴会设计方面协调所有要素能力的体现,一台精美的席面既能反映宴会定制服务师高超的设计技巧和工作人员娴熟的造型艺术,也可以反映酒店的业务能力和管理水平。

(四)宴会台面设计的原则

❶ **美观独特**　宴会设计人员应根据宴会主题、类型等对宴会台面进行个性化设计,既要突出宴会主题,又要体现宴会台面设计的特点。例如,在设计中式婚宴台面时,可采用喜鹊造型的餐巾花、印有"囍"字的餐盘、龙凤食雕、心形花环等来装饰台面,使台面既有浓厚的中国风,又能渲染喜庆、热闹的婚宴气氛。

❷ **实用便利**　宴会设计人员应该注重台面设计的实用性和便利性,切忌华而不实。台面大小、餐位间距、桌椅高度、餐具位置等应符合人体工学。例如,两位宾客之间的餐位距离不可小于 0.5 米,台面与座椅高度的差距应为 25～40 厘米,餐具摆放要符合宾客的用餐习惯。同时,应当特别注重照顾特殊群体(如儿童、孕妇、残疾人和老人),为他们设置专座、专用餐具等。例如,有儿童用餐

时,要提供儿童餐椅和儿童餐具。

❸ **卫生安全** ①台面设计应该注意卫生条件。台面布置材料应当经过安全监测,无毒环保;餐具经过消毒后应保持洁净、完整;工作人员不得用手直接接触餐具,对餐具进行摆台操作时均佩戴手套。②台面设计应该注意安全条件。鲜花、饰品、餐具等的造型、位置和间距要合理,避免因宾客误碰而损毁,甚至伤害宾客。例如,不能为了追求美观,将食物雕塑设计得头重脚轻。此外,在布置鲜花时,需要考虑是否有宾客对鲜花过敏。

❹ **注重礼仪** 宴会设计人员应根据各国、各民族的社交礼仪和宴饮风俗等确定宴会的台面布置;根据国际惯例、参会宾客的宗教信仰等确定台面设计的主色调、鲜花种类、酒水种类、服务次序、席位座次等。

中国宴会台面设计常见的吉祥物如表5-1所示。

表5-1 中国宴会台面设计常见的吉祥物

吉祥物	寓意
龙	龙为"四灵"之一,万灵之长,是中华民族的象征,寓意"神圣、至高无上"。其常与"凤"合用,誉为"龙凤呈祥"
凤凰	凤凰为"百鸟之王",雄为凤,雌为凰,统称为"凤凰",被誉为"集人间真、善、美于一体的神鸟",亦被誉为"稀世之才"(凤毛麟角)
鸳鸯	鸳鸯是吉祥水鸟,雄为鸳,雌为鸯,传说为鸳哥鸯妹所化,故双飞双栖,恩爱无比。比喻夫妻百年好合,情深意长
仙鹤	仙鹤又称"一品鸟",吉祥图案有"一品当朝""仙人骑鹤",为长寿的象征
孔雀	孔雀又称"文禽",言其具"九德",是美的化身、爱的象征、吉祥的预兆
喜鹊	喜鹊古称"神女""兆喜灵鸟",象征喜事将临、幸福如意
燕子	燕子古称"玄鸟",是吉祥之鸟也是春天的象征。古人考中进士,皇帝赐宴("宴"谐音"燕"),故用以祝颂进士及第、科举高中。燕喜双栖双飞,用"新婚燕尔"贺夫妻和谐美满
蝴蝶	蝴蝶两翼色彩斑斓,又称"彩蝶"。彩蝶纷飞是明媚春光的象征。民间因"梁山伯与祝英台"故事中化蝶的结局,喻为夫妇和好、情深意长。又因"碟"与"耋"谐音(耋指年高寿长),故以蝴蝶为图案表示祝寿
金鱼	金鱼有"富贵有余""连年有余"的吉祥含义,因"金鱼"与"金玉"谐音,民间有吉祥图案"金玉满堂"
青松	青松有"百木之长"的美誉。(宋)王安石云:"松为百木之长,犹公也,故字从公。""公"为五爵之首。"松"与"公"相联系,成为高官厚禄的象征。松树岁寒不凋,冬夏常青,又为坚贞不屈、高风亮节的象征。松为长寿之树,历来是富贵延年的象征
桃子	桃子最著名的是蟠桃,为传说中的仙桃。民间视为祝寿纳福的吉祥物,多用于寿宴席

资料来源:方爱平.宴会设计与管理[M].武汉:武汉大学出版社,1999.

(五)宴会台面设计的要求

宴会台面设计既要充分考虑宾客的用餐需求,又要考虑宴会的主题形式及人数等。

❶ **根据宴会的主题和规格进行设计** 宴会台面设计应突出宴会的主题(如寿宴、婚宴、回归宴、谢师宴等),不同的宴会主题对台面的色彩和装饰要求不同。同时,台面设计还应考虑不同宴会的规格,根据宴会规格的高低决定餐位的大小、服务的形式、餐具的选择等。

❷ **根据宴会菜品和酒水特点进行设计** 宴会台面用具的选择应根据宴会菜品和酒水特点进行确定,如在中式宴会上,享用中式菜肴的餐具有筷子、骨碟、汤碗、调味碟、筷架等;在西式宴会上,享用西式菜肴的餐具有头盘刀、头盘叉、汤勺、主菜刀、主菜叉、牛排刀、甜品叉、甜品勺等;饮用不同的酒水应选择不同的酒具,如香槟杯、啤酒杯、红葡萄酒杯、白葡萄酒杯、烈性酒杯、鸡尾酒杯、冰水

同步案例

杯等。

❸ **根据进餐礼仪进行设计** 在进行宴会台面设计时,需要充分考虑交往礼仪,如正确选定主人和主宾的餐位,选定不同的餐巾花,按照国际惯例安排宾客座位;另外还应尊重宾客的民族风俗和宗教信仰选择台布、台裙、餐巾的颜色和鲜花等。

❹ **宴会设计应考虑服务形式和安全卫生** 不同规格的宴会菜肴服务形式也不同,如中式宴会有在转盘上分菜、在服务桌上分菜、各客式分菜等;西式宴会有美式服务、俄式服务、英式服务和法式服务等。

宴会台面设计还应考虑安全卫生的因素,在摆台时要注意操作卫生,并确保选用的餐具都是安全卫生的,如餐具无缺口并经过消毒。

❺ **根据美观实用的要求进行设计** 宴会台面设计是运用一定的心理学和美学知识进行桌面布置的艺术过程,在进行造型创作时要将文化与美学相结合,对宴会台面进行合理摆设和装饰点缀,给宾客艺术美的享受,起到烘托宴会气氛、增添宾客进餐情趣的作用。

(六)宴会台面设计的步骤和方法

❶ **根据宴会目的与目标顾客特点来确定宴会主题** 台面设计所表达的内容要与宴会的主题相统一,紧扣主题。例如,为婚宴而设计的台面与寿宴、商务宴会、答谢宴会的台面大不相同,婚宴台面设计(图 5-6)要结合已确定的婚宴主题,进一步细化餐桌台面上所需的各类器具及用品的搭配方案,从而与其他组成元素协调统一,起到呼应主题的作用。

图 5-6 婚宴台面设计

❷ **根据主题宴会台面寓意命名** 大多数宴会台面都有一个别致而典雅的名字,恰当的台面命名,更能突出宴会的主题,增加宴会的氛围。宴会台面的命名寓意要恰当得体,切忌牵强附会、生搬硬套。"走进香奈儿"主题宴会台面如图 5-7 所示。

❸ **根据主题宴会场地规划台型设计** 宴会的场地和台型(图 5-8)安排原则上要根据宴会厅的类型、宴会主题、就餐形式和宴会厅的形状、用餐人数及组织者的要求等因素决定。

❹ **根据宴会的主题创意设计台面造型** 宴会台面造型设计包括宴会的台布和台裙装饰,宴会的餐具选择和搭配,宴会的餐巾折花造型,宴会的菜单设计、装帧与陈列,宴会的花台造型,宴会的台号(主题牌)、牙签套、筷套、席位卡布置与装饰,宴会的餐椅布置等。详细内容见宴会台面物品设计。

三、宴会台面物品设计

(一)宴会台面物品布置

❶ **宴会的台布选择和台裙装饰** 宴会的台布和台裙的颜色、款式的选择要根据宴会的主题和主题色调来确定。

台布也称桌布,将其铺设到桌面上可起到保洁、装饰和方便服务的作用。

(1)台布的质地和款式:从质地来看,有涤纶台布、锦缎台布、PVC 台布、棉麻台布,以及新型的

图 5-7 "走进香奈儿"主题宴会台面

图 5-8 宴会的场地和台型

纳米涂层布料。从装饰工艺来看,有提花台布、织棉台布、工艺绣花台布。从形状来看,有圆形台布、矩形台布和异形台布。从颜色来看,通常有白色、黄色、红色、蓝色、紫色、绿色等。中式宴会的底布和布面一般由一深一浅的颜色进行搭配。

(2)台布尺寸的计算:台布的尺寸要根据餐桌的造型和尺寸来计算,西式宴会桌一般为长方形,短边边长在 1.2 米左右。中式宴会常使用大圆桌,桌面直径为 1.6~2.2 米,最常见的圆桌桌面直径为 1.8 米,超过 1.8 米的圆桌应配置玻璃转台,否则会影响宾客就餐。当然也有能容纳几十人同时就餐的巨型宴会桌,巨型宴会桌必须搭配电动转台使用。无论是中式宴会还是西式宴会,餐桌都是根据人体工学设计,标准高度为 75 厘米,配套的餐椅高度在 42 厘米左右。

矩形餐桌的台布是同比例的矩形,台布下垂 30~40 厘米,所以矩形台布的尺寸是餐桌的边长加上下垂的长度。中式的大圆桌一般由两块台布构成,下面(大块)的是底布,上面(小块)的是面布。底布为圆形,尺寸是餐桌的直径加上餐桌高度乘以 2 厘米再减去 2 厘米(防止底布接触地面)。正常的面布可以是圆形也可以是矩形,依据不同的设计风格进行选择。圆形面布的下垂以 30 厘米为宜,所以它的直径为台面直径加 60 厘米。方形面布的边长是它的直径加 40 厘米。

按此方法计算,标准直径为 180 厘米的中式宴会圆台的台布尺寸为:圆形底布的直径为 326 厘米,圆形面布的直径为 240 厘米,方形面布的边长为 220 厘米。

部分宴会使用台裙设计,即在餐台的边缘围上一圈百褶款的装饰布。在一些酒店和餐厅会选择原木制成的餐桌椅,或者仿木纹的PVC贴面餐桌。这些餐桌椅本身就非常美观,无须再铺设台布进行装饰,可考虑只用桌旗或装饰垫放在台面中央略微装饰。宴会台布和台裙设计如图5-9所示。

图 5-9　宴会台布和台裙设计

❷ **宴会餐具和酒具的选择和搭配**　现代餐饮市场上餐具主要有中式、西式、日式、韩式等不同风格,质地、形状、档次也有较大的差异,甚至有定制的精美主题餐具。不仅可以满足宾客进餐的需求,同时有渲染主题宴会气氛、美化餐台的重要作用。特别要注意宴会餐具应成套使用以获得统一的美感。下面着重介绍最常用的中式宴会和西式宴会的餐具和酒具。

(1)中式宴会的餐具和酒具(图5-10)。中式宴会的餐具有筷子、筷架、骨碟、味碟、汤碗、汤勺等,酒具有玻璃茶水杯、白酒杯或者红酒杯(也可用于斟倒果汁等饮料),还应配上公筷和公勺。为避免花色搭配不当和花色长期使用磨损等问题,酒店主要使用纯白的瓷器作餐具,可在餐具的造型上做少量的变化和美饰,不宜过度夸张,装饰的任务则交给餐巾花。也有部分宴会会定制一些有颜色、花纹的餐具,如喜庆的中式婚宴使用红色或金色的餐具(应将耗损的成本一并算入宴会的费用中)。高档的宴会常使用胎薄瓷白的骨瓷,由于骨瓷的成本较高再加上易破损的特点导致宴会的价格会相对较高。一些餐饮会所或星级酒店的VIP包房甚至会根据宴会主题的需要定制餐具的造型和花纹,以取得更好的主题意境。一些特定的主题会选择相对粗糙的陶制餐具以获得质朴的感受,也会使用黑色石片、大理石、竹筒、黄铜等材质的器皿来盛菜。中式宴会上的茶杯可选用直身圆柱形的柯林杯,也可选用中等大小的波尔多杯(在酒店亦称为通用型酒杯),白酒杯一般不宜使用太大的杯型,应选用容量在10~25毫升宽口窄身的专用白酒杯,也可使用酒吧的子弹杯。

(2)西式宴会餐具和酒具(图5-11)。西式宴会的餐具有金属的刀、叉和汤匙,陶瓷的装饰盘、面包盘、黄油碟、椒盐瓶、牙签盅、糖奶盅等。正式的西式宴会对餐具的使用有严格的要求,不同的菜式应使用相应的餐具,每种餐具会随着吃完的餐盘一并撤下,这与中式宴会区别较大。西式宴会常使用的餐具有:①刀有主菜刀、副菜刀、开胃品刀和黄油刀;②叉子有主菜叉、副菜叉、开胃品叉和甜品叉;③勺子有汤勺和甜品勺。甜品和开胃品的刀、叉、勺相对较小,黄油刀和鱼刀无刀刃,鱼叉两侧有专门的凹槽设计,用于卡脱鱼骨。西式宴会的装饰盘与中式宴会的骨碟形状类似,但大小和作用不同,仅起到装饰的作用,用于承托依各种餐盘。在西式宴会的用餐过程中,如宾客不小心吃到有细小骨头的食物,会用口布掩嘴,将骨头吐到口布中然后放置在右手边,待服务员看到后撤换新的口布,不会直接将骨头吐到装饰盘中。

图 5-10　中式宴会餐具和酒具

图 5-11　西式宴会餐具和酒具

西式宴会很讲究餐酒搭配,所以西式宴会使用的酒具较多,常见的有白葡萄酒杯、红葡萄酒杯、水杯、香槟杯、鸡尾酒杯、甜食酒杯等,如宴会配有白兰地或威士忌等烈酒,需要使用专用的杯型。啤酒有专门的啤酒杯,有的是圆柱厚底带把手,有的是球形杯口细柱身,在中式宴会中常用普通的茶杯(柯林杯)装啤酒。葡萄酒杯最常见的是波尔多杯,一些高档的西式宴会喜欢使用勃艮第葡萄酒杯。一些古典风格的宴会上还可以搭配一整套罗马古典杯型的葡萄酒杯。红酒还需要配备醒酒器,最好是使用细颈扁身的款式,一瓶 750 毫升的红酒完全倒入这款醒酒器中,水平面恰好到达醒酒器最宽的位置,液体表面积最大,使得红酒的氧化效率最高。当然,为了美化宴会的意境,也可以使用竖琴款、水平款或者是树枝款等特异造型的醒酒器。

❸ **宴会的餐巾折花造型**　宴会的餐巾折花不仅能够起到装饰美观的作用,还能通过摆放的位置来标示出主位、客位。另外,餐巾折花的造型也会有不同的寓意,来突显宴会的主题。

餐巾折花大致分为盘花、杯花和环花三大类。

（1）盘花（图 5-12）：属西式花型，将折叠好的餐巾折花直接放在餐盘中或台面上即可。

盘花的特点：折叠手法简单，可提前完成折叠，便于储存，打开后平整；造型简洁大方，美观实用，在中式宴会也较为常见。

如今盘花无论是在中式宴会还是西式宴会都是应用范围最广的餐巾花型，常见的花型有蜡烛（或者叫竹笋）、三明治、帆船、鹤、皇冠、主教帽、星光等。

图 5-12　盘花

（2）杯花（图 5-13）：属中式花型，需要插入杯中才能完成造型。

杯花的特点：立体感强、造型逼真；但容易污染杯具，且从杯中取出后即散，褶皱多；目前杯花逐渐向着造型简洁、折叠快捷的方向发展，复杂的花型日益减少。

杯花是将餐巾布插入杯中，餐巾布的毛尘极易落入酒杯，其卫生问题一直为人们所诟病。且杯花插入酒杯后的总体高度已经接近台面中心装饰物高度的上限，从整体的台面构成美学进行分析，是不理想的，会抑制主体的突出性，物品的高度没有层次感。从以上方面考虑，不主张在现代宴会中使用杯花。

图 5-13　杯花

（3）环花：是结合了盘花和杯花各自的优点而创造的一种改良花型。它是将餐巾做好造型后，通过一个环形的餐巾扣将其固定并放置在装饰盘上。部分漂亮的杯花造型通过一个餐巾扣便可转化为环花，既高效便利又简洁雅致。餐巾扣也称为餐巾环，有陶瓷、金属、塑料、骨制等多种材质，也可用色彩鲜明、对比感较强的丝带或吊穗绳带捆绑代替。

精美优质的餐巾扣会在一定程度上增加宴会的成本，由于其体积小且数量多，易造成遗失，所以餐巾扣只在较高档的宴会中才会使用。常见的环花造型有卷轴、箭形、扇形和蝴蝶结等。

近两年在一些便餐宴、自助餐宴和酒会上开始出现纸质的餐巾花，它的造型能力非常强，可以折叠出复杂、新颖的花型，而且纸质餐巾为一次性用品，在使用上更方便、卫生，还减少了洗涤成本。纸质餐巾上还可以定制喷印，可以印上与主题高度吻合的图案和色彩，也可以印上宴会主题名，突显宴会档次。至于印色方面，优质的纸餐巾都是用环保色墨。在设计时应尽量选择白底印花的款式，因为印制只发生在餐巾的表面一层，宾客可将纸餐巾反过来使用。

❹ **宴会的菜单设计、装帧与陈列**　宴会的菜单（图5-14）不仅能展示宴会的菜品，同时还能通过它的装帧和陈列突显宴会的主题，与台面风格保持一致。

图 5-14　菜单

常见的菜单一般是纸质印刷，可以是单页也可以是对折页或Z字形折页。也有将菜单设计成卷轴、竹简、奏折、屏风等造型，但应注意此类菜单的大小比例，根据台面空余空间的大小和陈列方式而定，不能影响宾客用餐，设计不宜过度夸张。西式宴会不主张做夸张的菜单设计，一般使用简洁的纸质卡片形式。宴会设计师应充分发挥自己的想象力，可寻找石材、竹木、亚克力、水晶等新材料作为菜单的底座，在实用性、美观性和创新性中找到平衡点，力求将菜单设计成整个宴会台面的亮点。如果该宴会主题是可较长时期使用的，则应注意菜单的材质应选择经久耐用而又不容易沾染油污的材料。

菜单封面的字体应足够醒目，字体的颜色应与封面底色有足够的反差。不同内容的文字信息可用不同大小或颜色区分开。正文内容（菜品名字）的字体不宜过小，应使用正楷、宋体、黑体等易于识别的字体，不宜使用草书、行书等难以辨识的字体，且字体颜色一般为黑色或深色（纸张颜色为深色的情况则相反），字与字之间的行距与间距也不能过窄，否则会造成辨识困难。

菜单上的装饰图案应与宴会主题相符，可直接选用宴会舞台背景上的图案，也可另寻意义相关的图案。应注意图案像素的大小，像素过小的图案若强行拉大则会形成马赛克的边缘，显得品质低廉。可在各种专业的图片素材网站中寻找适合的图案来使用。

菜单如有封底的设计，可印上承办宴会的酒店信息以做宣传。

❺ **宴会的花台造型**　宴会的花台造型是台面设计的主题和灵魂，它最能体现宴会的主题，在设计时要尽量做到新颖独特，还要具有一定的代表性。

宴会花台的装饰物主要是台面中心的装饰物，这些装饰物必须紧密围绕宴会的主题意境来展开设计。中心装饰物的材质有很多，如植物、蔬果、树脂、木质、陶瓷、玻璃、金属、石材等。其中应用最广泛的是艺术插花，美丽的花卉和植物总能带给人春意盎然的美好印象。

(1)用艺术插花来装饰:宴会台面的插花可以用鲜花或仿真花。仿真花的优势体现在以下几方面。它易于储存和放置,可自由地选择花朵大小和颜色,也可任意弯折做造型,无虫子和花粉的困扰。虽然现在的高级仿真花可以在视觉和触感上做到以假乱真的地步,但许多高级宴会仍然坚持使用更显档次的鲜花,在某些传统的中式宴会上也忌讳使用仿真花。宴会上使用鲜花还是仿真花,需要综合宴会的经费和宴请方的意见来决定。

①餐台插花设计的注意事项。

a.必须根据宴会的主题选择花材和花色,注意花语意境的运用。如红玫瑰代表热情、浪漫和爱情等,白玫瑰代表纯洁、尊敬等。

b.花材的选择还应遵循宾客的习俗,避免选择宾客忌讳的花材。如日本人忌讳莲花和荷花,中国、法国和拉丁美洲的人忌讳菊花,巴西人忌讳紫色的花,英国和加拿大人忌讳纯白色的百合花,等。

部分国家国花、名花及忌讳花一览如表5-2所示。

表5-2 部分国家国花、名花及忌讳花一览

国家	国花	名花	忌讳花
英国	玫瑰	黄水仙、奶蓟草等	百合花、黄玫瑰
法国	鸢尾花	马兰花	黄色的花
匈牙利、荷兰、阿富汗	郁金香	—	—
意大利	雏菊	康乃馨	菊花
西班牙	石榴花	康乃馨	菊花
俄罗斯	洋甘菊、向日葵	—	—
日本	樱花	—	荷花
新加坡	万代兰	—	—
墨西哥	仙人掌、大丽花	兰花、一品红、墨西哥向日葵等	黄色和红色的花
韩国	木槿花	—	菊花
泰国	金链花	荷花、茉莉花、紫薇花等	—

c.花材香味不宜过浓,以免影响甚至破坏食物或饮品的香味。鲜花必须经过修剪,不能连根带土和盆放到餐台上,这样不符合食品卫生的要求。要认真检查鲜花是否有虫害和枯叶,并且提前做好宾客调研,确认没有对花粉或花香过敏的宾客,避免宾客个人的用花禁忌。

d.要注意花卉的造型,做到主题突出、生动别致、层次分明、整体协调、富有艺术感染力。

e.要注意花卉与宴会场景、餐桌、宾客视线的有机融合,即营造相应的艺术氛围,插花的高度不能阻挡坐在餐台对面宾客的视线。西式宴会的插花一般不超过30厘米,中式宴会插花也不宜过高,如果确实需要高位花形,可采用镂空造型或者使用细杆花柱。

f.注意花卉的质量和色彩的搭配,花材的颜色不能太多太杂,以免破坏美感。通常色彩搭配方式是对比搭配,也称"反差搭配",就是将反差强烈的两种或者多种颜色的花搭配在一起。

g.插花使用的盛器与餐具要协调。插花盛器的材质、造型、颜色和花材的颜色等应与餐具协调,避免反差过大。

②插花的种类和造型:插花(图5-15)可以分为欧式插花和东方艺术插花。欧式插花造型有球形、三角形、一字形、L形等,其特点是造型饱满、花材搭配丰富,用花数量较多也会增加宴会的成本。东方艺术插花则讲求禅的意境,没有固定的造型,往往只是在一个造型精致的花瓶中插入一花、一叶,造型随意却充满韵味。欧式插花的体量较大,可以直接作为台面中心装饰物的主角,东方艺术插花体量小,不宜作为主角,建议与其他的装饰物搭配组合使用。

图 5-15　插花

　　插花是一门独立的艺术,建议初学者选择一本专业的插花教材进行深入学习。

　　(2)用多种材质的综合造型来装饰:近几年的高端主题宴会设计中更倾向将多种材质的装饰物件搭配鲜花作装饰,称之为综合造型。装饰物件的材质、造型没有固定的要求,但一定要符合主题,能够在一定程度上反映创意的故事内容,以便于人们的联想。如壮族地区的民俗宴可以选择当地特色的风雨桥、木棉花、壮族小人偶等装饰物;西方的复活节宴则可以使用可爱的小兔子、彩蛋等来进行装饰。例如,在一个名为"金玉满堂"的主题宴会上,设计师选择在金鱼缸底座进行插花,鱼缸里养着几条金色和红色的小金鱼,因为"金鱼"与"金玉"谐音,文化性和艺术性同时在一个主题插花中得到体现。还可在花卉上放置蝴蝶装饰品,显得更加灵动。

　　各种现代科技手段也应用于宴会设计,最常见的就是声、光、电的使用。有些主题还应用了水来造景,这个水可以是真正的水也可以是用镜面、玻璃或者水状树脂仿造出来的水,甚至可以通过微型马达实现流水瀑布景观。在装饰物中增加烟雾效果也可以营造宴会氛围。例如,将干冰添置在事先密闭的容器(台面中心装饰物的一个组成部分)中,待宾客入座后再揭开盖子,干冰与空气接触即可产生云雾缭绕的效果(最多持续几分钟)。

　　宴会装饰物件的选择也要充分考虑地方民俗。比如唐三彩,它是中国唐代特有的陶瓷工艺,但在唐代主要是用作陪葬器皿,因此不适合用作宴会台面装饰。在中国人的文化观念中,对着观音像、鬼神木偶、菊花等物品用餐是令人毛骨悚然的。而西方的鬼节——万圣节则乐于将各种骷髅、幽灵、怪物的形象放在餐桌上。宴会花台造型如图 5-16 所示。

　　(3)用食物来装饰:最常见的做法是将可直接食用的各种水果摆入精美的果盘或食盒中,既可观赏又可食用,摆放时要充分考虑整体的造型和色彩搭配等美学问题。除了水果,还有酒瓶、糖果、五谷杂粮等。这种手法对主题的表达性不强,比较抽象,可与一些有具象形象的小装饰物进行搭配,开发其更细腻的主题含义。例如,用一款淡金色美人鱼造型的酒篮来盛放一瓶来自沿海产区的名贵葡萄酒,旁边摆放着几串诱人的紫红葡萄和一串洁白的珍珠,底下铺设一层带褶皱效果的普蓝色水晶纱来代表海洋。显然,这瓶酒便是今天这场宴席的主角,非常适合葡萄酒品鉴会的宴会氛围。

　　(4)用各种食品造型来装饰:常见的有果蔬雕、黄油雕、巧克力雕、冰雕、面塑、翻糖蛋糕等。使用这种方法进行装饰必须注意雕塑造型应形象逼真、立意明确,能够折射宴会的主题,营造一种特殊的气氛,既能给人一种美的享受又能充分展示厨师的高超技艺。

　　随着现代工艺技术的发展,3D 打印、激光雕刻、定制电脑刺绣、磁悬浮、定制的树脂模型和图案个性化印染已走进大众的生活,通过网上购物商城可以找到许多提供相关制作服务的卖家,帮助宴会设计师实现各种台面装饰物的创意设计。

图 5-16　宴会花台造型

❻ **宴会的台号牌(主题牌)、牙签套、筷套、席位卡布置与装饰**　主题宴会的台号牌(主题牌)、牙签套、筷套、席位卡等平面设计品对宴会不仅有点缀和推销作用,而且还是主题宴会的重要标志,可以反映不同宴会的情调和特色,因此宴会的服务人员必须根据宴会的主题进行精心设计。

(1)台号牌(主题牌)(图 5-17):台号的作用是标明本餐台的序号,便于宾客查找自己的座位,因此台号牌应该由高度在 60 厘米左右的细杆支起,并且双面打印醒目的台号,周围可以使用与主题吻合的装饰图案元素,但不可影响观看台号数字。主题牌应放在餐台的中心装饰物附近,用于标明宴会主题,它作为中心装饰物的一部分,非常注重装饰性。单桌的宴会不需要台号牌,仅放置主题牌,多桌宴会如设置了台号牌,一般不需要再放置主题牌,也可将主题牌和台号牌合二为一。

图 5-17　台号牌(主题牌)

(2)牙签套和筷套:是中餐特有的纸质设计品,筷套的设计有全套款、半套款、纸圈款等。普通中低档次的宴会一般使用带有酒店标志的常备品,高档宴会则会专门定制带有宴会主题名称的设计品,要求装饰图案和色彩要与宴会主题高度吻合。需要注意的是,牙签套和筷套并非必需品,现代国际宴会通常不主张使用纸质的用具包装。

(3)席位卡(图 5-18):席位卡是便于宾客找到座位的一种卡片。有些宴会会为宾客定制席位卡,这不仅便于宾客找到座位,还可以作为宴会礼物送给宾客,让宾客感受酒店贴心的服务。

图 5-18　席位卡

❼ **宴会餐椅的布置**　宴会台面设计不仅是针对餐桌的设计,设计师也经常使用椅套来改变餐椅的色彩和风格,使其与整体相协调;也可以对餐椅进行适当的装饰,与餐桌形成一个和谐的整体。宴会餐椅的布置如图 5-19 所示。

图 5-19　宴会餐椅的布置

(二)美化宴会台面

美化宴会台面的方法主要包括鲜花造型、餐具造型、饰品造型、食物造型、台布造型、台裙造型等。

❶ **鲜花造型**

(1)造型形式:鲜花造型的主要形式包括插花、花坛和花簇。

①插花：将玫瑰、月季、百合等鲜花按照一定的艺术构思插在花瓶、花篮等容器中，并摆成优美的造型，可以很好地传达出宴会主题，传递出特定的情感，使人赏心悦目。

②花坛：花坛一般被摆放在宴会大圆桌的台面中心，以便宾客观赏。花坛的制作方法如下：首先，在圆桌的桌面中央铺设绿色的棕榈叶等作为衬底，为花坛的造型定调，可摆成圆形、椭圆形、新月形等。然后，沿着衬底延伸出来的部分，摆放一些不同颜色的花蕾、碎花等作为点缀。

③花簇：为了装饰长桌台面，宴会设计人员通常在长桌的中间部分用树叶、鲜花等摆成长形花簇。以花簇做造型既可以美化台面，又可以遮挡对面宾客的剩余食物，起到分隔空间的作用。

(2)造型原则。

①风格协调：鲜花的品种、造型、色彩等要与宴会的类型、风格、主题、场景、餐台布置等协调统一，这样才能让鲜花造型与整体宴会氛围相得益彰。

②造型美观：在进行鲜花造型时，要尽量选用真花，不要使用仿真花，由于台面与宾客距离较近，用仿真花会影响宾客的兴致。此外，盛放鲜花的容器应与鲜花的颜色、造型、风格相适应，最好采用精致优雅的陶瓷容器，不宜采用玻璃容器，以免影响宾客的视觉体验。

③尺寸适当：一般来说，鲜花造型的尺寸不宜超过餐桌面积的1/3，高度为25～30厘米。尺寸过大的鲜花造型会遮挡宾客的视线，不利于宾客交谈；同时也会遮盖席面，影响菜品摆放。此外，在宴会前应当检查其清洁卫生状况，清理腐烂的鲜花和叶片。

④尊重习俗：不同国家、民族的宾客可能会对同一种鲜花的寓意产生不同的理解。例如，菊花是日本的国花，但是在欧洲却被用于葬礼。因此，在选用台面鲜花时，需要尊重宾客的习俗，合理选用鲜花。

❷ 餐具造型

(1)餐具的分类：宴会餐具按材质主要可分为金属器餐具和瓷器餐具。

①金属器餐具：金属器餐具主要有银质餐具、不锈钢餐具等，也有一些现在比较少见的餐具，如金质餐具、青铜餐具、铝质餐具等。

银质餐具是指材质为银或表面镀银的餐具，在高档的西式宴会中较为常见。由于纯银餐具导热快、质地软、易被氧化，使用起来不方便，且需要经常保养，因此，市面上大部分银质餐具是镀银餐具。在摆放银质餐具时，需要戴白手套，避免在餐具上印上指纹。

不锈钢餐具的外形与银质餐具相似，但是更加耐磨、卫生，而且不易被氧化、造价更低，因此常被用于各种类型的宴会。

②瓷器餐具：瓷器餐具起源于中国，其历史悠久，品种繁多，花色优美，曾一度成为欧洲贵族财富和地位的象征。瓷器餐具按用途可分为碟、盆、盘、碗、杯、勺、匙、盂、壶、托等。宴会设计人员可对其色彩、图案、形状等进行个性化设计，以突出宴会主题。

(2)造型原则。

①符合宴会性质：宴会设计人员应根据宴会的档次、主题、风格等来选择不同材质和造型的餐具。例如，在高档的西式宴会中，适合采用银质餐具，以突显宴会档次；在中式婚宴中，通常选用带有龙、凤、鸳鸯、蝴蝶等花纹的陶瓷餐具，以突出婚庆主题；在明清宫廷风情宴中，一般使用金质餐具或金黄色瓷器餐具，以展现华丽、高贵的主题。

②符合菜品特征：a.餐具的类型要与菜品的种类相适应。例如，在龙虾宴中，应配备鱼叉、鱼刀、龙虾签、白脱盆、白脱刀和净手盅等专用餐具。b.餐具的形状要与菜品的样式相适应。例如，果蔬拼盘造型一般选用扇形盘、椭圆形盘、菱形盘等。c.餐具的色彩要与菜品的色泽相适应。色彩单一的菜品可以用带花边的餐具盛放，色彩丰富的菜品则应当使用白色或浅色餐具盛放。

③符合审美：餐具的造型要符合宾客的审美，做到简洁大方、优雅高贵。不宜采用过于花哨的图案、色彩，但是可以在细节处进行精心设计和处理，以展现其艺术美感。此外，同一餐桌的餐具要做到规格、档次、质地、花纹、形状、颜色一致，不能参差不齐。

❸ **饰品造型** 饰品造型主要包括雕塑造型、剪纸造型、摆件造型。也可以根据宴会类型选用一些小饰品,如气球、玩偶等。

(1)雕塑造型:可以在台面上摆放果蔬雕、黄油雕、面团塑、冰雕等类型的雕塑,用于丰富台面内容,刺激宾客的食欲。在对雕塑进行设计和造型时,需要考虑宴会主题、原料特点、风俗习俗等因素。

①雕塑所展现出来的形象和寓意要符合宴会主题,如寿宴上的寿星和仙桃食雕。

②雕塑的原料是创作的基础,要根据原料的色彩、形态、软硬程度等设计出立体、半立体或平面雕塑。

③雕塑的形象应符合当地风俗习惯。一般来说,宜选择具有吉祥寓意的形象,如龙、凤、喜鹊、鲤鱼、仙鹤、老寿星等,不宜选择凶猛或带有贬义色彩的形象,如狼、虎、鼠、蛇等。

(2)剪纸造型:剪纸艺术属于中国传统非物质文化遗产,在宴会中使用,可增加宴会台面的美观性。例如,在中式婚宴中,用红纸剪出"龙凤呈祥""鸳鸯戏水""夫妻对拜"等样式的艺术造型,搭配彩纸拉花、餐巾花等,可以很好地烘托喜庆、热闹的气氛。

(3)摆件造型:宴会设计人员可以根据不同宴会的特征,在台面上摆放合适的摆件。例如,在家宴中,可以摆放造型精美的金鱼缸,给台面增添一丝生机与趣味;在涉外政务会谈中,可以摆放双方国旗、国徽等,以表示友好和尊重;在文艺宴会中,可以摆放青瓷花瓶、香炉等,以显示宴会宾客的高雅品位。

❹ **食物造型** 在部分高档宴会中,通常会在餐前准备一些凉菜、席点、果蔬拼盘等,以供宾客食用。宴会设计人员通过精心设计这些食物的造型,同样可以达到美化台面的目的。

(1)菜品造型:将凉菜拼盘制作成各种图案或形状,使其色、香、味俱全,可以带给宾客视觉、嗅觉、味觉三重享受。例如,在制作创意冷荤拼盘时,可将切成薄片状的番茄在菜盘边缘围成一圈,然后在里面依次呈环状摆放卤牛肉片、毛肚片等,最后在菜盘中央用洋葱瓣摆放莲花造型,并在中间摆放凉菜蘸料。

(2)席点造型:对蛋糕、饼干、冰激凌等席点进行艺术造型设计,可以给宾客带来耳目一新的感觉。例如,在饼干上制作各种兔子的形态,可让宾客顿生好感。

(3)果品造型:对水果、蔬菜等进行颜色搭配、切片拼凑,构造出色彩绚丽、形态多样的摆盘艺术品,既可观赏,又可食用。例如,将猕猴桃、苹果、柠檬、草莓等进行艺术摆盘,可以摆出"凤栖梧桐"主题的果盘。

❺ **台布、台裙造型**

(1)台布造型:台布是指铺设在宴会台面上,防止台面污染、增加台面美感的物品。宴会设计人员需要根据宴会的主题、档次、环境等选用适宜的台布(包括颜色、形状、材质和规格)来装饰餐台。

台布通常以白色为主,其他常见的颜色有浅黄色、大红色、浅棕色等。设计人员应根据具体情况选择合适的台布颜色。例如,在中式婚宴中,通常选用红色或黄色台布;在西式正式宴会中,通常选用白色、浅黄色或浅褐色台布。

台布的形状主要有正方形、长方形和圆形三种,分别适用于方桌、长桌和圆桌。

在高档宴会中,通常采用质地厚实、富有光泽、外观华美的织锦台布,并在下方增设防滑、吸水、触感舒适的台布垫,以减轻餐具与台面的摩擦和碰撞。

(2)台裙造型:台裙是指围在餐台四周,遮挡餐台底部,用以装饰和突出台面,表现庄重、高雅的餐台风格的物品。高档宴会的餐台、酒吧台、服务台、展台等都必须围上台裙。

台裙通常有丝绒、绸缎等材质,颜色较台布更深,常为暗红色、深棕色、深蓝色等。台裙可以使餐台整体颜色由浅入深,自然地过渡到地面。台裙造型一般有波浪形、手风琴形、盒形等。台裙还可以附加一些装饰物,如流苏、蕾丝花边、蝴蝶结等。

任务实施

设计一份生日宴会台面，并进行作品展示。

1. 任务情景

某酒店承接了一场生日宴会，该生日宴会的相关信息如下：①该寿星为一位蜚声海内外的百岁艺术大师；②该寿星是中国古典文化爱好者；③参与宴会的人数达200人。

2. 任务要求

(1)学生自由分组，每组6~8人，并推选出小组长。

(2)每个小组根据宴会台面设计的原则、步骤和方法对主题宴会台面进行设计，小组成员讨论台面命名，准备所需物品。

(3)分组进行设计作品展示，介绍主题设计思路。

3. 任务评价

在小组演示环节，主讲教师及其他小组依据既定标准，对演示内容进行综合评价。

评价项目	评价标准	分值/分	教师评价(60%)	小组互评(40%)	得分
知识运用	了解宴会台面设计的要求、原则、步骤和方法	30			
技能掌握	主题台面设计符合要求、步骤清晰、方法正确	30			
成果展示	台面设计作品主题明确、创意新颖独特、具有时代感；设计作品突出主题，设计作品外形美观，具有观赏性；台面用品颜色、规格统一，整体美观，具有强烈艺术美感，设计具有可推广性	30			
团队表现	团队分工明确，沟通顺畅，合作良好	10			
合计		100			

同步测试（课证融合）

一、选择题

1. 宴会台面设计的作用不包括（　　）。
   A. 体现艺术美感　　B. 展示宴会主题　　C. 烘托宴会气氛　　D. 显示宴会档次

2. 宴会台面设计的原则不包括（　　）。
   A. 美观独特　　　　B. 安全卫生　　　　C. 使用便利　　　　D. 色彩斑斓

3. 食物造型的形式不包括（　　）。
   A. 菜品造型　　　　B. 席点造型　　　　C. 果品造型　　　　D. 雕塑造型

4. 青松白鹤象征的是什么？（　　）
   A. 喜迎嘉宾　　　　B. 佳偶天成　　　　C. 庆祝长寿　　　　D. 向往和平

5. 用鲜花、绢花、盆景、花篮以及各种工艺美术品和雕刻物品布置餐桌，称为（　　）。
   A. 餐台　　　　　　B. 花台　　　　　　C. 看台　　　　　　D. 月台

二、判断题

1. 宴会台面设计只需要将宴会台面用品进行合理摆设即可，不需要进行装饰点缀。（　　）

2.台布也称桌布,将其铺设到桌面上可起到保洁、装饰和方便服务的作用。( )
3.宴会的口布折花不仅能够起到装饰美观的作用,同时也能够通过摆放位置来标示出主位和客位。( )
4.杯花是将餐巾布插入杯中,餐巾布上的毛尘极易落入酒杯,会造成卫生问题。( )
5.宴会花台的装饰物必须紧密围绕宴会的主题意境来展开设计。( )

三、简答题
1.简述宴会台面设计的步骤和方法。
2.简述鲜花造型的形式和原则。

任务二 摆台流程设计

教学资源包

任务引入

2001年,上海锦江集团承办了APEC会议的欢迎宴会,宴会在上海国际会议中心举行。宴会厅墙面以绿色为主色,以浅柚木色(门与框)为辅色,青绿色的玻璃屏风把宴会厅隔成过渡区与用餐区,宴会厅内用豌豆绿色的地毯和餐桌布,丝绒裙边以墨绿色中国结点缀,筷套和口布圈以绿色中式盘扣为主。宴会厅中放置了一张直径为7.5米的大餐桌,餐桌上摆放了由慧兰花和粉红色玫瑰组成的鲜花造型。

宴会以绿色为主色,粉色为辅色,与宴会主题相吻合,映入眼帘的绿色给人一种立体层次感。餐具选择中式银器,以手工打造的13寸银麻点看盘,配以三角形银筷架、乌木银头块、银勺、半圆形毛巾碟;刀叉选用意大利品牌,华丽精致;玻璃器皿选择德国品牌的肖脱、滋维泽尔无铅水晶杯,晶莹剔透;瓷器选用唐山泊金边白色骨质瓷;装饰盘选用景德镇青花盘;口布、筷套的布口、布圈均采用粉色布镶装中式盘扣;菜谱用红木架子做底座,玻璃上刻着英文菜单,再往上是古色古香的卷轴,展开是由书法家书写的中文菜单。

请同学们带着以下问题进入任务的学习:
1.摆台前的准备工作有哪些?
2.摆台用具有哪些?

知识讲解

在宴会开始前,工作人员会进行宴会台面的摆台操作,将餐椅、台布、餐具等按照设计方案依次摆放,以便宾客就座用餐。中式宴会和西式宴会差异较大,宴会设计人员需要按照不同的步骤和规范对两种宴会进行摆台设计。

一、中式宴会摆台流程

(一)摆餐椅

中式宴会一般选用圆形木桌,并搭配中式高背餐椅。在实际设计中,根据餐桌大小和宴会档次,每位宾客所占餐桌圆弧边长应为0.6~0.85米。摆放餐椅时,从第一主人位开始,按顺时针方向依次摆放。四条桌腿正对大门的方向,避免主人与桌腿磕碰。餐椅应正对餐位摆放,间距适宜且相等,餐椅的前端与桌边平行,椅座边沿刚好靠近下垂台布,餐椅摆放呈圆形,或呈"三三两两"式(图5-20),即南北方向各呈一字形摆放三把椅子,东西方向也各呈一字形摆放两把椅子。

图 5-20 "三三两两"式

(二)铺台布

中式宴会铺台布一般分四步进行：第一步，确定站位。工作人员在铺台布前洗净双手。根据宴会的主题、桌子的形状和大小选用合适颜色、质地、规格的台布。在确定台布干净、整洁后，将座椅拉开，站在副主人位置处，将折叠好的台布放于铺设位的台面上。第二步，拿捏台布。工作人员右脚向前迈一步，上身前倾，将折叠好的台布从中线处正面朝上打开，两手的大拇指和食指分别夹住台布的一边，其余三指抓住台布，使其均衡地横过台面。此时台布呈三层，两边在上，用拇指与食指将台布的上一层掀起，中指捏住中折线，稍抬手腕，将台布的下一层展开。第三步，撒铺台布。工作人员将抓起的台布采用撒网式、抖铺式或推拉式的方法抛向或推向餐桌的远端边缘。在推出过程中放开中指，轻轻回拉至居中，做到动作熟练、用力得当、干净利落。第四步，落台定位。台布抛撒出去后，落台平整、位正，做到一次铺平定位。台布平整无皱纹，保证中间的十字折纹交叉点正好位于餐桌圆心，中线凸缝朝上并正对主位，台布四角下垂并与桌腿平行，下垂部分长度为 20～30 厘米。此外，在一些中高档宴会上，还可多铺设一层深色台布垫或围上美观、精致的台裙。

(三)摆转盘

根据需要摆放转盘。工作人员在摆转盘时，需要先在餐桌中心架设转盘底座，再将转盘竖起，双手握住转盘，将其滚放在底座上。注意轻拿轻放，将转盘圆心与台面中心、转盘底座中心重合。摆好转盘后，要转动并检查转盘是否灵活。

(四)摆餐具

首先，要根据宴会的主题、菜品、人数等，准备相应种类和数量的餐具；其次，采用"骨碟定位法"，先确定骨碟位置，再按先左后右、先里后外、先中间后两边的顺序依次摆放其他餐具。中式宴会餐具摆放如图 5-21 所示。

❶ **摆骨碟** 骨碟又称骨盆、骨盘，供宾客放置用餐时产生的垃圾。一般宴会只需要摆放骨碟，而在高档宴会中，通常会在骨碟下摆放垫碟或展示盘。摆放骨碟时，工作人员应从主位开始，按照顺时针方向依次摆放。碟与碟之间距离相等，碟边距离桌边 1～2 厘米（视餐台尺寸而定），骨碟上的花纹、图案要正对着宾客。

❷ **摆筷架、筷子、汤匙** 筷架应摆放在骨碟的右前方，并与骨碟的上边缘齐平。不带筷套的筷子应摆放在筷架上，筷子上的图案或字要朝上对正摆放，筷尖超出筷架 4～5 厘米，筷子末端距离桌

图 5-21 中式宴会餐具摆放

边1～2厘米,带筷套的筷子应摆放在筷架右边,筷身距离骨碟1～3厘米。汤匙要摆放在筷子左边,距骨碟1厘米左右。

❸ **摆酒具** 中式宴会的酒具一般由水杯、红酒杯、白酒杯组成,三只杯子应横向呈一条直线。红酒杯应摆放在骨碟正前方,且酒杯的底托边缘距骨碟1～2厘米,水杯摆放在红酒杯左侧,白酒杯摆放在红酒杯右侧,各酒具杯口之间的距离约为1厘米。

❹ **摆汤碗、汤勺、公用餐具** 汤碗应摆放在红酒杯正前方1厘米处,使汤碗、红酒杯、骨碟的中心在一条线上。汤勺应置于汤碗内,勺柄朝右。公用餐具(如公筷、公用碟、公用勺等)应摆放在正、副主人的正前方,与汤碗的距离不小于2.5厘米。同时,应分别在餐桌另一端摆放一套公用餐具,使四套公用餐具呈十字形摆放。牙签盅应摆放在公用餐具右侧。椒盐瓶应摆放在主宾右前方,并在对面摆放酱料、醋壶等。

❺ **摆餐巾花** 餐巾花具有卫生保洁、装饰美化席面、表达传递情谊、标示主宾座位等作用。可将餐巾折叠成栩栩如生的花草、鸟兽等,放置于水杯中或骨碟上,以点缀和美化台面,活跃宴会的气氛,给宾客以美的享受。餐巾花的造型应符合宴会气氛和主题,摆放时应将观赏面朝向宾客。

餐巾折花的花型选择要考虑以下几种因素的影响:一是宴会性质。如婚礼可用玫瑰花、并蒂莲、鸳鸯、喜鹊等花型;祝寿可选用仙鹤、寿桃等花型;圣诞节可选用圣诞靴和圣诞蜡烛等花型。二是宴会规模。大型宴会可选用简单、快捷、美丽的花型,且种类不宜过多,每桌可选主位花型和来宾花型两种。小型宴会可在同一桌上使用不同的花型,形成多样又协调的布局。三是风俗习惯。如美国人喜欢山茶花,忌讳蝙蝠;日本人喜爱樱花,忌讳荷花、梅花;法国人喜欢百合,讨厌仙鹤;英国人喜欢蔷薇、红玫瑰,忌讳大象、孔雀。四是宗教信仰。如果宾客信仰佛教,宜选择植物类、实物类花型;如果是信仰伊斯兰教,则不能用猪的花型。五是主宾席位。宴会主人座位上的餐巾花称为主花,主花要选择美观而醒目的花型,且应高于其他席位的花型,目的是突出主位。六是时令季节。春天可用迎春、春芽等花型,夏天宜选用荷花、玉米花等花型,秋天宜选用枫叶、海棠、秋菊等花型,冬天则可选用冬笋、仙人掌等花型。七是冷盘图案。如用荷花为主题的宴会,应配以花类的折花,营造百花齐放的氛围;以海鲜为主题的宴会,则可配以各种鱼虾造型的餐巾花。八是宴会环境。开阔高大的厅堂,宜用花、叶和形体高大的品种;小型包厢则宜选择小巧玲珑的品种。餐巾的颜色要和台面的色彩和席面的格调相协调。九是工作状况。工作较闲、时间充裕,可折叠造型复杂的花型;客人较多、时间紧凑,可折叠造型较简单的花型。

(五)摆台号牌、席位卡、菜单

摆台号牌一般摆放在每张餐桌的下首处或朝向宴会厅的入口处,以便宾客看到。正式宴会的主桌或大型宴会的餐桌都要摆放席位卡,一般应选用双面席位卡,放置于酒具外1厘米处。菜单的摆放应根据宴会人数、档次确定,一般10人以下的餐桌应摆放两张菜单,分别置于正、副主人位的左侧,12人以上的餐桌应摆放四张菜单,并呈十字形摆放。

(六)美化餐台

在完成餐台的基本布置之后,应当对餐台进行适当美化。可以在餐台中央摆放花篮、雕塑、剪纸等作为装饰,以美化餐台,带给宾客视觉享受。

二、西式宴会摆台流程

(一)摆餐椅

一般而言,西式宴会的餐椅以两边对齐的形式摆放,以便餐桌两边的宾客交谈。但餐桌宾客为奇数时,也可选用交错形式摆放,使视野更加开阔。在摆放餐椅时,每个餐位的最小宽度为60厘米,餐椅与台布下垂部分的间距约为1厘米。西式宴会餐椅摆放如图5-22所示。

图5-22 西式宴会餐椅摆放

(二)铺台布

一般先在餐台上铺设一层法兰绒台布垫,再将台布直接铺在台布垫上。铺设长桌时,工作人员应站在餐台长边一侧,将台布打开,使台布中缝凸面朝上,然后捏住台布另一侧,将中缝调整至居中,并使台布四周下垂的部分长度相等。在需要将台布拼接铺设时,应当使所有台布中缝的方向一致,各台布相接边缘要重叠,避免露出台面,台布下垂部分长度应相等。

(三)摆餐具

❶ **摆展示盘(看盆或装饰盘、服务盘)、面包盘、黄油碟** 摆展示盘(看盆或装饰盘、服务盘)时,工作人员应用右手四指轻轻抬起展示盘,从主位开始,按顺时针方向依次将展示盘摆放在每个餐位的正前方,展示盘边缘距桌边约2厘米。面包盘应摆放在展示盘左侧10厘米处,且与展示盘中心轴对齐。黄油碟应摆放在面包盘右前方,左侧边缘与面包盘的中心轴相切。

❷ **摆刀、叉、匙** 在展示盘右侧由近及远,依次摆放主餐刀、鱼刀、汤匙、冷菜刀,刀刃均朝左;在展示盘左侧由近及远,依次摆放主餐叉、鱼叉、冷菜叉,叉面均朝上。刀、叉、匙的柄端都应与餐台边缘垂直,且相互平行,间距约为0.5厘米。

甜品叉和甜品匙应平行摆放于展示盘前方,并使叉柄向左、匙柄向右,叉柄、匙柄、展示盘两两间距均为1厘米。

此外,黄油刀应当摆放在面包盘右侧1/3处,刀尖距黄油碟约3厘米。

❸ **摆酒具** 水杯应摆放在主餐刀前方约5厘米处,杯底中心在主餐刀中心轴上。红酒杯和白酒杯依次摆放在水杯右后方,与酒杯杯底中心连成一条直线,并与餐台边缘成45°角,杯壁间距约为1厘米。

(四)摆附加用具

❶ **摆餐巾花** 餐巾花摆放在展示盘内,其造型应优雅、美观,观赏面朝向宾客。

❷ **摆花饰** 在餐台的正中央摆放花坛、花簇等,作为餐台的主要装饰品。

❸ **摆烛台** 一般在餐台的中线上摆放两个烛台,分别位于餐台中央花簇、花坛两端的20~30厘米处。

❹ **摆牙签盅** 牙签盅应摆放在餐台中心线上,距烛台约10厘米。

❺ **摆胡椒瓶、盐瓶** 胡椒瓶和盐瓶应并排摆放在餐台中心线上,距牙签盅2厘米,两瓶相距约1厘米。

❻ **摆烟灰缸** 烟灰缸应置于胡椒瓶、盐瓶外侧约2厘米处。对于宾客较多的餐台,可以每隔2~3人摆放一个烟灰缸。

> **任务实施**

同步案例

设计一份中式婚宴的台面摆台方案,并进行作品展示。

1.任务情景

某酒店承接了一场婚宴,该婚宴的相关信息如下:①有100名宾客参加;②餐桌为圆桌,每桌可容纳10名宾客;③以海鲜和山珍为主菜;④两位新人希望台面具有浓浓的中国古典风情,并突出主桌。

2.任务要求

(1)学生自由分组,每组6~8人,并选出小组长。

(2)每个小组成员各自寻找资料,了解中式婚宴的摆台步骤与规范,并参考其他摆台方案,为该酒店设计一份中式婚宴摆台方案。

(3)各小组准备实训物品。

(4)各小组在实训室展示设计作品,并选1人进行讲解。

3.任务评价

在小组演示环节,主讲教师及其他小组依据既定标准,对演示内容进行综合评价。

评价项目	评价标准	分值/分	教师评价(60%)	小组互评(40%)	得分
知识运用	掌握中式宴会摆台技法	30			
技能掌握	摆台方案具有针对性、合理性、可操作性	30			
设计作品展示	婚宴台面设计作品创意新颖独特、具有时代感,设计作品突出婚宴主题,设计作品外形美观、具有观赏性,台面用品颜色、规格统一,整体美观、具有强烈艺术美感,设计具有可推广性	30			

续表

评价项目	评价标准	分值/分	教师评价(60%)	小组互评(40%)	得分
团队表现	团队分工明确,沟通顺畅,合作良好	10			
合计		100			

扫码看答案

➡ 同步测试(课证融合)

一、选择题
1. 规范摆台,宾客所占的餐桌圆弧边长一般为(　　)。
   A. 60~70厘米　　B. 60~80厘米　　C. 60~85厘米　　D. 60~100厘米
2. 在展示盘右侧由近及远,应依次摆放(　　)。
   A. 汤匙、冷菜刀、鱼刀、主餐刀　　　　B. 主餐刀、鱼刀、汤匙、冷菜刀
   C. 主餐刀、汤匙、冷菜刀、鱼刀　　　　D. 汤匙、冷菜刀、主餐刀、鱼刀
3. 中式宴会餐椅摆放采用均匀摆放法摆放时,餐椅型呈(　　)。
   A. 圆形　　　　B. 方形　　　　C. 三角形　　　　D. 随意形状

二、判断题
1. 中式宴会座椅采用三三两两方式摆放使餐椅型呈圆形。　　　　　　　　　　　　(　　)
2. 中式宴会餐具的摆放采用"骨碟定位法",按照先左后右、先里后外、先中间后两边的顺序依次摆放其他餐具。　　　　　　　　　　　　　　　　　　　　　　　　　　　　　　(　　)
3. 宴会中骨碟正对着餐位,碟与碟之间的距离相等,碟边距桌边1~2厘米。　　　　(　　)
4. 中式宴会中水杯、红酒杯和白酒杯的摆放位置为:红酒杯摆放在骨碟正前方,水杯在红酒杯左侧,白酒杯在红酒杯右侧。　　　　　　　　　　　　　　　　　　　　　　　　　　(　　)
5. 西式宴会胡椒瓶和盐瓶应并排摆放在餐台中心线上,距牙签盅2厘米,两瓶相距约1厘米。
　　　　　　　　　　　　　　　　　　　　　　　　　　　　　　　　　　　　　(　　)

三、简答题
1. 如何进行中式宴会摆台?
2. 西式宴会铺设台布应注意哪些问题?

➡ 课赛融合

中餐宴会设计创意主题

从以下三类宴会中任选一类,自定主题,完成主题宴会设计,包括菜单设计、主题创意说明书等。现场完成8人宴会台面的布置。

(一)商务类宴会
企业团体或组织由于商务洽谈、协议签署、企业庆典等活动需要而举行的宴请活动。

(二)家庭类宴会
亲朋好友因为庆祝、纪念订婚、结婚、生日、升学等原因而举行的宴请活动。

(三)政务类宴会
政府或其他社会组织由于欢迎、招待、答谢等原因而举行的比较正式的宴请活动。

评价标准

主题宴会设计模块评分表

序号	M＝测量 J＝评判	标准名称或描述	权重	评分
B1 仪容仪态 （2分）	M	制服干净整洁,熨烫挺括合身,符合行业标准	0.2	Y|N
	M	工作鞋干净,且符合行业标准	0.2	Y|N
	M	具有较高标准的卫生习惯;男士修面,胡须修理整齐;女士淡妆	0.2	Y|N
	M	身体部位没有可见标记;不佩戴过于醒目饰物;指甲干净整齐,不涂有色指甲油	0.2	Y|N
	M	合适的发型,符合职业要求	0.2	Y|N
	J	0 所有工作中的站姿、走姿标准低,仪态未能展示工作任务所需的自信 1 所有工作中的站姿、走姿一般,进行有挑战性的工作任务时仪态较差 2 所有工作中的站姿、走姿良好,表现较专业,但是仍有瑕疵 3 所有工作中的站姿、走姿优美,表现非常专业	1.0	0 1 2 3
B2 宴会摆台 （9分）	M	巡视工作环境,进行安全、环保检查	0.1	Y|N
	M	检查服务用品,工作台物品摆放正确	0.1	Y|N
	M	台布平整,凸缝朝向正、副主人位	0.3	Y|N
	M	台布下垂均等	0.3	Y|N
	M	装饰布平整且四周下垂均等	0.2	Y|N
	M	从主人位开始拉椅	0.2	Y|N
	M	座位中心与餐碟中心对齐	0.2	Y|N
	M	餐椅之间距离均等	0.2	Y|N
	M	餐椅座面边缘与台布下垂部分相切	0.2	Y|N
	M	餐碟间距离均等	0.2	Y|N
	M	相对餐碟、餐桌中心、椅背中心五点一线	0.3	Y|N
	M	餐碟距桌沿1.5厘米	0.1×8	Y|N
	M	餐碟拿碟手法正确、卫生(手拿餐碟边缘部分)	0.1	Y|N
	M	味碟位于餐碟正上方,相距1厘米	0.1×8	Y|N
	M	汤碗位于味碟左侧,与味碟在一条直线上,汤碗、汤勺摆放正确、美观	0.1	Y|N
	M	筷架摆在餐碟右边,位于筷子上部三分之一处	0.2	Y|N
	M	筷子、长柄勺搁摆在筷架上,长柄勺距餐碟距离均等	0.2	Y|N
	M	筷子的筷尾距餐桌沿1.5厘米,筷套正面朝上	0.1×8	Y|N

续表

序号	M＝测量 J＝评判	标准名称或描述	权重	评分
B2 宴会摆台 （9分）	M	牙签位于长柄勺和筷子之间，牙签套正面朝上，底部与长柄勺齐平	0.1	Y|N
	M	葡萄酒杯在味碟正上方2厘米	0.2	Y|N
	M	白酒杯摆在葡萄酒杯的右侧，水杯位于葡萄酒杯左侧，杯肚间隔1厘米	0.1×8	Y|N
	M	三杯成斜直线	0.2	Y|N
	M	摆杯手法正确、卫生（手拿杯柄或中下部）	0.2	Y|N
	M	使用托盘操作（台布、桌裙或装饰布、花瓶或其他装饰物和主题名称牌除外）	0.2	Y|N
	M	按照顺时针方向进行操作	0.2	Y|N
	M	操作中物品无掉落	0.3	Y|N
	M	操作中物品无碰倒	0.3	Y|N
	M	操作中物品无遗漏	0.2	Y|N
	J	0 操作不熟练，有重大操作失误，整体表现差，美观度较差，选手精神不饱满 1 操作较熟练，有明显失误，整体表现一般，美观度一般，选手精神较饱满 2 操作较熟练，无明显失误，整体表现较好，美观度优良，选手精神较饱满 3 操作很熟练，无任何失误，整体表现优，美观度高，选手精神饱满	1.0	0 1 2 3
B3 餐巾折花 （2分）	M	餐巾准备平整、无折痕	0.2	Y|N
	M	花型突出主位	0.2	Y|N
	M	使用托盘摆放餐巾	0.2	Y|N
	M	餐巾折花手法正确，操作卫生	0.4	Y|N
	J	0 花型不美观，整体不挺括，与主题无关，无创意 1 花型欠美观，整体缺少挺括，与主题关联低、缺少创意 2 花型较美观，整体较挺括，与主题有关联、有创意 3 花型美观，整体挺括、和谐，突显主题、有创意	1.0	0 1 2 3
B4 主题创意 设计 （3分）	M	台面物品、布草（含台布、餐巾、椅套等）的质地环保，符合酒店经营实际	0.2	Y|N
	M	台面布草色彩、图案与主题相呼应	0.1	Y|N
	M	现场制作台面中心主题装饰物	0.3	Y|N
	M	中心主题装饰物设计规格与餐桌比例恰当，不影响就餐客人餐中交流	0.2	Y|N
	M	选手服装与台面主题创意呼应、协调	0.2	Y|N

项目五　宴会台面设计

续表

序号	M=测量 J=评判	标准名称或描述	权重	评分
B4 主题创意 设计 (3分)	J	0 中心主题创意新颖性差,设计外形美观度差,观赏性差,文化性差 1 中心主题创意新颖性一般,设计外形美观度一般,观赏性一般,文化性一般 2 中心主题创意较新颖,设计外形较美观,具有较强观赏性,较强的文化性 3 中心主题创意十分新颖,设计外形十分美观,具有很强的观赏性及文化性	1.0	0 1 2 3
	J	0 整体设计未按照选定主题进行设计,整体效果较差,不符合酒店经营实际,应用价值低 1 整体设计依据选定主题进行设计,整体效果一般,基本符合酒店经营实际,具有一定的应用价值 2 整体设计依据选定主题进行设计,整体效果较好,符合酒店经营实际,具有较好的市场推广价值 3 整体设计依据选定主题进行设计,整体效果优秀,完全符合酒店经营实际,具有很好的市场推广价值	1.0	0 1 2 3
B5 菜单设计 (2分)	M	菜单设计的各要素(如颜色、背景图案、字体、字号等)与主题一致	0.2	Y|N
	M	菜品设计能充分考虑成本因素,符合经营实际	0.2	Y|N
	M	菜品设计注重食材选择,体现鲜明的主题特色和文化特色	0.2	Y|N
	M	菜单外形设计富有创意,形式新颖	0.2	Y|N
	M	菜品设计(菜品搭配、数量及名称)合理,符合主题	0.2	Y|N
	J	0 菜单设计整体创意较差,艺术性较差,文化气息较差,设计水平较差,不具有可推广性 1 菜单设计整体创意一般,艺术性一般,文化气息一般,设计水平一般,具有一般推广性 2 菜单设计整体较有创意,较有艺术性,较有文化气息,设计水平较高,具有较强的可推广性 3 菜单设计整体富有创意,富有艺术性,富有文化气息,设计水平高,具有很强的可推广性	1.0	0 1 2 3
B6 主题创意 说明书 (2分)	M	设计精美,图文并茂,材质精良,制作考究	0.5	Y|N
	M	文字表达简练、清晰、优美,能够准确阐述主题	0.2	Y|N
	M	创意说明书制作与整体设计主题呼应,协调一致	0.3	Y|N
	J	0 创意说明书结构较混乱,层次不清楚,逻辑不严密 1 创意说明书结构欠合理,层次欠清楚,逻辑欠严密 2 创意说明书总体结构较合理,层次较清楚,逻辑较严密 3 创意说明书总体结构十分合理,层次十分清楚,逻辑十分严密	1.0	0 1 2 3
合计			20	

注:上述案例和评价标准均源自全国职业院校技能大赛高职组赛项中"餐厅服务"主题宴会设计模块。

项目六

宴会服务设计

项目描述

宴会服务设计是宴会定制服务师依据宴会主题、形式、规格及顾客需求,结合宴会接待规范与酒店实际,制定详细、系统的服务流程。本项目设置了中式宴会服务设计、西式宴会服务设计两个任务。

项目目标

素养目标
1. 树立顾客至上、以人为本、敬业奉献的职业素养。
2. 培养创新意识,提高应变能力。
3. 树立关注细节、精益求精、追求卓越的工匠精神。
4. 在宴会服务中践行文明、敬业、诚信、友善的社会主义核心价值观。

知识目标
1. 熟知中式宴会服务前应组织准备的内容。
2. 熟知中式宴会服务设计的内涵。
3. 熟知中式宴会餐中服务的流程及标准。
4. 熟知宴会服务接待方案的内容。
5. 熟知西式宴会菜肴服务的内容及要求。
6. 熟知西式宴会酒水服务的流程及要求。

能力目标
1. 能够根据宴会主题和顾客要求设计合理规范的宴会服务流程。
2. 能够规范地完成宴会接待方案的撰写。
3. 能够具备设计西式宴会服务流程的能力。

知识框架

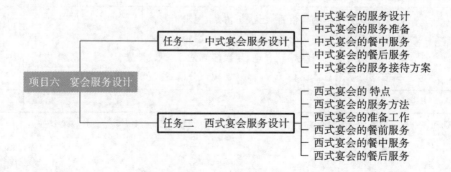

任务一　中式宴会服务设计

教学资源包

岗位要求：
宴会定制服务师

任务引入

一位客人为其母亲庆祝八十岁生日,在酒店预定了一间包房,当班经理给客人分配了南山厅包房,寓意寿比南山。这让客人非常惊喜。经理又问客人要了五张不同时期的老太太的照片,从年轻到儿孙满堂。当天,南山厅里的五个相框都换成了老太太的照片。老太太一进门,就感觉像回到了自己家一样。当宴会到达高潮时,酒店厨师在厅内煮长寿面,并把面端到老太太面前,这时酒店的一位专业主持人说道:"伴随着我们成长的,是母亲清晨忙碌的身影和那碗热气腾腾的炝锅面。老寿星,今天我们的厨师特意为您烹制了一碗长寿面,请您品尝,看看是否能勾起您为儿子煮面的温馨回忆。"老太太尝了一口,说:"你们怎么会知道我给孩子煮的面的味道?"此时,厨师缓缓摘下了口罩。老太太定睛一看,顿时愣住了,原来眼前这位穿着厨师服的人,正是她的儿子,他亲手为母亲烹制了这碗意义非凡的长寿面。这个时候南山厅里开始播放《烛光里的妈妈》,老太太抱着她的儿子哭得不能自已。这就是南山厅的故事。

请同学们带着以下问题进入任务的学习：
1. 此案例中,酒店从哪些方面着手为客人提供了不一样的服务?
2. 此案例给你带来了哪些启发?

知识讲解

一、中式宴会的服务设计

服务是整个宴会不可或缺的重要环节。宴会服务设计主要包括服务程序与服务标准的设计、服务方式的设计、席间音乐和活动的设计、个性化服务设计。

（一）服务程序与服务标准的设计

宴会的服务程序与服务标准的设计,就是设计宴会服务环节的先后顺序及时间安排,并确定每一具体环节的服务要求。宴会服务程序可分为宴会前准备、迎宾服务、就餐服务和宴会收尾工作。宴会性质、规格档次不同,服务标准也不同。如中式宴会与西式宴会的服务标准不同,政务宴、商务宴与家庭宴的服务标准不同。一般而言,宴请活动的规格档次越高,对服务的精细化和个性化要求也就越发严格。

（二）服务方式的设计

宴会的服务方式涵盖了服务人员优雅的站姿、从容的走姿,以及精心设计的上菜方式和细致入微的服务动作。宴会服务方式的基本要求是优美得体、符合礼仪。例如,内蒙古草原上的"王爷""王妃"为烤全羊进行送祝仪式、武汉恒大酒店宴会的楚庄王登殿致贺主题上菜秀、昆明中维翠湖宾馆"无问西东"主题宴会的中维礼官·维境入夜仪式、昆山金陵饭店的忆江南·最忆是昆山主题宴会等,给人一种赏心悦目的感觉,仿佛身临其境,令人难忘。

（三）席间音乐和活动的设计

宴会的席间音乐和活动设计取决于宴会的性质、主题,主办单位的要求,宴会厅设施设备的性能及整个宴会过程的安排。宴会的席间音乐和活动的形式主要有席间音乐、表演活动、自娱自乐等。

席间音乐是宴会必不可少的助兴工具。美味佳酿、优雅舒适的环境与优美动听的音乐相得益彰,烘托和升华了宴会的主旨,为客人带来了无与伦比的美的享受。选择宴会席间音乐时,首先,要与宴会主题相契合,如国宴上庄严的国歌演奏、婚宴上温馨的《婚礼进行曲》、生日宴上欢快的《祝你生日快乐》,以及中式宴会上充满民族风情的《茉莉花》《百鸟朝凤》等乐曲。其次,要与宴会的进程相一致,如迎宾时的《迎宾曲》、开席时的《祝酒歌》、席间的《步步高》和送客时的《欢送进行曲》;再次,需符合参宴者的音乐审美水平;最后,还要与宴会的环境相协调,注意民族特色和地方特色。

表演活动即根据主办方的需要,设计文艺表演、时装表演或音乐演奏等。文艺表演可以丰富多彩,如地方戏、小品、相声、快板、演唱、评书等,可配以小型乐队伴奏,演唱时可伴舞。时装表演则对宴会厅的场地、灯光、音响及布置有较高的要求。音乐演奏可针对宾客的欣赏水平和宴会主题,选择演奏爵士乐、古典音乐、民乐等,乐器可选择钢琴、小提琴、萨克斯管、手风琴、竖琴、琵琶、二胡、古筝等。表演活动需力求活泼轻松、多彩多姿、和谐流畅,既赏心悦目又充满乐趣,同时精心规划舞台布局、灯光效果及音响调控,确保这一切在不妨碍宴会核心环节,如进餐交流与致辞分享的前提下进行。

宴会期间,也可依据主办方需求,灵活安排多种多样的娱乐活动,诸如卡拉OK欢唱、趣味有奖竞猜、宾客即兴才艺展示及舞会等,以增添欢乐氛围。娱乐活动的设计精髓在于场地规划、灯光音响设备的完美融合,以及服务人员与服务流程的默契配合。

(四)个性化服务设计

个性化服务的基本含义是指为客人提供具有个人特点的差异性服务,使接受服务的客人有一种自豪感和满足感,从而赢得客人高度认同的一种服务行为。个性化服务强调时刻以客人为中心,主动洞察并满足其个性化需求与潜在困扰,迅速响应,力求给予客人超乎预期的惊喜与感动。

二、中式宴会的服务准备

中式宴会服务准备工作主要包括:客情信息准备、人员准备、物品准备、环境准备、宴会前的检查等内容。

(一)客情信息准备

掌握客情信息是进行宴会服务接待的基础和前提,所有的宴会设计环节都要以此为出发点,因此,在宴会前期需要与宴会主办方做好宴会需求信息的沟通和协调,并通过宴会预订确认函的形式做好客情信息的落实,为后续宴会接待服务奠定必要的基础。宴会的客情信息主要包括以下几项内容。

(1)八知道:知台数、知人数、知宴会标准、知宴会时间、知菜式品种及出菜顺序、知主办单位、知结账方式、知邀请对象。

(2)三了解:了解宾客风俗习惯、了解宾客生活忌讳、了解宾客特殊需要。如果是外宾,还应了解国籍、宗教信仰、禁忌和品位特点等。

规格较高的宴会需明确目的性质,确认座次安排、音乐文艺表演及其他特殊要求。

宴会的客户客情表如图6-1所示。

(二)人员准备

与宴会主办方落实需求信息后,需要与厨房、宴会厅、采购部、工程部、保安部、财务部等各有关部门密切配合、通力合作,共同做好宴会前的准备工作。首先,组织全体工作人员召开会议,详细通报客情信息,并明确界定各部门的任务分工,确保责任落实到个人。其次,将宴会接待的准备工作依据空间维度与时间维度,细致分解为一系列具体的执行细节,最终通过宴会派工单的形式,精准下发至各相关部门。在接到宴会派工单后,工作人员应根据各项具体要求,在宴会开始前进行一系列相应的准备工作,如厨房准备宴会所需原材料并加工制作;绿化部准备宴会用的花草盆栽并进行相应

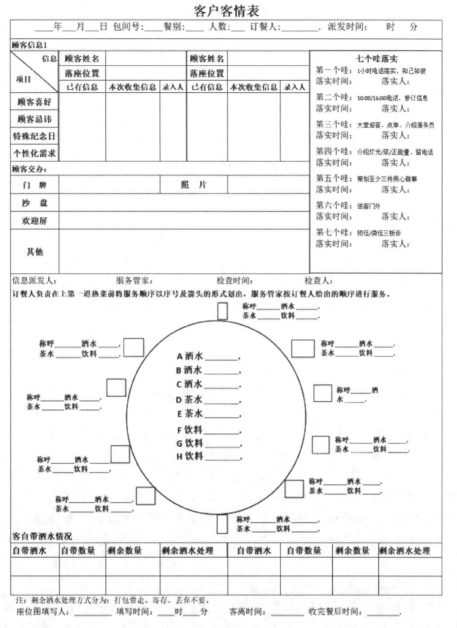

图 6-1 客户客情表

的装饰布置;工程部准备舞台、灯光、音响及其他设施设备并进行相应的布置安装;宴会厅服务员做好宴会开始前的服务准备工作等。

宴会部的人员分工应根据宴会要求,对迎宾、值台、传菜、酒水及衣帽间、贵宾室等岗位进行明确分工,提出具体任务和要求,并将责任落实到个人。大型宴会可将宴会桌次和人员分工情况用图形标示。

在分配工作人员时,需充分考虑并发挥个人的特长与优势。男、女服务员比例适当,服务人员熟练掌握宴会操作技能,具备临场应变能力。服务员仪容仪表美观大方,身材匀称,始终保持微笑,礼貌服务。传菜服务员体力充沛,托盘技能熟练。各区域负责人需具备丰富工作经验,能妥善处理突发事件。贵宾席、主宾区应选派具有多年宴会工作经验、技术精湛、动作敏捷、应变力强的基层管理者或服务人员。

根据宴会规格档次,主桌至少配备 2 名值台服务员,其余每桌配 1 名或三桌配 2 名;主桌配备 1

名传菜服务员,其余二三桌共配1名,迎室、贵宾室、衣帽间等岗位人数按需安排。

(三)物品准备

根据宴会类型、规格和宴会设计方案提前准备足够的宴会必需品,如中式宴会需要准备宴会菜单、酒水、茶叶、佐料、小毛巾、分菜用具及其他服务用具,同时,需要准备足够的备换餐具,一般来说,需要多准备10%～20%的备换餐具。开餐前要根据宴会通知单的要求摆好餐台。

(四)环境准备

宴会的环境准备包括宴会场景准备与宴会台型准备。在开餐前各大酒店对宴会环境准备的时间长短有不同规定,一般依据宴会的规模档次,以及宴会厅布置的烦琐程度来确定时长,一般筹备工作从开餐前8小时开始展开,场景布置在开餐前4小时开始布置,台型布置在开餐前2小时开始布置。

❶ 宴会场景准备

在布置宴会场景时需要根据宴会的设计方案精心实施,既要反映宴会的特点,又要使宾客进入宴会厅后感到清新、舒适、美观。宴会场景设计涵盖自然环境、餐厅建筑及场地环境,其中场环境是重点。场景布置根据宾客需求、宴会主题及标准,从空间布局、环境设计及娱乐活动三方面着手。一般通过色彩的运用、空间的分割、灯光的选择、布景的修饰及背景音乐的使用等增加宴会的隆重、盛大与热烈欢迎的气氛。宴会厅的室温要保持稳定,一般情况下冬季室温保持在20～24℃,夏季室温保持在22～26℃。

❷ 宴会台型准备

宴会的台型布置一般根据宴会形式、主题、人数、接待规格、习惯禁忌、特别需求、时令季节和宴会厅的结构、形状、面积、空间、光线、设备等情况进行设计。在宴会开始前,宴会管理人员要根据以上因素设计好台型图,研究具体措施和注意事项。设计宴会台型布置时,需遵循"中心第一,先左后右,高近低远"的原则。布置过程中,确保餐桌摆放整齐有序,横竖成行,斜对成线,既要突显主桌的重要性,又要保持整体排列的整齐划一,合理设置间隔,并预留足够的宾客行走通道和服务通道。这样的布局旨在既方便宾客就餐,又方便服务员在席间进行各项操作。通常宴会每桌占地面积标准为10～12平方米,桌与桌之间距离2米以上,重大宴会的主通道要适当宽敞一些,同时铺上红地毯,突出主行道。酒水台、礼品台(或签到台)、工作台及贵宾室等设施,需根据宴会的实际需求及宴会厅的具体情况灵活布置。

(五)宴会前的检查

所有准备工作就绪后,宴会管理人员要进行一次全面检查,内容如下。

(1)餐桌检查。包括台型和餐桌摆放是否符合宴会的规格和主办方的要求,桌面是否干净整洁,台面物品是否完好齐全,主席号牌、座次卡是否摆放到位等。

(2)卫生检查。包括个人卫生、餐用具卫生、宴会厅环境卫生、菜肴酒水卫生等。

(3)安全检查。包括宴会厅各出入口是否通畅,安全门标志是否清晰,各种灭火器材是否完好并按规定位置摆放且周围无障碍物,宴会的用具和餐椅是否牢固可靠,地面是否平整完好、无水迹油污,宴会用易燃品是否由专人负责并放置安全。

(4)设备检查。检查电器设备,确保灯具、电线、插座、电源及开关完好无损;校验空调性能,确保开宴前30分钟达到适宜温度并保持恒定;装配音响设备,调整音量并逐一测试音质,隐蔽布置电线;同时,检查工作台、酒水台、贵宾室布置及屏风等装饰物品,确保符合宴会需求并营造良好氛围。

一旦发现问题,立即组织人力及时解决。

三、中式宴会的餐中服务

(一)宴前服务

1 迎宾服务

一切准备工作于宴会开餐前30分钟就绪,并打开宴会厅大门。迎宾员身着旗袍或制服站在门口迎宾,值台服务员站在各自负责的餐桌旁,面向门口迎候客人。如果是VIP宴会,餐厅的经理或主管需一起迎宾,将客人引至专用的休息室休息。客人到达时,热情迎接,微笑问好。在服务过程中要注意分辨主人和主宾。迎接、问候、引导服务等操作规范、语言准确、态度热情。宴会的迎宾服务形式有:一是夹道式迎宾(图6-2),在酒店门口夹道欢迎或在宴会厅门口夹道欢迎;二是领位式迎宾(图6-3),领位员在酒店门口或在宴会厅门口欢迎客人并引领客人到位;三是站位式迎宾,服务员站在餐桌前欢迎,客人到来后拉椅落座。

上述几种迎宾服务形式可以综合使用,也可单独使用。

图6-2 夹道式迎宾

图6-3 领位式迎宾

❷ 领位服务

(1)接挂衣帽。

如客人欲脱外衣、帽子,服务员要主动接挂在衣帽架上或存入衣帽间。宴会规模较小,可不专设衣帽间,只在宴会厅门旁置放衣帽架。规模较大的宴会需设衣帽间,因衣物件数较多,一般用衣帽牌区别,一枚挂在衣物上,另一枚交给客人以便领取,凭牌为客人提供保管衣物的服务。对重要的贵宾则不可用衣帽牌,而要凭记忆力进行准确的服务,以免失礼。接挂衣帽应握住衣领,切勿倒提,以防口袋物品倒出。贵重衣帽要用衣架,以防走样。贵重物品请客人自己保管。

(2)拉椅落座。

重要客人应引领入席。引领客人时,迎宾员应面带微笑,保持在客人左侧前方约1.5米处,不时回头确认距离,确保将客人引领至预订座位顺利入席。

①顺序:先女宾后男宾,先主宾后一般宾客,优先照顾年长和行动不便的宾客。

②动作:当迎宾员把客人带到餐桌边时,值台服务员应主动上前问好并协助迎宾员为客人拉椅入座(图6-4)。服务员应立于椅背正后,双手紧握椅背两侧,后退半步并轻拉椅子半步,右手优雅示意请坐,待客人欲坐时,双手稳扶椅背,右腿轻抵椅后,手脚协同将椅子缓缓前移,确保客人无须自行移动椅子即可舒适入座。

③要求:动作要迅速、敏捷,力度要适中、适度。如有儿童就餐,需配置加高的儿童椅,并协助儿童入座。

图6-4 拉椅入座

(3)开餐服务。

①铺餐巾。根据先宾后主、女士优先的原则,在客人右侧为客人铺设餐巾(图6-5)。铺设餐巾一般有两种方法,一种是拿起餐巾,将其打开对折成三角状,将其轻轻铺在客人膝盖上,三角开口朝外;另一种是将餐巾打开,一角压在骨盘下,其余部分轻铺在客人膝盖上。注意不要动作过大抖动餐巾,如有儿童则应根据家长的要求,帮助儿童铺设餐巾。

②撤(补)餐具。宴请人数如有增减,应按用餐人数撤去或补上餐具,并调整座椅间距。同时将花瓶、席位卡撤掉。

③撤筷套。立于客人的右侧,右手拿起带筷套的筷子,交于左手,用右手打开筷套封口,左手捏住筷子的后端并取出,摆在原来位置。将每次脱下的筷套握在左手中,方便一起收走。

④茶水服务。应先询问客人喜欢饮用何种茶,适当介绍。上茶时,遵循先宾后主原则,于客人右侧斟茶至八分满(图6-6)。待所有客人茶毕,再将茶壶添满置于转盘,壶柄朝客,以便自行续饮。

图 6-5　铺设餐巾

图 6-6　茶水服务

⑤香巾服务：根据客人人数自保温箱内取出小毛巾置篮中。服务遵循女士优先、先宾后主，站于客人右侧，以夹递巾或置碟中。客人用毕，征询同意后撤巾。确保香巾洁净无异味，温度约 40 ℃。

（4）宴前活动。

宴前活动的特点是服务档次高、活动时间短、开始时间早、事情变化多。因此，服务人员到岗要准时，准备工作要充分，有适应变化的思想准备。

①酒会。酒会对场地要求不高，可在宴会厅前的中厅、走道或其他场地举行。形式以站立为主。饮料酒品有鸡尾酒、啤酒、葡萄酒、香槟等。饮料酒品可由服务员端着托盘穿梭于客人之间派送，也可让客人在吧台自取。时间总长在半小时至一小时。酒品的酒精度数不宜过高。

②会见。一般在会客室安排会见，沙发三面围坐，茶几摆放在沙发之间，主人与主宾的座位应在厅房主画下；如果座位不够，其他宾客可安置在第二、第三排，但主人后面不可安排座位（翻译除外）。沙发摆放需预留充足空间，以便主人迎客握手，展现热情。茶水则应在主人抵达后、客人尚未到来之际预先备好，彰显细致入微的待客之道。会见一结束，应立即着手整理会客室，恢复其整洁有序。

③照相。拍照时机多选在主客握手及刚入座之际，此时员工应避免穿梭其间，以免干扰画面构图，影响相片质量。集体照相安排在接见结束后，需预先妥善摆放台阶，确保不影响客人入场。同

时,对台阶的摆放应进行多次演练,确保过场、入场与退场流程顺畅,力求在最短时间内完成布置,展现酒店的高效与专业。

④采访。现场采访可在任何地点。采访时要保持安静,并适当提醒其他客人,避免对采访造成干扰。

(二)席间服务

1 斟酒服务

斟酒服务如图 6-7 所示。

图 6-7 斟酒服务

(1)斟酒的动作。斟酒时以 T 字形步姿侧身位站在客人两椅之间,身体离桌边 15~20 厘米,斟酒时,身体微微前倾,不可紧贴客人。右手大拇指叉开,食指伸直,其余三指并拢,掌心紧贴于瓶身中下部,酒标朝外,通过腕力和手指的力量控制酒液的流速。瓶口距杯口 1~2 厘米,不要将瓶口搭在杯口上,以防污染。斟酒适度后,微微抬起瓶口,同时手腕顺时针旋转 45°,使最后一滴酒均匀地分布到瓶口边沿。

(2)斟酒的顺序。在只有一名服务员斟酒时,应从主宾开始,再到主人,然后按顺时针方向进行,如有女宾,按女士优先的原则。在有两名服务员为同一桌来宾斟酒时,一名从主宾开始,另一名从副主宾开始斟酒,然后按顺时针方向进行。应避免在同一位置连续为多位宾客斟酒,或同时为左右两侧宾客斟酒。

(3)宴会斟酒的注意事项如下。

①为宾客斟倒酒水时,要先征求宾客的意见,根据宾客的要求斟倒各自喜欢的酒水饮料,如宾客提出不要,应将宾客前的空杯撤走。

②宴会期间要及时为客人添加饮料或酒水直至客人示意不要为止(如酒水用完应征询主人意见是否需要添加)。

③客人起立干杯或敬酒时,服务员应协助拉椅(向后移动),随后迅速拿起酒瓶,根据客人需求准备添酒。

④宾主就座时,要将椅推向前。拉椅、推椅都要注意客人的安全。

⑤宾客离开座位去敬酒时,要将其餐巾叠好放在其筷子旁。
⑥宴会期间,服务员应时刻留意每位宾客的酒杯,当酒水剩余约三分之一时,及时为其添加。
⑦斟酒时注意不要弄错酒水。
⑧在宾主互相祝酒讲话前,服务员应斟好所有来宾的预备酒。在宾主讲话时,服务员应停止一切活动。主人讲话即将结束时,服务员要把主人的酒杯送上,供主人祝酒。主人离位给来宾祝酒时,服务员应托酒,跟随主人身后,及时给主人或来宾续酒。

❷ 上菜服务

(1)上菜的原则:先冷后热、先菜后点、先咸后甜、先炒后烧、先清淡后肥厚、先优质后一般。

(2)上菜的位置:宴会的上菜位置并不固定,以"方便就餐,方便服务"为原则。一般上菜位置会选择在翻译和陪同人员座位之间、陪同和次要客人之间或副主人右边,方便翻译或副主人介绍菜肴。

(3)上菜顺序:一般宴会遵循首上凉菜,次上主菜,继上热菜,再上汤菜,随后甜菜,接着点心,终以水果收尾的顺序。部分中式宴会因地域不同上菜顺序也略有不同。如华南地区,要先上开席汤,再上冷盘、热炒、大菜、饭点,最后是水果。

(4)上菜的时机:冷菜。开宴前15分钟先将冷菜端上餐桌。热菜。宴会要把握好第一道热菜的上菜时间。当冷菜吃到一半时开始上第一道热菜,或主动询问客人是否"起菜"。其他热菜上菜时机要随客人用餐速度及热菜道数统一考虑、灵活确定。大型宴会中,上菜需以主桌为基准,先呈主桌,再依桌号顺序逐一上菜,确保主次分明,不可错乱。上完最后一道菜时要轻声地告诉副主人"菜已上齐",并询问是否还需要加菜或其他帮助,以提醒客人注意掌握宴会的结束时间。

(5)上菜的方法:左手托托盘,侧身站于两客座椅间,以右手上菜。将菜品置于转台上,顺时针转动转台供客人观赏,转至主宾面前时应大声报出菜名并请其品尝。上下一道菜时,将前菜移至他处。

(6)菜肴的摆放:宴会菜肴的摆放既要位置适中对称摆放,又要讲究造型艺术美观。在摆放菜肴时需要将菜肴最具观赏性的一面(即看面)对准主位。表 6-1 为各类菜肴看面。

表 6-1 各类菜肴看面

看面	实例
头部	整形的有头的菜,如烤乳猪等
身子	整形的头部被隐藏的菜,如八宝鸭等
腹部	"鸡不献头、鸭不献掌、鱼不献脊",一律头部向右,腹部朝向宾客
刀面	整齐的刀面为看面,如冷菜拼盘
正面	有"喜""寿"字的造型菜,字的正面为看面
盆向	使用长盆的热菜,盆应横向摆放

❸ 派菜服务

派菜服务又称让菜,常出现在用餐标准高或客人身份尊贵的宴会上。服务员会将已上桌的菜肴分派给每位客人,这是一种既防传染病又经济节约的用餐形式。

(1)派菜的方式。

①分叉分勺派菜法:核对菜名,上菜并报菜名;左手垫上餐巾并将菜盘托起,右手拿分菜勺、叉进行分菜;做到一勺准,掌握好分量,做到分配均匀;站在客人右侧按顺序将餐具送上。

②转盘式派菜法:根据客人人数预先在转盘上摆放好餐碟;上菜并介绍菜名;将菜均匀分到各餐碟中;站在客人右侧按顺序将餐具送上。

③旁桌式派菜法:核对菜名、示菜并报菜名;将菜取下放置于服务桌上;派菜;站在客人右侧按顺

序将餐具送上。

④各客式派菜法:由厨房工作人员在厨房进行分派;站在客人右侧按顺序将餐具送上。

(2)派菜的工具。

派菜的工具通常包括分菜勺、分菜叉、分菜刀、长柄汤匙及公筷等。派菜时,需根据菜肴的具体类型灵活选用合适的工具。分鱼、禽类菜肴时,用餐刀、餐叉相互配合;分炒菜时应使用餐叉、餐勺,也可使用筷子与长把分菜勺配合;分汤菜时,应使用长柄汤匙和公筷。

(3)派菜的顺序:主宾＞副主宾＞主人＞顺时针依次。

(4)派菜的要求。

①征得客人同意。派菜前需征询主人意愿,经主人同意后方可进行操作。

②需确保每位宾客分得的菜肴分量均匀且适量,同时避免将菜肴完全分完,应适当留有余量。

③应敬重主宾,将菜肴中最优质的部分优先让给主宾,以此体现对主宾的尊重与礼遇。

④进行派菜操作时动作需精准,不可以将一勺菜分给两位客人。

⑤派菜时应保持安静,避免餐具碰撞发出响声,并确保操作干净卫生,不洒汤汁。

(5)鱼类菜肴派菜操作。

①将鱼身上的其他配料拨到一边。

②用餐刀顺脊骨或鱼中线划开,将鱼肉分开,剔除鱼骨。

③将鱼肉恢复原样,浇上原汁。注意不要将鱼肉碰碎,要尽量保持鱼的原形。再用餐刀将鱼肉切成若干块,按宾主先后次序分派。如鱼块带鳞,要将带鳞部分紧贴餐碟,鱼肉朝上。

❹ 巡台服务

为显示宴会服务的优良,并保持桌面卫生雅致,在宴会进行的过程中,需要服务员做好巡台服务,及时撤换餐具、烟缸。

(1)更换餐具。

①派完菜品后,应及时撤下已用过的碗、盘、碟。

②若发现撤下的餐具中仍有剩余菜点,服务员应礼貌地询问客人,然后根据客人的意愿进行处理。

③上甜食时应撤换全部餐具。

④应注意客人的用餐习惯,如客人习惯将筷子放在骨碟上,撤换骨碟后应将筷子还原。

⑤每当客人吃完一道菜后,服务员应立即更换新的骨碟(图6-8)。

⑥服务员应随时留意客人面前的餐具数量,确保与摆台时的数量一致,如需撤走,需先征得客人同意,且动作熟练、手法干净利落。

⑦撤换餐具分次进行,随时保持餐台清洁卫生。

(2)更换烟缸。

如遇客人抽烟应注意添加和撤换烟缸,烟缸内有两个烟头时就应及时更换。使用干净烟缸盖住脏烟缸一起撤至托盘内,再把干净烟缸放置于餐台上。

(3)勤换毛巾。

应做到客到递巾,上汤羹后递巾,上虾蟹等用手抓食的菜后递巾,用过的毛巾及时收回;上毛巾应使用毛巾盘,以避免弄湿台面。

(4)巡台的五勤原则。

①勤问:当客人坐在座位上四处张望时、当未弄清客人的要求时、当需要客人的确认时,服务员需询问客人是否需要帮助。

②勤巡:宴会期间,服务员需频繁巡视,及时整理桌面,留意客人动态。

③勤撤:勤撤空盘、空杯、餐台垃圾。

④勤添:勤添茶或酒水。

图 6-8　更换骨碟

⑤勤换：当出现以下情形时，服务员需要对客人的餐具、酒杯等进行更换。倒过一种酒再倒另一种酒时；装过带有鱼腥味食物的餐具再上其他菜肴时；吃风味特殊、调味特别的菜肴后；吃带芡汁的菜肴后；餐具脏时；盘内骨刺残渣较多时；烟缸内有两个及以上烟头时。

四、中式宴会的餐后服务

中式宴会的餐后服务工作主要包括结账、征求意见、送客、清理宴会厅及召开宴会后总结会等。

（一）结账

结账是宴会结束工作中的重要内容之一。为确保酒店应得收入如期实现和维护酒店的良好形象，结账要做到准确、及时，既不能多算，也不能少算；多算会引起主办方不满，影响酒店的声誉，少算则会损失酒店应得收入，增加宴会成本。结账工作需注意以下几点。

①宴会临近尾声时，宴会管理者应让负责账务的服务员准备好宴会账单。
②准确清点宴会实际用酒水、香烟，在宴会账单上如实反映。
③若有加菜，要将其费用如实加到宴会账单上。
④结账前，务必仔细核对每一项费用，确保无遗漏且金额计算准确无误。
⑤备齐所有原始账单后，酒店财务部收银员将统一开具正式收据，并在宴会结束后立即邀请宴会主办方的负责人前来结账。

（二）征求意见

宴会结束后，宴会管理者应主动征询主办方对宴会的意见和建议。征询意见可以是书面的，如请宾客填写宾客意见簿；也可以是口头的，如宴会进行过程中口头询问或宴会结束后通过电话回访征询宾客对菜肴(尤其贵重菜品)、服务、宴会组织安排等的看法。一般来说,宴会结束后,酒店应向宴会主办方发一封征求意见和表示感谢的信,一是表示谢意,二是表达今后继续合作的殷切希望。

(三)送客

主人或主办方负责人宣布宴会结束时,服务员要提醒宾客带齐自己的物品。当宾客起身离座时,服务员应主动为其拉椅,并视具体情况和宴会服务要求,目送或送宾客到宴会厅门口,必要时在宴会厅门口列队欢送。衣帽间服务员根据取衣牌号码,及时、准确地将衣帽取递给宾客。

(四)清理宴会厅

宾客离席时,服务员要检查台面是否有未熄灭的烟头、是否有宾客遗留物品。宾客全部离开后才能清理台面。清台时,先确保贵重物品当场清点无误,再整理餐椅,然后依序分类收拾瓷器、酒杯、刀叉、餐巾及小毛巾并送洗。随后撤除餐桌餐椅,彻底清洁场地,恢复宴会厅原貌。宴会管理者在各项结束工作基本完成后要认真进行全面检查。

(五)召开宴会后总结会

为了及时总结经验教训,大型宴会结束后,主管要召开总结会,通告宴会进行的情况和宾客的意见和建议,对突发事件的全部情况和处理给予有效评价,及时表扬工作出色的服务员,重申有关规定和要求,并对今后的服务工作提出期望。会后,要关好门窗,关灯,切断电源。待全部工作检查完毕,所有服务员方可离开。

五、中式宴会的服务接待方案

在中式宴会开始前,酒店宴会部应该制定一个整体的接待方案,以满足主办方对本次宴会的个性化需求。中式宴会服务接待方案应包括以下几方面内容。

①深入了解主办方需求,涵盖宾客人数、宴会时间地点、主题设定、活动安排、菜品价格设定、宾客禁忌及个性化服务等细节。

②根据基本信息编制宴会通知单,各部门分工明确。宴会部应在人员、物品、场地布置、安保等方面做好准备,并分阶段进行检查,根据客人的要求估算宴会各议程的持续时间。

③设计主题宴会菜单和酒水单。

④对主题宴会的台面设计进行说明。

⑤对主题宴会场景进行详细说明,涵盖色彩搭配、灯光设置、装饰物选择及背景音乐等要素,旨在营造氛围,衬托并强化宴会主题。

⑥设计并绘制主题宴会的台型与席次图,确保布局合理,便于宾客入座。

⑦详细阐述主题宴会的服务流程,确保每个环节都符合规范,提升宾客体验感。

⑧制定并说明主题宴会突发事件的处理预案,确保在紧急情况下能够迅速响应,保障宴会顺利进行。

> 任务实施

分析中式宴会餐中服务的流程

1.任务要求

(1)学生自由分组,每组4~6人,并选出小组长。

(2)每个小组设计一场中式宴会,小组成员通过角色扮演的方式演示中式宴会餐中服务的流程和操作标准,并分析讨论其是否符合中式宴会餐中服务的规范。

(3)小组长汇总小组成员的主要观点,并以PPT的形式进行汇报演示。

2.任务评价

在小组演示环节,主讲教师及其他小组依据既定标准,对演示内容进行综合评价。

评价项目	评价标准	分值/分	教师评价(60%)	小组互评(40%)	得分
知识运用	熟悉中式宴会餐中服务的操作流程和标准	30			
技能掌握	对中式宴会餐中服务的操作与分析合理、准确	40			
成果展示	PPT制作精美,观点阐述清晰	20			
团队表现	团队分工明确,沟通顺畅,合作良好	10			
合计		100			

同步测试(课证融合)

扫码看答案

一、判断题

1.大型宴会人员紧缺时,可从其他部门临时抽调。（　　）
2.大型宴会厅应提前30分钟、小型宴会厅应提前15分钟开启照明灯光和空调。（　　）
3.上菜完毕即可结账。（　　）
4.开宴前1小时将凉菜上桌。（　　）
5.撤筷套、落口布、斟茶均属于宴会的开餐服务环节。（　　）

二、选择题

1.引领客人时,应走在客人左前方（　　）处。
A.0.5米　　　　B.1.5米　　　　C.2.0米　　　　D.1.8米
2.撤台清理的顺序是（　　）。
A.毛巾—餐具—玻璃器皿—金银器—瓷器
B.瓷器—金银器—玻璃器皿—餐具—毛巾
C.餐具—毛巾—瓷器—玻璃器皿—金银器
D.金银器—瓷器—玻璃器皿—餐具—毛巾

三、简答题

1.简述宴会服务接待方案的内容。
2.简述宴会前检查的内容。

课赛融合

一、水果清单

选手从以下六种水果中选取四种,其中哈密瓜、猕猴桃必选,其余两种水果选手可自行选择。

1.哈密瓜
2.猕猴桃
3.芒果
4.火龙果
5.橙子
6.苹果

二、中式宴会服务菜品

1. 热菜：西芹百合（主料：西芹、百合，辅料：胡萝卜）

2. 汤：西红柿鸡蛋汤（主料：西红柿、鸡蛋）

根据上述菜单要求，为本场宴会提供中式宴会服务。

评价标准

模块	序号	M=测量 J=评判	标准名称或描述	权重	评分
C 宴会服务	C1 餐前服务 （3分）	M	检查餐台摆设状态及餐台物品	0.2	Y|N
		M	准备服务用品，摆放合理、安全整齐	0.2	Y|N
		M	主动、友好地问候宾客，欢迎宾客光临	0.2	Y|N
		M	引领方式正确、规范	0.2	Y|N
		M	为宾客拉椅入座，顺序正确	0.2	Y|N
		M	拆餐巾、拆筷套服务顺序正确	0.2	Y|N
		M	拆餐巾、拆筷套动作正确、熟练、优雅	0.2	Y|N
		M	正确使用托盘上茶	0.2	Y|N
		M	上茶服务顺序正确	0.2	Y|N
		M	茶水适量，无滴洒，分量均等	0.2	Y|N
		J	3 选手展现优异的人际沟通能力，自然得体，有关注细节的能力 2 选手展现较高水平的自信，与宾客沟通良好，整体印象良好 1 选手与宾客有一定的沟通，在工作任务中展现一定水平的自信 0 选手社交能力欠缺或与宾客无交流	1.0	3 2 1 0
	C2 果盘制作 与服务 （5分）	M	水果选用正确	0.5	Y|N
		M	出品分量、大小均等	0.5	Y|N
		M	制作过程中手未接触水果	0.5	Y|N
		M	有节约意识，去皮水果须完全使用，将没有完全去皮的水果放回指定位置	0.5	Y|N
		M	操作过程安全、规范	0.5	Y|N
		M	上果盘服务顺序正确	0.5	Y|N
		J	3 出色的果盘制作技巧，无浪费，操作过程顺畅，作品有创造力，最终展示出色 2 果盘制作技术较好，水果切分大小适宜食用，卫生情况良好，无浪费，作品有一定创造力，最终展示良好 1 果盘制作技术一般，存在一些浪费，水果切分大小不宜食用，果盘造型一般 0 果盘制作技术差，卫生差，水果物料有浪费，展示差，未达到合格标准	2.0	3 2 1 0

续表

模块	序号	M＝测量 J＝评判	标准名称或描述	权重	评分
C 宴会服务	C3 酒水服务 （5分）	M	向宾客正确介绍酒水	0.3	Y|N
		M	服务用语恰当	0.2	Y|N
		M	准确提供宾客所点酒水	0.3	Y|N
		M	正确调整和更换宾客餐具	0.3	Y|N
		M	示酒姿势标准，站位正确	0.3	Y|N
		M	正确方式开瓶，安全卫生	0.5	Y|N
		M	正确为宾客提供鉴酒服务	0.5	Y|N
		M	使用托盘，按顺序斟倒酒水	0.3	Y|N
		M	斟倒酒量符合标准	0.3	Y|N
		J	3 托盘技术稳定，服务流畅，动作优雅，最终效果出色 2 托盘技术稳定，操作动作协调，注重卫生和安全，最终效果良好 1 托盘技术一般，有晃动，斟酒有滴洒，操作动作基本符合规范要求 0 托盘技术差，有明显失误现象，最终效果差，未达到合格标准	2.0	3 2 1 0
	C4 菜品服务 （5分）	M	服务顺序正确	0.2	Y|N
		M	站位准确，上菜手法正确	0.2	Y|N
		M	菜肴摆放位置准确	0.2	Y|N
		M	正确报菜名	0.2	Y|N
		M	分菜过程操作规范、安全、卫生	0.3	Y|N
		M	分汤过程操作规范、安全、卫生	0.3	Y|N
		M	分菜的分量均等，留有余量	0.3	Y|N
		M	分汤的分量均等，留有余量	0.3	Y|N
		J	3 菜品介绍内容丰富，表达流畅，感染力强，有文化内涵 2 菜品介绍内容较丰富，表达流畅，有一定的感染力 1 菜品介绍有亮点，声音清晰，表达较流畅，但缺乏感染力 0 菜品介绍简单，声音不清晰，语言不流畅	1.0	3 2 1 0
		J	3 服务技术优秀，与宾客交流自然得体，动作顺畅 2 服务技术良好，比较自然得体，与宾客交流良好，动作顺畅 1 服务技术一般，动作基本流畅，与宾客有一些交流 0 服务技术差，动作不流畅，与宾客几乎没有交流	2.0	3 2 1 0
	C5 餐后服务 （2分）	M	主动征询宾客意见	0.2	Y|N
		M	提醒宾客带好随身物品，检查并确认宾客无遗留物品	0.2	Y|N
		M	送客热情、有礼貌	0.2	Y|N
		M	服务用具归位，完成撤台工作	0.4	Y|N
		J	3 选手动作熟练，操作规范，有关注细节的能力 2 选手展现较好的自信，操作顺畅，最终呈现效果较好 1 选手展现出一定的自信，最终呈现效果一般 0 选手动作不顺畅，不自信，最终呈现效果较差	1.0	3 2 1 0
合计					

注：上述案例及评价标准均源自全国职业院校技能大赛高职组餐厅服务赛项中餐服务模块。

教学资源包

G20峰会国宴接待诠释中国服务之"五觉"体验

酒店服务员莫婷婷讲述亲历G20晚宴的精彩45分钟

任务二 西式宴会服务设计

任务引入

请同学们根据二维码"G20峰会国宴接待诠释中国服务之'五觉'体验"和"酒店服务员莫婷婷讲述亲历G20晚宴的精彩45分钟"中的案例，带着以下问题进入任务的学习：

1. G20峰会国宴设计对你有哪些启发？
2. 酒店服务人员莫婷婷的亲身经历对于你的职业发展有什么启发？

知识讲解

一、西式宴会的特点

（一）注重氛围，讲究格调

举办宴会时，中式宴会注重"宴"，西式宴会注重"会"。因此出席宴会的宾客很重要，其身份显示了宴会的规格档次。西式宴会非常注重环境的布置，追求典雅精致的效果，常采用鲜花、烛台、桌布等精美元素来装饰环境，营造出一种唯美浪漫的宴会氛围。

（二）菜肴质量高档，组合精致

西式宴会的菜肴，一是味道清淡雅致，相较于中式菜肴的浓郁醇厚，它们更多地展现出一种清新脱俗，少有油腻之感。二是调味不浓，多用番茄酱、罗勒叶、迷迭香、果醋汁、胡椒粉等调味品。西式宴会的菜肴非常讲究沙司的制作，且种类繁多，几乎所有菜都配有沙司，用来增加菜肴的口味，可根据个人的口味特点调放。三是奶油香浓，为菜肴增添了一抹丝滑与醇厚。四是菜肴鲜嫩无比，如精心煎制的牛排、羊排，五分熟的火候恰到好处，保留了肉的柔嫩与汁水，而某些海鲜更是以生吃为尊，鲜美滑嫩，令人回味无穷。五是水果和甜品必不可少。整体西式宴会的菜肴原料高档，制作工艺讲究，菜肴色彩搭配鲜艳、口味丰富、造型美观。宴会菜肴组合精致，注重荤素、营养的搭配。

（三）注重菜肴装饰，讲究营养卫生

西式宴会极为讲究菜肴的点缀与装饰艺术，每一道菜肴都如同精心雕琢的艺术品，令人赏心悦目。举办西式宴会时，对一些特殊菜肴进行客前烹制或现场表演，宾客在品尝美味的同时又是一场视觉盛宴。

（四）餐具精美、讲究

西式宴会的餐具既注重实用，又注重美观。广义的西式宴会餐具包括刀、叉、匙、杯、盘、餐巾等。其中，盘又有菜盘、布丁盘、面包盘、白脱盘等；酒杯更是讲究，正式宴会上几乎每上一款酒，都要换专用的酒杯。狭义的西式宴会餐具则专指刀、叉、匙三大件。刀分为主刀、鱼刀、黄油刀、水果刀。叉分为主叉、鱼叉等。匙则有汤匙、甜品匙等。

二、西式宴会的服务方法

西式宴会的服务经过多年的发展，各国和各地区都形成了其独有的特色。西式宴会常采用的服务方法有法式服务、俄式服务、美式服务、英式服务和综合式服务等。

(一)法式服务

❶ 法式服务的特点

法式服务是西式宴会服务中最优雅、细致且周到的,深受西方上层社会青睐。其宗旨在于为宾客提供精致菜肴、完美服务及优雅浪漫的氛围。法式服务,服务周到,节奏较慢,用餐费用昂贵。

传统的法式服务相当烦琐。如宾客用完一道菜后必须离开餐台,让服务员清扫完毕后再继续入席就餐,这样耗时较多。餐厅还必须准备较多用具,每餐的食品多且浪费也大。现在,这种服务方式已经很少见了。

当今流行的法式服务是将食品在厨房全部或部分烹制好,用银盘端到餐厅,服务员在宾客面前做加工表演,如戴安娜牛排、黑椒牛柳、甜品苏珊煎饼,就是服务员在烹制车上进行烹调加工后,切片装盘端给宾客的。又如凯撒沙拉,是服务员在宾客面前制作,装入沙拉木碗,然后端给宾客的。

法式餐厅的服务员必须受过专业教育和培训。能够胜任法式服务工作的服务员至少是中等专业学校毕业的学生,经过考核后才能成为助理服务员。助理服务员需与正服务员和副服务员共事满一年后,方可晋升为正式服务员。

❷ 法式服务的方法

(1)法式服务的摆台。

餐桌上先铺上海绵桌垫,再铺上桌布,这样可以防止桌布在餐桌上滑动,也可以减少餐具与餐桌之间的碰撞声。摆装饰盘,装饰盘常采用高级瓷器或银器等。将装饰盘的中线对准餐椅的中线,装饰盘距离餐桌边缘1~2厘米。装饰盘的上面放餐巾。装饰盘的左侧放餐叉,餐叉的左侧摆面包盘,面包盘上摆黄油刀。装饰盘的右侧放餐刀,刀刃朝左。餐刀的右侧常摆一个汤匙。餐刀的上方摆各种酒杯和水杯。装饰盘的上方摆甜品刀和匙。

(2)传统的二人合作式服务。

传统的法式服务是由两名服务员共同为一桌宾客服务。其中一名为经验丰富的正服务员,另一名是助理服务员,也可称为服务员助手。正服务员负责引导宾客入座,接受点菜,为宾客斟上酒水或饮料,在宾客面前进行菜肴烹制、调味、分割、装盘,最后递送账单等服务。助理服务员则协助现场烹调,将装有菜肴的餐盘送至宾客面前,并负责撤换餐具和收拾餐台。

(3)上汤服务。

当宾客点汤后,助理服务员将汤用银盆端进餐厅,然后把汤置于熟调炉上加热和调味,其加工的汤一定要比宾客需要的量多一些,以方便服务。汤由正服务员从银盆里用大汤匙装入宾客的汤盘后,再由助理服务员用右手从宾客右侧送上。助理服务员端热汤给宾客时,会将汤盘置于垫盘上,并覆以叠好的正方形餐巾,既防烫手又避免大拇指压盘。

(4)主菜服务。

主菜服务与上汤服务大致相同,正服务员将现场烹调的菜肴分别盛入每一位宾客的主菜盘内,然后由助理服务员端给宾客。助理服务员从厨房端出半熟牛肉、马铃薯及蔬菜,正服务员则在宾客面前调味、加热、切肉,并放入餐盘,同时留意宾客需求,以确定牛排分量。同时,助理服务员用左手从宾客左侧将沙拉放在餐桌上。

(二)俄式服务

❶ 俄式服务的特点

俄式服务源于俄国的沙皇时代。同法式服务相似,俄式服务也是一种讲究礼节的豪华服务。俄式服务虽大量使用银质餐具,但服务员表演较少,更注重实效与文雅。分菜前,服务员会展示装有精美菜肴的大浅盘,让宾客一睹厨师的手艺,从而激发食欲。俄式服务中每个餐桌仅需一名服务员,服务方式简洁高效,且占用空间小,因此效率和餐厅空间利用率均较高。俄式服务在服务过程中大量使用银器,并由服务员亲自分菜给每一位宾客,让每一位宾客都能获得尊重与周到的服务,从而营出独特的餐厅氛围。由于俄式服务是从大浅盘里分菜,因此可以将没分完的菜肴送回厨房,避免不必要的浪费。

② 俄式服务的方法

(1)上菜前,服务员按逆时针方向从宾客右侧用右手送上空盘,冷菜上冷盘(未加热的餐盘),热菜上热盘(加过温的餐盘),以便保持食物的温度。

(2)菜肴在厨房烹制完成后,放入大浅盘中,热菜应盖上盖子,由服务员用肩托的方式运送到宾客餐桌旁,供宾客观赏。然后服务员用左手以胸前托盘的方式,用右手操作服务叉和服务勺,从宾客的左侧分菜。

(3)分菜时以逆时针方向依次进行。斟酒、斟饮料和撤盘都在宾客右侧进行。

(三)美式服务

① 美式服务的特点

美式服务又称盘式服务、飞碟服务。菜肴都由厨师在厨房烹制好,并分别装入菜盘里,由服务员按顺序将菜肴送到宾客面前。

美式服务的特点是简洁高效,速度快且人工成本较低,便于以较少的服务员服务大量宾客。常用于各类宴会,也是西餐厅、咖啡厅中盛行的一种服务方式。

② 美式服务的方法

(1)美式服务在桌布铺设上与法式服务相同,餐桌上先铺上海绵桌垫,再铺上桌布,有的咖啡厅会在桌布上铺较小的方形台布,重新摆台时只需要更换方形台布。这样既节约了洗涤费用,又可起到装饰餐台的作用。

(2)摆放糖盅、盐盅和胡椒瓶时,按每两位宾客使用一套来摆放。

(3)菜肴由厨师在厨房烹制好后装盘。服务员可选择托盘或手端菜盘,将菜肴从厨房安全送至餐厅服务桌。热菜需加盖保温,并在宾客面前揭开,从而保持菜肴热度。

(4)传统的美式服务上菜方法是服务员在宾客左侧用左手送上菜肴,从宾客右侧撤掉用过的餐盘和餐具,从宾客的右侧斟倒酒水。目前,许多餐厅的美式服务已改为从宾客的右侧用右手上菜,按顺时针方向依次进行。

(四)英式服务

① 英式服务的特点

英式服务也称家庭式服务。服务员与宴会主人携手合作,共同营造出一个活跃而温馨的氛围,用餐节奏悠然自得,这种服务模式多用于私人宴会。

② 英式服务的方法

(1)各式各样的菜肴被精心摆放在大方盘(或大碗)中,逐一呈现在餐桌上。男主人优雅地从大方盘中分取菜肴后,递给立于左侧的服务员,再由其恭敬地送至女主人、尊贵宾客及其他宾客面前。进餐过程中如大方盘内的菜肴不够时,可将剩菜盘撤掉并换上盛满菜肴的盘子,或直接将大方盘填满菜肴后再送到餐桌上。

(2)英式服务通常是先上汤。服务员把热汤盘放在男主人面前,男主人盛满每一只碗,再由立于左侧的服务员根据男主人的指示送给每一位宾客。在英式服务中,通常是将第一碗汤递给女主人。

(3)盛满菜肴的餐盘可由服务员递给每一位宾客挑选,也可由宾客自己拿取自己喜爱的菜肴。肉类由男主人切分后放在餐盘里,蔬菜和其他配菜则由女主人分到盛有肉菜的餐盘里。

(4)甜点由女主人细心分配,服务员则巧妙地加以装饰,最终将这份甜蜜呈现给每一位宾客。

(5)所有饮料都由男主人调制和服务。

(6)英式服务总是从右侧开始,而清理盘碗却是从左侧开始。这和其他服务方式有区别。

（五）综合式服务

综合式服务融合了法式、俄式及美式服务的精髓，成为当前西式宴会的主流服务模式。具体操作如下：开胃品与沙拉采用美式服务，汤品或主菜则依据俄式或法式服务，甜点则倾向于法式或俄式服务。

当然，餐厅不同，所选用的服务方式组合也不同，这取决于餐厅的种类和特色、宾客的消费水平以及餐厅的销售方式等。

三、西式宴会的准备工作

（一）掌握情况

接受宴会预订后，应了解宴会举办单位和宴会规格、标准、参加人数、进场时间、宾客国籍身份、宗教信仰、饮食习惯和特殊需求等信息，还需明确宾客餐前是否于会客厅享用茶点或鸡尾酒。召集服务人员开会，布置任务，研究完成任务的具体方法，提出完成任务的具体要求和注意事项，明确各服务人员的职责。

（二）布置餐厅

宴会前要根据宴会通知单的要求提前做好宴会厅的布置，依据宴会的主题性质选择相应的装饰品进行环境的美化，经常选用的装饰品有壁画、书法作品、盆栽等。西式宴会墙壁装饰需体现西方特色，常见装饰品包括油画、水彩画等，内容需契合宴会主题及宾客审美。同时要做好宴会前环境卫生、餐具卫生、员工个人卫生等工作，确保宴会厅舒适、高雅、美观，使宾客进入宴会厅后身心愉悦。

（三）准备物品

依据菜单准备每一位宾客必需的餐具，并预留宴会餐具总数的十分之一作为备用。同时，每四位宾客配备一套烟缸和牙签，口布按宾客人数准备，每一位宾客配备两条小方巾。

申领并搭配好酒水、辅助佐料、茶、烟、水果等物品。如在宴会开始前要举办餐前酒会，更要及时准备好酒水，如鸡尾酒、多色酒和其他饮料。瓶装酒水需逐一检查质量，确保无误后擦拭干净瓶身。需冷藏的酒水应及时放入冰箱。同时，备好红酒篮，提前半小时开启红酒，斜置于篮中，以便其与空气充分接触。辅助佐料需严格按照菜单配制。确保开胃品、面包、黄油、果酱等充足，开席前十分钟，将面包、黄油、果酱分别置于面包篮和黄油碟中，通常每一位宾客一份，也可根据需要将开胃品集中摆放于餐桌，供宾客自取或由服务员分发。茶、烟、水果要按宴会标准领取。水果要经挑选并洗涤干净。如有需去皮剥壳的菜品要准备好去皮剥壳的工具。将咖啡保温杯、冰桶准备妥当，放在各服务区，并将宾客事先点好的白酒打开，置放在冰桶中。

（四）台形布置

❶ 台形安排

正式西式宴会的餐桌摆法与一般常规的餐厅的餐桌摆法不同，多摆放长形餐桌，餐桌的大小和餐桌的排列方式要视宴会的人数，宴会厅形状、大小，宾客的要求而定。通常每一位宾客的餐位空间宽度在 61~76 厘米。排列方式包括一字形、T 形、U 形、E 形及回字形等，宴会时宾主席位需遵循西方礼仪习俗。餐台上设有立式或平放的宾客席位卡，以便宾客就座。

❷ 座次安排

职位的高低是席位安排需要考虑的一个方面，另外，还要注意宴会性质、人数、宾客性别，以及是英式宴会还是法式宴会。

家庭或朋友间组织的宴会可在餐厅或家中举办，参与者彼此熟悉，气氛轻松活跃。席位安排较为随意，主要区分主客，不强调职位差异。为了便于席上交流，只需考虑以下两点：①男女宾客穿插落座；②夫妇穿插落座。

外交、商务宴会或国与国、企业间的工作性宴会通常在宴会厅举行,双方均有重要宾客出席,气氛正式严肃。此类宴会需考虑多种席位安排因素。

(1)参加宴会的双方各有几位首要宾客。如果各有两位,第一主宾要坐在第一主人的右侧,第二主宾坐在第二主人的右侧,次要宾客由中间向两边依次排开。应遵循职位"高近低远"的原则。

(2)双方是否带伴。法式坐法:主宾夫人坐在主人右侧,主宾坐在女主人右侧;英式坐法:主人夫妇分别坐在两端,主宾夫人位于主人右侧首位,主宾则坐在女主人右侧首位,其余男女宾客穿插其间,按顺序就座。

(3)翻译的座位安排。在高规格的西式宴会中,如双方各自带翻译,则翻译落座在双方主要宾客身后,不上桌。

(4)主客穿插落座。当双方人数不一致时,应尽量在主要席位上实现主客的穿插安排。

(五)全面检查

准备工作完成后,宴会负责人需进行全面检查,涵盖环境卫生、场地布置、台面摆设、餐具酒水完备性、餐酒具的清洁消毒、服务员个人卫生及仪表、照明状况、设备运行等,从而保证宴会顺利进行。

四、西式宴会的餐前服务

(一)迎候宾客

根据宴会开始时间,宴会厅主管及迎宾员应提前在宴会厅入口迎候宾客,值台服务员在其所负责的区域做好服务准备。宾客抵达时,要热情迎接、微笑问候。如设有衣帽间,则协助宾客存挂衣帽并及时将寄存卡递送给宾客。

(二)餐前鸡尾酒服务

西式宴会可以在开餐前半小时举办餐前鸡尾酒会。宾客陆续到来,可进入宴会休息室,由服务员送上餐前鸡尾酒、软饮料供宾客选用。送饮品给宾客时,若宾客是坐饮,先在宾客面前的小圆桌或茶几上放上杯垫,然后上饮品;若宾客是立饮则先给宾客递送餐巾纸,后给宾客递送饮品。

(三)引宾入席

开席前5分钟,宴会负责人应主动询问主人是否可以开席,征得同意后立即通知厨房准备上菜,同时引领宾客入席并拉椅协助宾客入座。宾客就座后,服务员随即为其铺好餐巾。

在此需要注意的是,西式宴会服务程序注重先女后男、先宾后主。

五、西式宴会的餐中服务

(一)菜肴服务

❶ 上菜的顺序

西式宴会实行分餐制,宾客享用完毕后,服务员立即撤去空盘,再呈上下一道佳肴。应遵循先女后男、先客后主的原则上菜。上菜的顺序在不同类型的西式宴会上略有不同,通常的上菜顺序为:开胃菜(头盘)—汤—副菜—主菜—蔬菜类菜肴—甜品—咖啡、茶。

❷ 上菜的位置

西式宴会上菜的位置以不影响宾客用餐为原则,一般遵循"右上右撤"原则,即在宾客右侧上菜撤盘,以顺时针方向依次为宾客上菜。若以"左上左撤"为原则,则以逆时针方向依次上菜。

❸ 上菜的程序

(1)上面包。

在宴会开始前,应将面包放入面包篮中,摆上黄油。在整个宴饮过程中,面包篮里不能空,面包用完时应及时续添,直至宾客不需要为止。上面点时,应从宾客的左侧将面包置于面包盘中。面包盘应在撤主菜盘时一并撤掉,如菜单中有奶酪,应在宾客用完奶酪后将面包盘撤掉。

(2)上开胃菜。

开胃菜是西式宴会的第一道菜,有冷头盘和热头盘之分,常见的有鱼子酱、鹅肝酱、熏鲑鱼、焗蜗牛等。开胃菜旨在激发食欲,因此通常以咸酸口味为主,量少而质精。服务员会从宾客右侧将头盘置于装饰盘内,并逐一询问每一位宾客所需的配料。宾客吃完后,根据宾客刀叉所放位置或表明不想吃后,经过宾客允许从宾客右侧撤盘。撤盘时要待整台宾客全部用完后一起撤掉。

(3)上汤。

与中式宴会不同,西式宴会的汤用在开胃菜后,可以分为清汤、奶油汤、蔬菜汤和冷汤等。常见的有牛尾清汤、各式奶油汤、海鲜汤、美式蛤蜊汤、意式蔬菜汤、俄式罗宋汤。

摆放时,先将汤盅置于汤底碟上,再将汤底碟放于装饰碟之上,右侧配以汤匙。若汤盅带盖,上菜后需揭开汤盖,并放置于托盘上以便撤掉。宾客饮完汤后,按撤头盘的同样程序和方式连同装饰碟一并撤掉。

知识拓展

(4)上副菜。

副菜一般为中等分量的鱼类、海鲜菜肴,品种包括各种淡、海水鱼类、贝类及软体动物类。因为鱼类菜肴的肉质鲜嫩,较易消化,所以放在肉类菜肴前面。西式宴会吃鱼讲究使用专用的调味汁,如荷兰汁、白奶油汁、美国汁、大主教汁等。

从宾客的右侧上海鲜或鱼类菜肴后应请示宾客是否需要添加胡椒或芥末。宾客吃完后,根据宾客刀叉所放位置或表明不想吃后,经过宾客允许从宾客右侧撤盘。撤盘时要待整台宾客全部用完后一并撤掉副菜盘碟。

(5)上主菜。

主菜为肉、禽类菜肴,其中肉类主菜以牛肉或牛排最具代表性。牛排按其部位可分为西冷牛排、菲力牛排、T骨形牛排、薄牛排等,烹调方法常有烤、煎、扒等。主菜的调味汁主要有西班牙汁、蘑菇汁、白尼斯汁等。禽类主菜多以鸡、鸭、鹅为原料,烹调方法可煮、炸、烤、焖,主要的调味汁有黄肉汁、咖喱汁、奶油汁。

在上主菜之前,应事先逐一询问每一位宾客对肉制品生熟程度的偏好,并根据宾客的具体需求,及时通知厨房进行个性化的扒制。上主菜时,服务员需明确告知宾客牛排的熟度,并礼貌地询问宾客是否需要添加胡椒粉、食盐等佐料,随后根据宾客的需求提供相应的服务。待所有宾客吃完牛排后,根据宾客刀具所放位置或经宾客允许后,从宾客右侧撤掉盘碟。

(6)上蔬菜类菜肴。

蔬菜类菜肴通常称为沙拉,可以安排在主菜之后,也可以和主菜同时上桌,所以它可以作为一道主菜,也可以是配菜。蔬菜类菜肴的调味汁种类繁多,主要包括醋油汁、经典的法国汁、风味独特的千岛汁以及浓郁的奶酪沙拉汁等。

知识拓展

(7)上甜品。

西式宴会中的甜品,作为主菜后的美味收尾,通常包括软糯的布丁、香脆的煎饼、清凉的冰激凌、浓郁的奶酪、香甜的饼干以及新鲜多汁的水果等。

在上甜品之前,服务员会从宾客的右侧撤掉除水杯、酒杯及饮料杯外的所有餐具,随后在宾客的左右两侧整齐地摆放好甜品叉与甜品勺,最后从宾客的右侧优雅地呈上甜品。

(8)上饮品。

西式宴会的最后一道是饮品,要先请示宾客需要饮料、咖啡还是茶,根据每一位宾客的需要提供相应的饮品。咖啡一般要添加方糖和淡奶油,茶一般要添加香桃片和糖,调味品由宾客自行取用。

上饮品时,如果宾客面前还有甜品盘,则将饮品杯放在甜品盘右侧;如果甜品盘已经撤掉,则直接放在宾客面前。从宾客右侧依次为宾客斟倒,不断供应,但添加前需询问宾客是否需要续添。

（二）酒水服务

西式宴会讲究菜肴与酒水的搭配，吃不同菜肴时要饮用不同类型的酒水。

❶ 备酒

按照宾客要求凭酒水单从库房领取酒水，检查酒水质量，擦净瓶身。根据不同的酒水最佳饮用温度提前降温或升温。各类酒品最佳饮用温度如表6-2所示。

表6-2 各类酒品最佳饮用温度

酒品	最佳饮用温度
啤酒	4～8 ℃
白葡萄酒	干型、半干型8～12 ℃，清淡型10 ℃，味甜型8 ℃
红葡萄酒	陈年干红16～18 ℃（即室温），一般干红12～16 ℃
	桃红、半干、半甜及甜型10～12 ℃
香槟酒、利口酒	6～9 ℃
白酒	中国白酒，名贵酒品不烫，一般酒品20～25 ℃
	西方白酒，室温下净饮或加冰
黄酒、清酒	40 ℃

❷ 示酒

当宾客点酒后，在开瓶前，应先请宾客确认酒水的品牌。服务员应立于宾客右侧，左手托住瓶底，右手扶住瓶身，身体微微前倾，确保瓶口朝向宾客成45°，使商标清晰可见，并清晰报出酒品名称。待宾客确认无误后，再开启（图6-9）。示酒的目的一是为了表示对主人的尊重；二是为了核实选酒并无差错；三是为了保证商品质量。

图6-9 示酒

❸ 开瓶

酒品的封口一般分为瓶盖和瓶塞两种，下面分别以葡萄酒和香槟酒为例介绍酒品的开瓶方法。

（1）葡萄酒。

使用开瓶器上的小刀轻轻剥去瓶口的锡纸，随后用干净的餐巾纸擦拭瓶口；将酒瓶平稳置于桌面，用开瓶器上的螺旋锥垂直旋入木塞，直至完全嵌入；再缓缓拔出瓶塞，并用餐巾或口布再次清洁瓶口（图6-10）。

注意：拔出瓶塞时，请适度用力，避免瓶塞断裂；同时，保持酒瓶稳定，避免因晃动导致酒渣上浮。

图6-10　开葡萄酒

（2）香槟酒。

用开瓶器上的小刀剥除瓶口的锡纸；按住瓶塞，拧开捆扎瓶塞的铁丝；左手斜拿瓶颈处成45°，大拇指压紧塞顶，右手握瓶缓慢转动酒瓶，使瓶内的气压逐渐地将木塞弹出（图6-11）。

注意：瓶口始终不能朝向宾客或天花板，避免酒水喷到宾客身上或天花板上。

图6-11　开香槟酒

❹ 验塞

开瓶后，服务员需用干净的餐巾仔细擦拭瓶口，并嗅闻插入瓶中的瓶塞部分，以检查酒水的品质。随后，将拔出的瓶塞稳妥地放置于铺有餐巾的托盘内，呈递给宾客进行检验。

❺ 醒酒

陈年的葡萄酒在长时间的存放过程中会产生沉淀，同时酒水会有一些令人不悦的杂味或异味。为了唤醒葡萄酒深藏的韵味并提升其香气与口感，服务员在斟酒前应征询宾客是否愿意进行醒酒。醒酒是一个让葡萄酒与空气接触并发生氧化反应的过程，有助于释放沉睡的香气物质，驱散不愉快的气味，并使单宁物质变得细腻柔顺。根据葡萄酒的种类和年份，醒酒时间可能从5分钟到数小时不等。在醒酒过程中，酒液与氧气充分接触，促使其中的化合物发生氧化和挥发，从而使葡萄酒的味道更加平衡、丰富和复杂。特别是对于年份较短的红葡萄酒，醒酒有助于软化其中的单宁，使其口感更为柔和圆润。此外，酒中的花香、果香等香气物质会逐渐挥发出来，使得葡萄酒的香气更加集中和丰富，展现出更加微妙的风味。同时也可以将酒液与沉淀物分开。

❻ 试酒

试酒是欧美人在宴请时的斟酒仪式。服务员右手握瓶，左臂自然弯曲在身前，左臂上搭挂一块餐巾。在宾客右侧斟倒约1盎司（1盎司约等于29.57毫升）的红葡萄酒，在桌上轻轻晃动酒杯，请主人闻香，经认可后将酒杯端送主宾品尝，在得到主人和主宾的赞同后再进行斟酒。

❼ 斟酒

一般来讲，西式宴会每道不同的菜肴要配不同的酒水，吃一道菜便要换上一种新的酒水。西式宴会的酒水可以分为餐前酒、佐餐酒、餐后酒等三种。

餐前酒，别名开胃酒。它通常作为正式用餐前的开胃饮品，或与开胃菜搭配享用，常见的有鸡尾酒、味美思以及香槟酒。

佐餐酒，又称餐酒。它是在正式用餐期间饮用的酒水。西餐中的佐餐酒无一例外都是葡萄酒，且以干葡萄酒或半干葡萄酒居多。在正餐或宴会上选择佐餐酒有"白酒配白肉，红酒配红肉"的原则。这里所说的白肉，即鱼肉、海鲜、鸡肉。食用这类菜肴时，须以白葡萄酒搭配。而红肉，即牛肉、羊肉、猪肉。食用这类菜肴时，则应配以红葡萄酒。

餐后酒，指的是在用餐之后，用来帮助消化的酒水。常见的餐后酒是利口酒，它又称香甜酒。最有名的餐后酒，是有"洋酒之王"美誉的白兰地酒。

（三）台面服务

❶ 保持清洁

拿餐具时，应拿刀叉的柄或杯子的底部，不可与食物碰触。餐桌上摆设的调味罐或杯子等物品要保持干净。上菜时需注意盘缘是否干净，若不干净，应用餐巾擦干净后，才能上席。撤盘时应将一并撤掉的餐具放到服务台上的托盘里，操作动作要轻。

❷ 保持安静

西式宴会十分注重气氛，但它不同于中式宴会的热闹，而是在一种优雅、柔和的气氛中进行。服务员需具备敏捷的反应，步履轻盈，动作迅速且利落，确保全程无声响。向宾客介绍菜单或征询意见以宾客听得清为好。背景音乐需柔和细腻，旨在为宾客营造一种优雅而美妙的就餐氛围。

❸ 上菜撤盘

每上一道菜之前，应先将前一道菜所用餐具撤掉。若宾客不慎使用了错误的餐具，服务员应避免直接指出，而应迅速且礼貌地撤掉错误餐具，并及时补上正确的餐具，确保服务流程的顺畅。上菜时，带有标志的餐盘应确保标志正对宾客，以示尊重；同时，牛排等主菜需置于宾客便于取用的位置，带有尖头的点心或蛋糕，其尖头应指向宾客。

❹ 保持温度

盛装热食的餐盘需预先加热才能使用，因此，餐盘或咖啡杯必须存放在具有保温功能的保温箱中。加盖的菜上席后，一位服务员负责一位宾客，为宾客揭盖要同时进行，动作一致。而冷菜类菜肴绝不能使用热餐盘来盛装，应维持菜肴原有的温度。

❺ 上调味酱

调味酱分为冷调味和热调味。冷调味酱如番茄酱、芥末等，由服务员准备好后摆在服务桌上，待宾客需要时提供。热调味酱由厨房调制好后，由服务员以分菜的方式提供。上调味酱时可以一人上菜肴，一人随后上调味酱。或者在上菜之时，向宾客说明调味酱将随后服务，以免宾客不知另有调味酱而先品尝菜肴。

❻ 上洗手盅

对于需用手拿取的菜肴，例如龙虾、乳鸽、蟹类以及某些饼干，应配备洗手盅与香巾。洗手盅内应装有约 2/3 的温水，并点缀花瓣或柠檬片。服务员需使用托盘将其送至宾客右侧的酒杯旁，并在上桌时简要说明其用途，以防宾客误饮。随菜上桌的洗手盅，需与餐盘一并撤掉。

六、西式宴会的餐后服务

（一）结账服务

宴会接近尾声时，服务员应做好结账准备，清点所有宴会菜单以外另行计费项目，如酒水、加菜等，并计入账单，宴会结束时，请主人或其助手结账。

（二）拉椅送客

主人宣布宴会结束时，服务员要提醒宾客注意携带好自己的随身物品。宾客起身离座时，服务员应主动帮宾客拉开椅子。宾客离座后，服务员要立即检查是否有宾客遗漏的物品，及时帮助宾客取回寄存在衣帽间的衣物。

(三)清理台面

宾客全部离座后,服务员应迅速分类整理餐具,整理台面。清理台面时,金、银器等贵重物品应清点数量并妥善保管,然后依次按照玻璃器皿、其他金属餐具、餐巾的顺序分类清理。

(四)清理现场

完成台面清理后,服务员应将所有餐具、用具恢复原位并摆放整齐,做好清洁卫生工作,恢复宴会厅原貌,确保下次宴会的顺利进行。

任务实施

分析西式宴会酒水服务的流程

1. 任务要求

(1)学生自由分组,每组 4~6 人,并推选出小组长。

(2)每个小组设计一场西式宴会,小组成员通过角色扮演的方式演示西式宴会酒水服务的操作流程和标准,标准包括斟酒服务的站位姿势、持瓶姿势、斟酒方法、斟酒顺序和量度控制等,并分析讨论其是否符合西式宴会酒水服务的规范。

(3)小组长汇总小组成员的主要观点,并以 PPT 的形式进行汇报演示。

2. 任务评价

在小组演示环节,主讲教师及其他小组依据既定标准,对演示内容进行综合评价。

评价项目	评价标准	分值/分	教师评价(60%)	小组互评(40%)	得分
知识运用	熟悉西式宴会酒水服务的操作流程和标准	30			
技能掌握	对西式宴会酒水服务的操作与分析合理、准确	40			
成果展示	PPT 制作精美,观点阐述清晰	20			
团队表现	团队分工明确,沟通顺畅,合作良好	10			
合计		100			

同步测试(课证融合)

扫码看答案

一、判断题

1. 西式宴会开始前需要准备台面餐具总数 1/5 的备用餐具。( )
2. 当宴会人数超过 60 人时,宴会台型一般选用 U 形台。( )
3. 红葡萄酒饮用前需要冰镇,保持温度在 8~10 ℃为宜。( )
4. 西式宴会服务中,法式服务最为高档、豪华、细致。( )
5. 在西式宴会中,面包盘会始终放在餐台上供宾客取用。( )

二、选择题

1. 西式宴会中首先上桌的菜肴是( )。
   A. 开胃菜　　　B. 主菜　　　C. 汤　　　D. 甜品
2. 一般用于餐前酒的酒品是( )。
   A. 白兰地　　　B. 威士忌　　　C. 味美思　　　D. 红葡萄酒
3. 一般西式宴会厅所选择的服务方式为( )。
   A. 法式服务　　　B. 俄式服务　　　C. 美式服务　　　D. 英式服务

三、简答题

1. 简述西式宴会上菜的次序。
2. 简述西式宴会酒水服务的流程。

课赛融合

宴会预订函

尊敬的××酒店宴会预订部：

  鉴于对贵酒店的品牌认知和良好体验，我们计划于2022年7月3日下午18:00在贵店为父亲举办七十大寿寿宴，拟预订晚宴12桌，每桌10人。宴会活动预计持续2.5小时，每桌预算餐标2888元（自带酒水）。本次赴宴客人包括70岁以上老人6位、儿童5位左右。计划在宴会中播放"父母的岁月留影照片合集"等视频。

  烦请在收到此函后与我联系，并请贵店提供针对本次服务的接待方案，以便我们尽快确认。涉及此次宴会的所有事情请随时与我联系。

  谢谢！

联系人：李红军
联系电话：12345678910

答题要求：

针对以上预订函提供的信息，请选手完成以下任务：

1. 给客人写1份要素完整的预订回复函。
2. 撰写服务接待方案1份（不少于1000字）。
3. 制作宴会活动工单（BEO）1份。

评价标准

宴会服务接待方案评价标准

	M＝测量 J＝评判	标准名称或描述	权重	评分
接待方案 （10分）	M	方案内容数据准确	0.5	Y|N
	M	方案价格合理可行	0.5	Y|N
	M	字数符合要求	1.0	Y|N
	J	0 服务情境要素不全，设计不全面、不准确，不符合工作实际 1 服务情景要素不够全，设计不够全面、不够准确，不符合工作实际 2 服务情景要素比较齐全，设计比较全面、准确，比较符合工作实际 3 服务情景要素非常齐全，设计全面、准确，符合工作实际	1.0	0 1 2 3
	J	0 服务流程设计不合理，没有考虑宾客的特点及诉求，没有体现客人个性化需求 1 服务流程设计一般，考虑宾客的特点及诉求不够，体现客人个性化需求不够 2 服务流程设计较好，考虑宾客的特点及诉求较全面，较好体现客人个性化需求 3 服务流程设计合理，考虑宾客的特点及诉求全面，能够体现客人个性化需求	2.0	0 1 2 3

续表

	M＝测量 J＝评判	标准名称或描述	权重	评分
接待方案 （10分）	J	0 方案格式不规范,语言表述不准确,整体结构不合理 1 方案格式不够规范,语言表述不够准确,整体结构不够合理 2 方案格式比较规范,语言表述比较准确,整体结构比较合理 3 方案格式规范,语言表述准确,整体结构合理	2.0	0 1 2 3
	J	0 整体方案未按要求进行设计,整体效果差,不符合经营实际,可操作性低 1 整体方案未完全按要求进行设计,整体效果一般,基本符合经营实际,可操作性一般 2 整体方案能按要求进行设计,整体效果较好,比较符合经营实际,可操作性较好,有一定创新 3 整体方案完全按要求进行设计,整体效果好,符合经营实际,可操作性好,具有创新性	3.0	0 1 2 3

注：上述案例及评价标准均源自全国职业院校技能大赛高职组餐厅服务赛项宴会预订模块。

项目七

宴会部组织机构

项目描述

通过学习和训练,掌握宴会部设置的依据、员工配备成本变动、各岗位职责,并能根据不同岗位要求编写职责说明,同时熟悉宴会部员工的职业道德和业务技术培训流程。

项目目标

素养目标

1. 树立宴会经营中组织管理的创新意识,培养围绕市场需求设计服务模式的意识。
2. 培养服务意识、不同岗位互助意识,培养团队合作能力。
3. 通过岗位设置践行文明、敬业、诚信、友善的社会主义核心价值观。
4. 培养学生发现、分析和解决问题的基本能力。

知识目标

1. 了解宴会组织机构设置的基本知识。
2. 掌握常见的宴会部组织形态及其各部门的基本方法。
3. 掌握宴会服务人员的素质要求。

能力目标

1. 掌握不同规模的宴会部组织结构设置依据。
2. 能够独立进行宴会部组织机构的设计。
3. 能够利用宴会组织机构设置原理编制不同类型宴会的人员数量、岗位设置及排定班次。
4. 培养学生收集、整理、处理宴会的信息能力。

知识框架

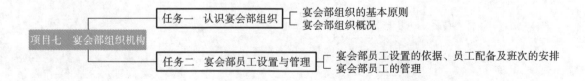

任务一　认识宴会部组织

任务引入

红月餐厅的变革

红月餐厅开业之初是一家只有20个座位的小饮食店,夫妻俩一人掌厨,另外一人则是老板兼服务员。因为所有采购、菜单选择、烹调方式的决策都在夫妻俩身上,所以餐厅的组织较单纯且容易协调。后来生意越做越好,夫妻两人决定将红月餐厅由20个座位扩充至500个座位,厨房和餐厅的规模也要相应扩大。可又不能直接增加25名厨师,他们觉得人太多会降低工作效率,于是夫妻俩商议在主厨下设置副主厨及其他助手。为了有效监督,提高生产力,还需要着手分配工作,使每一个人都能各司其职,各尽其才。

组织最大功能就是集合企业的人力达成营运成功的目标。随着红月餐厅组织编制不断地扩大,同一性质或类似的工作可能不只由一个人来操作,为了进一步提高生产效率,红月餐厅将从事相似工作的员工整合到一个部门,以提升他们的工作能力和工作满意度。另外,因企业规模扩大,无法监督操作细节,所以,红月餐厅在每个部门都设置了管理人员,并赋予他们适当的权限,以便进行局部决策和高效管理。红月餐厅通过构建科学合理、充满活力工作高效的餐馆组织机构,创造出更大的效益。

请同学们带着以下问题进入任务的学习:
1.此案例中,红月餐厅为何要进行组织机构的调整?
2.此案例揭示了组织机构在企业发展中的关键作用,它给你带来了哪些思考和启示?

知识讲解

为了保证宴会的顺利运转,必须以某种方式将一定规模的宴会活动进行科学分工,使各个部门的岗位工作人员各司其职,以实现组织的共同目标。本任务重点介绍宴会部的组织机构、职能及宴会部各部门的主要工作任务,同时介绍了对宴会人员的素质要求。

宴会部组织的优劣关系到宴会运营的成败,其重要程度不言而喻。宴会部是一个由多部门协同配合的特殊经营部门,其营业范围较大;宴会部集生产、加工、销售于一体,过程多、环节复杂;员工结构差异较大。要管理好这样一个复杂的部门,需建立科学、合理且高效的管理组织,确保各部门顺畅运作,以保障宴会的正常运营。

一、宴会部组织的基本原则

宴会部的组织机构是专为宴会管理目标及其整个生产、加工、销售流程而设立的专业管理机构。随着市场经营环境的变化,组织形态和管理组织也会发生变化。不管其形态如何变化,它必须符合组织的设立原则。

①精兵简政,遵循高效原则,能够用最少的人完成设定的工作任务。发挥人才配合的作用,实现分工协作。
②发挥重点岗位的主观能动性,确保专业化操作的独立性,并加强平行部门间的协调性。
③责权相当原则,这是保证组织机构正常运转的基础,也是管理人员开展各项工作的前提。
④共同目的原则和统一命令原则。

二、宴会部组织概况

1 组织内主要部门的功能

(1) 厅面部：负责宴会菜品及饮料酒水的销售、服务工作，以及宴会厅内的布置、管理、卫生清洁、安全保卫等工作，其中必要的工作岗位有宴会部经理、各级领班、各岗位服务员。

(2) 厨房部：负责宴会部菜品的制作、控制宴会成本等工作，需要设立的岗位有厨师长、热菜领班、冷荤领班、面点领班及各级厨师和助手。

(3) 洁净部：负责一切餐具的清理、消毒、搬运工作。

(4) 管理部：负责餐具管理、维护、换发及废物处理工作。

(5) 酒吧部：负责宴会各种饮料、酒水的管理、储存、销售工作。

(6) 宴会营销部：负责接洽酒会、宴会、会议等所有业务工作，并增设一名美工岗位，专门负责宴会厅现场及主题性会议接待的环境布置。

(7) 财务核算部：负责食品原材料的采购、成本控制、核算分析以及菜品和市场定价工作。

下面通过图例，便可看到其基本管理形式和内容。

组织内主要部门如图7-1所示。

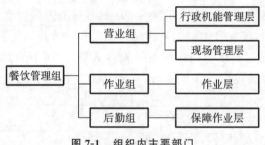

图7-1 组织内主要部门

组织细分延伸如图7-2所示。

图7-2 组织细分延伸

2 常见的宴会部组织形态

宴会部的发展可谓越来越专业化，其设定的组织形式也从原形态中只负责服务模式的框架中独立出来，形成了一个具有人事调拨、财务核算的独立性专业部门，宴会部的部门设定图如图7-3所示。

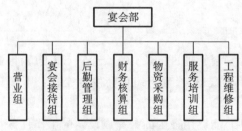

图7-3 宴会部的部门设定图

这些部门仅负责宴会部的具体业务工作，在总体业务领导层面，例如财务核算组，需直接向餐饮部最高负责人汇报，同时其业务需接受总财务部门的监督，确保总财务部门可随时对宴会部财务核算组进行业务检查与指导。

这种形态的设立优点体现在以下几个方面。

(1)宴会部成为独立部门。

(2)宴会部形成一个独立核算的单位。

(3)涉及的内部活动容易协调。

(4)高层管理人员的行政职能相对独立,能够更好地发挥全局监控性。

(5)充分发挥人事、财务的管理职能,资源得到充分利用。

❸ 宴会部具体组织机构图

(1)小型饭店组织机构图。

小型饭店组织机构图见图7-4。

图7-4 小型饭店组织机构图

(2)中型饭店组织机构图。

中型饭店组织机构图见图7-5。

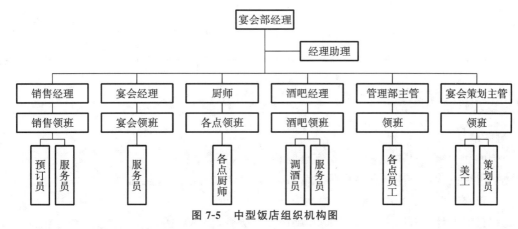

图7-5 中型饭店组织机构图

(3)大型饭店组织机构图。

大型饭店组织机构图见图7-6。

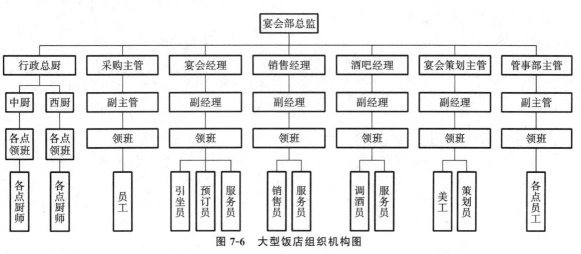

图7-6 大型饭店组织机构图

任务实施

分析宴会部组织机构岗位设置的优缺点。

1. 任务要求

(1) 学生选择熟悉的酒店画出宴会部组织机构图。

(2) 学生展示组织机构图,讲述岗位设置及人员基本配备。

(3) 教师组织学生进行讨论,并提出改进建议。

2. 任务评价

在学生讲述的过程中,教师及其他同学依据既定标准,对讲述内容进行综合评价。

评价项目	评价标准	分值/分	教师评价(60%)	小组互评(40%)	得分
知识运用	熟悉组织机构的基础知识	30			
技能掌握	对组织机构岗位设置分析合理、准确	40			
成果展示	PPT制作精美,观点阐述清晰	20			
改进提升	接受不同意见并积极改进	10			
合计		100			

同步测试(课证融合)

一、判断题

1. 合理的宴会组织机构设置是确保宴会顺利进行的关键。（　　）
2. 宴会组织机构设置应契合酒店的经营特色。（　　）
3. 宴会正常经营并非与组织机构无关联。（　　）
4. 组织机构设计应遵循人才配合原则,确保分工明确,协作顺畅。（　　）
5. 宴会部既可独立设置,又可作为其他部门的分支机构。（　　）

二、选择题

1. 宴会组织机构中负责菜品销售的是(　　)。
   A. 厅面部　　　B. 厨部　　　C. 洁净部　　　D. 核算部
2. 大型饭店的宴会部组织机构中一般包括(　　)。
   A. 宴会销售部　　　　　　B. 宴会活动策划部
   C. 宴会管事部　　　　　　D. 工程部

三、简答题

1. 简述宴会部组织的基本原则。
2. 简述常见的宴会组织形态。

任务二 宴会部员工设置与管理

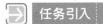 任务引入

组织机构设置的科学性与人性化

每家酒店都会设置符合自身运营的合理的组织机构。然而,常有酒店负责人感叹执行难,尤其在涉及管理层权力分配和员工政策时更为复杂,不仅执行难,还会产生额外矛盾。制定规定并推行,却常流于形式,即便多次强调亦无济于事。问题的关键在于,人们往往忽视了组织机构设置的合理性,以及科学性与人性化的并重。科学性指制度应具体、可操作且易于监控;人性化指合于常情,关注人性需求。

以管理人员折扣权限为例。酒店的折扣权限与级别紧密相连,销售经理、宴会经理、副总经理等各级人员的折扣权限各不相同,总经理甚至拥有免单权。这种多级定价体系复杂多变,既增加了销售预测与控制的难度,又导致其他部门频繁寻求相关人员审批折扣。政策的不统一,操作的不透明,最终损害了酒店的利益。其实酒店内部折扣不同于公司合同、旅行社合同,它既不和数量挂钩,也不和客户关系维护相关,只需执行单一政策即可。除季节性管理层最低价外,就是总经理根据酒店业务和关系需要签署免单,别无二价。

宴请和用餐政策更令人头痛。部门经理需拿着公关单到处找分管副总或者总经理批单子,用餐标准又分为三六九等,厨师长甚至看人下菜。审批权力高度集中在少数人手中,这既不利于工作开展,也无法进行有效监控,更不符合人性需求。

科学性和人性化并重,使制度上升为一种艺术。这极大地减少了管理的内耗和管理人员无谓地浪费在莫名其妙的协调上的精力,为各级管理人员减轻负担,使其心情愉快地投身到对客服务中。

酒店组织机构管理是酒店企业的一项重要职能,也是实现酒店经营目标的重要保证。一方面,酒店需将整体工作分配给各部门及成员,构建一个既分工又合作的体系,以确保工作顺利完成;另一方面,随着酒店业的发展,规模日益扩大,若无有效的组织机构,庞大的群体将难以实现高效运营。

在宴会部人员配置过程中,若人员过多,可能会导致效率低下和成本增加,同时也会增加组织内部的矛盾;而人员配置过少,则可能导致员工过度加班,工作满意度降低,进而影响菜式出品的质量稳定性。

请同学们带着以下问题进入任务的学习:

1. 组织机构设置中科学性与人性化分别指什么?
2. 组织机构设置中科学性与人性化如何达到并重?

知识讲解

一、宴会部员工设置的依据、员工配备及班次的安排

在不同的宴会类型中,员工生产力的安排和人员配置各不相同。一般在设置过程中,先要考虑经营规模与烹饪规模的比例、服务员提供服务点数的比例、服务员与餐位数的比例、人员的平均劳动效率、工艺要求等因素,再根据营业时间来安排员工班次,最后确定部门的人数。

(一)宴会部员工设置的依据

❶ 加工烹调的简易程度

在宴会经营过程中,会涉及加工烹调的简易程度。若客人选择成品或预先加工过的半成品菜

式,宴会部仅需进行简单的再加工即可出售,因此,这类餐厅仅需配备少量必要的技术人员。反之,若客人进店消费所选购的产品需要经过复杂的加工过程,包括宰杀、切割、刀工处理、腌制等,在这种条件下,不仅需要众多的服务人员,还需配备接受过专业技术培训的人员来从事相对复杂的工作。此外,为了缩减人员配置,宴会部可考虑减少加工环节和降低加工程度,比如增加净材料和已加工原料的采购量,但需注意,这会导致菜品成本相应增加。

❷ 经营方式和服务方式

经营方式不同会直接影响周转率的高低,采用零点式餐厅的经营模式,其对服务和设施的要求会高于团餐式宴会,因此,人员的配备标准也会相应提高。

经营方式的不同决定着服务方式和服务流程的不同,同时对人员配备也有不同的要求。例如,自助餐、快餐用人较少;高档宴会服务由于需要注意细节、服务分工精细,所以用人较多;提供中等服务的餐厅,顾客对人员的服务水平和技能要求相对较少,故这种类型的餐厅,人员配备也会相对较少。随着市场和消费群体的日益成熟,服务范围逐渐扩大,服务技能上也需进行相应的提升。这些因素无疑会导致各类宴会部门需要相应地增加人员配置。

❸ 营业时间和经营档次

营业时间的长短对人员配置有着直接的影响。如果一家酒店的宴会部场地采用多功能厅,从早到晚一直处在营业状态,那么其所需的人员配置必然要比只提供宴会接待的酒店多;如果经营档次定位于中高档次,那么人员配置也会比经营大众菜品的餐厅多。

❹ 周转率及客流量

周转率较高且客流量大的宴会部,人员配置要多,分工也要更为明确;周转率较低且客流量小的宴会部,人员配置相对较少。

❺ 菜式品种和厨房设备

菜式出品少的餐饮,人员配置的层次较少,人数也较少;反之,菜式出品较多的餐饮,人员配置的层次相对复杂,人数也较多。

厨房在配置人员时应注意,因厨房多使用现代化的机械加工来代替传统的手工操作,要使劳动生产率同效率挂钩。

(二)宴会部的劳动生产率

理想的员工配置与工作安排,其实质在于工作衔接紧密、有条不紊,让顾客无须等待。当宴会的菜品和服务均达到标准后,能有效节省人工费用,提高劳动生产率。

宴会部衡量劳动生产率的考核指标为劳动生产力和劳动分配率。其中,劳动生产力是宴会中员工平均所创造的毛利,用公式可表示为

$$劳动生产力=(销售额-原料成本)/员工人数$$

劳动分配率是指每月的人工费占毛利额的比例,用公式可表示为

$$劳动分配率=人工费/毛利额\times100\%$$

例如,某宴会部有员工55人,年销售额为430万元,原材料成本为150万元,则该宴会部的劳动生产力为

$$(430万元-150万元)/55=50909(元)$$

劳动生产力与劳动分配率相乘可以得出员工的平均人工费,用公式可表示为

$$员工的平均人工费=劳动生产力\times劳动分配率$$

由上述公式及计算可知,宴会部若能增加收入,节约开支,提升毛利,在员工人数稳定的情况下,劳动生产力将会提高。若维持原劳动分配率,人工费亦可提升,同时宴会部的净利润有望增长。

提高劳动生产率的关键在于树立全体员工的营销意识,积极开拓新市场,同时注重开源节流,增强宴会服务的盈利能力。此外,还需合理安排员工的工作量和班次,确保在维持高质量服务的同时,

适当减少员工数量,降低人工成本。

(三)涉及变动成本的员工配置

❶ 涉及变动成本的员工

涉及变动成本的员工配置与宴会部的销售业绩密切相关。当宴会部销售额上升时,需相应增加员工数量,这必然会导致人工成本上升。相反,当宴会部销售额下降时,则会考虑减少员工数量,以降低人工成本。

宴会服务人员的配置是涉及变动成本最多的因素。当宴会部进入用餐时间并达到营业高峰期时,需要大量的服务人员工作。在非高峰期,如下午的茶市时间,只需几名服务员便可维持经营。显然,在宴会经营管理中,实现服务员的有效工时管理至关重要,这有助于解决因消费需求量波动而导致的服务员在淡季无事可做、旺季人手不足的问题。在实施有效工时管理时,不能仅依靠经验判断,而应建立在一段时间内的统计基础之上,并加以分析。

【例1】

餐厅一周就餐人数统计表

日期	营业时间段	人数	销售金额	服务员人数	客人进店人数	客人出店人数
××月××日 (星期×)	7:00—8:00	100	2000	4	100	—
	8:00—8:30	30	600	5	30	130
	12:00—12:30					
	12:30—13:00					
…	…	…	…	…	…	…

注:此表只列举出某一天的某一时段情况,在进行实地统计时,应根据一周及宴会厅的各时间来分别进行统计分析。

涉及变动成本的其他员工,如洁净人员、洗碗工和厨师等,可利用宴会淡旺季及日常空闲时段,参照有效工时管理原则,灵活配置人力。

❷ 涉及变动成本的员工配置

由于涉及变动成本的员工配置与营业收入和宴会接待规模存在关联,因而必须对宴会的营业量进行分析。

(1)每日营业分析。

每日营业分析是以客情统计数据为依据,宴会部通过将每日就餐人数预估每日的营业收入,进而依据营业收入来确定所需配置的员工数。鉴于宴会消费市场的不稳定性,单日数据难以反映就餐规律,所以需要收集数周的数据并计算平均值,以此为依据配置员工数量。

【例2】

×月餐厅就餐人数统计表　　　　　　　　　　　　　　　　　　　　　单位:人

日期	星期一	星期二	星期三	星期四	星期五	星期六	星期日
4.1—4.7	138	90	119	189	159	178	200
4.8—4.15	125	116	131	199	130	239	162
4.16—4.22	116	96	128	200	148	195	199
4.23—4.29	145	85	125	195	128	235	148
平均值	138	96	128	199	148	195	162

从上表中可以看出,四个星期二的就餐人数在85人至116人之间,最高就餐人数是116人,最低就餐人数是85人,去掉最高数值和最低数值后,应选择93人作为平均值依据。

在人力资源管理中,中位数通常被用作衡量员工工资水平的参考,因为它能更好地反映大多数员工的实际情况,而不受极端值的影响。例如,在某餐厅,如果考虑四个星期五的就餐人数分别为128、130、148、159,其平均值为141,而中位数为139,这表明大多数情况下就餐客人数为139,因此可以据此确定星期五员工的配置人数。

(2)确定劳动定额。

劳动定额是指各岗位员工在一定服务时间内应提供的服务和产品的产量。劳动定额通常以供餐的时间段来确定每天的服务数量,而服务数量通过接待客人的服务数量、菜式的推销数量和营业收入来确定。

例如,规定服务员的劳动定额及菜式推销定额如下所示。

早餐:25～35人/每餐。

午晚餐:20～30人/每餐。

餐厅对厨师和洗碗工的劳动定额如下所示。

①厨师。

早餐:40～50人/每餐。

午晚餐:30～35人/每餐。

②洗碗工。

早餐:110～120人/每餐。

午晚餐:90～100人/每餐。

每餐定额能反映不同的服务数量和差别,因而要针对宴会提供服务的难易程度及客人的用餐时间来制定。

(四)涉及固定成本的员工配置

与涉及变动成本的员工配置相比,涉及固定成本的员工配置与营业收入的关系并不紧密。通常情况下,宴会部的生意无论是火爆还是冷清,都不会影响经理、厨师长、采购、收银等稳定岗位的人员配置。只有当营业收入出现显著增减,并呈现明显的发展趋势时,才会考虑对这些岗位进行必要的调整。

(五)班次安排

从以上对涉及变动成本和固定成本员工配置过程的分析可知,科学合理地安排员工班次,不仅可以提高工作效率,还能节省与人工费用相关的各项开支,所以对员工班次的安排有必要进行研究。

❶ 对涉及变动成本员工班次的安排

首先,通过分析每日营业统计表和接待客数统计表,我们可以确定当天所需的员工数量,进而制定一周的员工班次安排表。

【例3】

各岗位每周员工需求安排表

项目	劳动定额	星期一	星期二	星期三	星期四	星期五	星期六	星期日
预测客人数/人		138	96	128	199	148	195	162
餐厅服务员	20～30人/每餐	7						
洗碗工	90～100人/每餐	2						
厨师	30～35人/每餐	5						
其他								

根据每日对员工的需求数,便可以排出一周内员工的班次。

【例4】

员工各岗位一周工作班次安排表

岗位	姓名	1日 星期一	2日 星期二	3日 星期三	4日 星期四	5日 星期五	6日 星期六	7日 星期日
服务员	王小明	A	A	B	B	例休	A	A
	刘小红	B	B	例休	B	B	B	B
	赵亮	例休	D	B	A	A	D	D

注：此表的工作时间需要在确定营业时间后，对所配置员工的工时进行有效分配，同时要符合劳动法的要求，表中A、B、D分别代表不同班次的工作时间。

通过分析宴会某时间段就餐人数，我们可以确定该时段所需的服务员人数。然而，这一人数的确定需要综合考虑宴会客人数、营业收入及劳动定额分配等多个因素，并对相关表格进行合并分析。因此，在一般情况下，我们并不直接进行计算，而是根据宴会员工的实际技能水平和宴会客人数来合理安排。

❷ 涉及固定成本员工班次的安排

这些员工的班次安排相对固定，但在营业量发生变化时，也会根据实际情况灵活调整班次或安排员工加班。

例如，库房管理员的工作量取决于每日发放和验收货品的时间及数量。因此，在排班时，需要与供应商、采购等相关部门保持协调一致，综合考虑这些因素后，形成相对固定的班次安排。

二、宴会部员工的管理

由于行业特性、工作环境、用工条件的不同，宴会部的员工管理与一般企业员工的管理存在较大区别。这些被管理者年轻、有朝气、精力充沛且接受力强，但也存在自我管理不足、易随波逐流等问题，而且员工素质差异较大，接受管理的方式和程度各异，这给管理工作带来了诸多挑战。因此，需要根据员工的实际情况，定制专属的管理模式，以充分发挥管理效能，为经营添彩，持续创造更多价值。

同步案例

（一）制度化管理

宴会部员工的管理，制度化仍然不可或缺。中国自古就有"无规矩不成方圆"之说，但凡管理，就必须有相应的制度作为前提。但是在使用制度管理员工时，作为管理人员要遵循如下几点。

❶ 制度不要太烦琐

若制度过于繁杂，会给制度的推行带来较大的难度，如果执行不力则易流于形式，最终损害制度的严肃性。因此，为避免这一情况，就要简化制度，实施"瘦身"计划，将平时经常使用的日常管理（如出勤、着装等）、标准话术、服务礼仪、卫生制度、服务标准等不断地向员工进行灌输，让他们耳熟能详、信手拈来，这样制度才能更容易落到实处。

❷ 制度管理要刚性

管理的关键在于考核，考核的关键在于落实。因此，在实施制度化管理时，在制度的执行和落实上一定要一视同仁，不能厚此薄彼，只有确保"制度面前，人人平等"，一线服务人员及中、基层管理人员方能深切体会到制度的公正与严肃，进而心平气和地遵守法律法规。如此，制度才能彰显其威力，使众人不敢轻易逾越界限。

制度化管理是宴会部人员管理的基础和保障，它确保了餐饮酒店在经营管理中能够避免出现漏洞，从而为做强做大奠定坚实基础。在所有竞争要素中，人的因素至关重要。对于以服务水准为"卖点"的宴会来说，只有通过制度化管理，才能真正实现管理出效益，提升服务质量，保证安全卫生，以及提高员工素质。

（二）人性化管理

宴会部的员工每天面临着非常繁重的工作。因此，在管理当中，如果能采用人性化的管理方式，会受到他们的欢迎和青睐。实施人性化管理需要注意以下几个方面。

❶ 人性化不等于人情化

对于餐饮酒店而言，人性化管理是非常必要的，但绝不能将人性化与人情化混为一谈。人性化管理是基于管理理性基础上的，它更多地关注被管理者的感受、接受程度和接受方式。然而，人情化管理常导致原则被忽视，使管理和制度形同虚设，管理变得一团和气，缺乏力度，最终难以持续。实际上，人性化管理是一种较高层次的管理，它可以不显山不露水地达到管理的目的。例如，有的酒店在管理员工时，推出首次违纪不罚款，但一定时间内再犯则一并处罚的方式。其具体做法是，第一次违反制度，只开具罚单，给予警告和提醒，但不实际罚款，但如果在一个月内再次违反制度，则将两次违纪行为一并执行处罚，这就是一种人性化的管理方式。毕竟，人非圣贤，孰能无过，通过给予改正的机会，有时可以间接地达到鞭策的效果和作用。

❷ 沟通是人性化管理的核心

在餐饮酒店的管理当中，沟通是必不可少的。良好的沟通胜过任何形式的管理手段。例如，有的酒店推出"总经理接待日""总经理与您面对面"等活动，通过这种一对一的沟通方式，了解酒店员工，尤其是基层员工的生活状态、工作状态和心理状态。例如，了解他们的家庭出身、生活习性、饮食习惯及适应性，进而设身处地为他们着想，关心其需求，建立深厚的情感联系，使他们从内心接受企业与管理，最终实现无为而治的境界。

人性化管理要求管理者放下架子，亲近员工，与他们建立真挚的友谊，运用同理心进行换位思考，并通过双向沟通，实现上下一心，共同将管理工作做得扎实且富有成效。

> 任务实施

模拟排班

某酒店餐饮部承担着住店客人的早餐、正餐及团队和会议客人的用餐，餐厅的营业时间为早餐6:00—10:00；午餐11:00—14:30；晚餐17:00—22:00；夜宵21:00—00:00，同时为客人提供客房送餐服务。请设计餐饮部员工班次表。

1.任务要求

（1）学生自由分组，每组4～6人，并推选一名小组长。

（2）小组成员通过角色扮演的方式，模拟排定餐饮部员工班次，并深入讨论分析所排班次是否符合酒店实际运转需求。

（3）小组长汇总小组成员的主要观点，整理成报告，并以PPT的形式进行清晰、有条理地汇报演示。

2.任务评价

在小组演示环节，主讲教师及其他小组依据既定标准，对演示内容进行综合评价。

评价项目	评价标准	分值/分	教师评价(60%)	小组互评(40%)	得分
知识运用	符合餐饮部经营需求	30			
技能掌握	对岗位排班的设定分析合理、准确	40			
成果展示	PPT制作精美，观点阐述清晰	20			
团队表现	团队分工明确，沟通顺畅，合作良好	10			
	合计	100			

> **同步测试(课证融合)**

一、判断题

1. 在不同的宴会中,员工生产力的安排,人员配置各不相同。 （ ）
2. 宴会部若要减少人员的设置,可以减少加工环节和加工程度。 （ ）
3. 宴会组织机构一旦确定,便不应轻易更改。 （ ）
4. 宴会菜品的设计与组织机构无直接关联。 （ ）
5. 客人的宴会需求通常不直接影响组织机构的设计。 （ ）

扫码看答案

二、选择题

1. 当（　　）较高且客流量（　　）时,宴会部的人员配置应相应提高,分工需明确。
A. 周转率;大　　B. 周转率;小　　C. 成本;小　　D. 毛利;小

2. 宴会部员工设置的依据（　　）。
A. 营业时间　　B. 服务方式　　C. 菜品制作　　D. 成本核算

三、简答题

1. 简述宴会部员工设置的依据。
2. 简述员工配置与成本控制之间存在的关系。

项目八

宴会运营管理

项目描述

宴会运营管理是酒店宴会工作的重中之重,其工作效果会直接影响酒店的经济效益和品牌形象。因此,酒店既要重视宴会营销和预订管理,又要做好宴会生产管理。

本项目主要介绍酒店宴会营销管理、宴会生产管理的相关内容。本项目设置了探析宴会营销管理、探析宴会生产管理两个任务。

项目目标

素养目标

1. 树立安全至上、以人为本、遵纪守法、质量第一的职业素养。
2. 培养服务意识、创新意识,达到能力目标。
3. 树立关注细节、精益求精、追求卓越的工匠精神。
4. 在宴会服务中践行文明、敬业、诚信、友善的社会主义核心价值观。

知识目标

1. 熟知宴会营销的类型和宣传方式。
2. 熟知宴会营销管理的内容。
3. 熟知宴会安全与卫生管理要求。

能力目标

1. 能够根据顾客要求完成宴会预订、更改、取消的程序。
2. 能够进行宴会安全与卫生管理。
3. 能够根据顾客要求进行宴会菜点质量管理。
4. 能够根据行业要求保证宴会服务质量管理。

知识框架

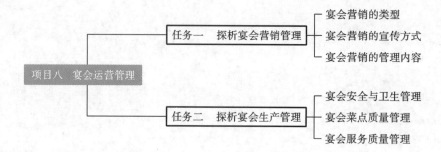

项目八 宴会运营管理

任务一 探析宴会营销管理

教学资源包

岗位要求：
宴会定制服务师

任务引入

某酒店为了吸引更多顾客来店消费，决定在七夕节策划一个新的宴会营销活动：将接吻活动与营销活动结合起来，活动要求两位参与者在酒店门前接吻，接吻时间越长，获得的奖励越丰厚。

这种新奇的营销模式在当地引发了很大反响，许多年轻人都积极地参与这次活动，并将参与过程拍成视频在朋友圈、抖音等新媒体平台上上传。这使得该酒店迅速成为当地的网红店，吸引了许多顾客慕名前来，酒店的生意也因此火爆了起来。

（案例整理自课堂教学）

请同学们带着以下问题进入任务的学习：

1. 通过该案例的学习，你认为酒店营销行为的作用是什么？
2. 通过该案例，你认为作为一名宴会定制服务师，应当如何开展营销工作？

知识讲解

一、宴会营销的类型

（一）节日营销

许多人将宴会安排在节日期间，原因主要有两个方面：一方面是因为很多平常忙于工作的宾客只有节日期间才能参加宴会，另一方面是因为节日的氛围会让宴会的气氛更加活跃、喜庆。

❶ 中国传统节日

适合宴会营销的中国传统节日主要包括春节、元宵节、端午节、七夕节、中秋节等。例如，在七夕节时，酒店可以根据"鹊桥会"的故事，在宴会厅门口布置一座鹊桥，供宾客在桥上合影，也可以推销与七夕相关的菜点，如"情浓似海"（葱烧海参）、"天长地久"（九转肥肠）、"彩蝶"（冷荤造型拼盘）、"一片真情"（香煎鳕鱼）、"比翼双飞"（可乐鸡翅）、"情深意长"（盘丝饼）等。

❷ 西方传统节日

适合宴会营销的西方传统节日主要包括圣诞节、母亲节、情人节、复活节、万圣节等。例如，在圣诞节当天，酒店可以安排工作人员在门口装扮成圣诞老人，为宾客分发圣诞帽、圣诞铃铛、麋鹿玩偶等小礼物，也可以举办特色西餐折扣活动，以吸引更多宾客。

❸ 现代新型节日

现代新型节日是指那些随着社会发展和文化变迁而兴起的节日，它们可能与传统的节日有所不同，更多地反映了现代社会的特点和人们的新需求。这些节日通常是由国际组织、非政府组织、特定群体或商业机构发起，目的是促进社会意识、文化交流或商业活动。随着全球化和互联网的发展，这些节日在全球范围内得到了广泛传播和认可。例如，新型情人节（5月20日）、光棍节（11月11日）、音乐节等都可以作为营销的契机，推出具有特色的产品，如情人节套餐、单身主题菜品、追星系列菜品等。

（二）主题事件营销

酒店可以根据自身情况及周边环境的变化，围绕某个主题事件实施营销活动。例如，酒店可以借助新菜上市的机会，举办以新菜品尝为主题的"试吃会"、推出新菜折扣等活动；若社区在周围举办

163

相亲活动,酒店可以与社区联合,举办情侣烛光晚宴活动,以吸引更多情侣来店消费。

(三)优惠营销

优惠营销是指酒店采用给顾客让利的方式来吸引顾客,从而促进销售的活动。

❶ 打折营销

打折营销是指酒店按一定比例降低菜品价格,以实现薄利多销的营销活动。一些酒店经常会设置特价菜,如"一折凉菜""5元清炒时蔬""半价饮料"等。

❷ 抽奖营销

抽奖营销是指酒店给进店消费的顾客提供抽奖机会的营销活动。当顾客在酒店内消费达到一定金额后,即可参与酒店的抽奖活动,并有机会获得免单、打折、小礼物等奖励。一般来说,酒店会将抽奖环节设置在门口,以吸引过往行人进店消费。

❸ 礼券营销

礼券营销是指酒店向顾客发放可用于抵扣现金或换取赠品的礼券的营销活动。酒店向顾客发放的礼券可作为下次消费抵扣的凭证,顾客为了使用礼券,就会再次来店消费。酒店还可设定使用礼券的条件,如"满200减30""满100送两瓶啤酒"等。

❹ 赠品营销

赠品营销是指酒店给进店消费的顾客赠送礼品的营销活动。酒店可以制作一个系列主题的赠品,每次客户来消费就可以获得一个赠品。

❺ 抢购营销

抢购营销是指酒店对某菜品设置一个极低的价格,但该菜品只能限量供应的营销活动。例如,酒店可以设计"1分钱吃鲍鱼"活动,规定前100名顾客可以以1分钱的价格购买一份鲍鱼,此活动具有话题性,能激发顾客的消费欲望。

❻ 竞赛营销

竞赛营销是指酒店在顾客用餐前安排一个小比赛,顾客获胜后可以获得一些优惠的营销活动。例如,某酒店举办"1分钟剥小龙虾比赛",规定顾客1分钟内剥好10只以上小龙虾,就可以免费获得所剥好的小龙虾,否则就要按1元1只的价格购买。

(四)名人营销

名人营销是指酒店邀请知名人士来店用餐,进行推销或表演,以此提升酒店知名度,从而吸引顾客的营销活动。一般来说,名人营销的成本较高,但可以在短时间内提高酒店的知名度,吸引大量顾客。

二、宴会营销的宣传方式

(一)人员营销

人员营销是指酒店组织一批熟悉宴会业务和市场行情的营销人员,采用直接上门、拨打电话、发送邀请函等方式,将宴会营销活动信息告知特定顾客的宣传方式。一般来说,大型酒店会主动为酒店的常客、贵客、会员等提供宴会营销信息,这样做既有利于维护客户关系,也有利于扩大营销活动的影响力。

(二)传单营销

传单营销是指酒店安排工作人员身着特定服饰,到人流量较大的地方,如街道口、商场门口、学校门口、商业街等,向过往行人派发传单的宣传方式。

(三)广告营销

广告营销是指酒店通过各种渠道向社会公众告知宴会营销活动内容的宣传方式。广告营销的类型主要包括报纸广告、电视广告、户外广告、酒店广告牌、新媒体广告等。

❶ 报纸广告

酒店可以购买当地报纸的广告版面，刊登酒店营销活动的主题、规则、时间等内容，以吸引更多顾客参与此次营销活动。

❷ 电视广告

酒店可以针对特定顾客，购买特定频道、特定时间段的电视广告。例如，有关儿童主题宴会营销活动的电视广告可以在少儿频道的18:00—20:00播出，因为此时观看该频道的儿童较多。

❸ 户外广告

酒店可以在地铁站、高铁站、机场、公交车站、电梯、商场等人流量较大的地方购买一些广告位，通过密集的广告宣传加深行人对营销活动的印象。

❹ 酒店广告牌

酒店可以在门口设置广告牌，写明营销活动的内容，以吸引过往行人。若行人对活动感兴趣，就会主动进店咨询相关情况或进行消费（图8-1）。

图8-1　酒店广告牌宣传

❺ 新媒体广告

随着网络时代的发展，越来越多的酒店通过短视频平台、公众号、网络直播、大众购物平台、游戏平台等各种新型的媒体手段发布宣传广告，以激发年轻人的消费欲望。常见的方式有利用抖音、快手等平台开通直播、撰写公众号文章、邀请网红达人到店打卡等进行广告宣传。通常情况下，线上平台所带来的流量远远超过线下广告所产生的效果。

三、宴会营销的管理内容

（一）营销计划管理

❶ 活动主题

活动主题是营销活动的关键，酒店需用1～2个词语或一句话，将营销活动的主题清晰地表达出来。

❷ 活动目的

宴会营销活动的目的主要包括增加市场份额、维护客户关系、提高营业额、去库存等。由于宴会营销活动的目的不同，其所对应的活动规则、活动预算也不同。

❸ 活动对象

活动对象是指宴会营销活动所针对的特定客户群体。确定活动对象有利于酒店更有针对性地制订活动时间、规则、宣传方式等，从而提高营销活动的宣传效率及所带来的经济效益。

❹ 活动时间

宴会营销活动的日期应选择在周末或节假日,主要的活动时段以下午或傍晚为宜。

短期活动一般持续3~5天,中期活动一般持续1个月左右,长期活动一般持续3个月至半年。酒店应根据活动的主题、规则、预算等因素来确定宴会营销活动的时长。

❺ 活动规则

活动规则应当兼具趣味性、大众性、奖励性,以此调动广大客户参与活动的积极性。此外,为了让客户能够尽快了解活动要求,酒店应将规则设计得更加简单易行,并在活动开始前将活动规则详细地公布出来。

❻ 宣传方式

酒店应根据活动对象、预算等因素,选择合适的宣传方式,这样才能起到事半功倍的宣传效果。

❼ 活动预算

活动预算包括人工预算、物料预算、宣传预算等。酒店应当根据自身实际情况和对营销活动的预期效果,综合确定活动预算。此外,在确定活动预算时,应预留5%~10%的预算金额,以备不时之需。

(二)营销组织管理

❶ 宴会营销部

宴会营销部门应当与酒店其他部门保持密切联系,及时沟通宴会营销活动的相关信息,加强业务合作。当宴会厨房部研发出新菜品时,宴会营销部可以据此策划新菜试吃、新菜折扣等营销活动;宴会营销部在制定活动计划时,要与其他部门保持密切沟通,确保其他部门能够按计划执行;在宴会营销部开始营销宣传前,其他部门应及时准备好活动所需的物资并营造良好的环境,尽量配合宴会营销部完成营销活动。

❷ 宴会营销人员

宴会营销人员应当熟悉营销活动类型、宣传方式、酒店的宴会业务等,并对宴会市场保持高度的敏锐性,能够根据宴会市场需求,及时规划宴会营销活动方案。

(三)营销物料管理

❶ 宴会菜单

酒店可根据宴会营销活动设计特色菜单,使菜单样式符合宴会营销活动的主题和宴会的气氛。

❷ 宣传单

印制营销活动宣传单时,应将活动主题活动时间、活动地点、活动规则等关键要素印制在醒目的位置,以便客户能在短时间内了解关键信息。宣传单的样式要有创意,且符合活动主题。

❸ 酒店广告牌

酒店广告牌的样式一定要有创意、够醒目。酒店可以采用霓虹灯广告牌、电子屏广告牌、立式广告牌等宣传营销活动,吸引过往行人进店消费。

(四)营销活动评估管理

在宴会营销活动过程中,酒店应当安排专人认真记录营销活动各环节的相关情况,形成营销活动记录。在营销活动结束后,酒店应及时对本次营销活动的亮点与不足进行分析和评估,并从中总结经验、吸取教训。

 任务实施

设计一份儿童节营销方案,并对作品进行展示。

1. 任务情景

某酒店为度假型酒店,家庭客户占比较多。在儿童节即将来临之际,该酒店拟针对儿童推出"儿童节"营销活动,其营销活动宣传的预算为5万元。请你为该酒店选择合适的宣传方式,并制定宴会营销方案。

2. 任务要求

(1)学生自由分组,每组6~8人,并推选一名小组长。

(2)每个小组的各成员分别查找资料,了解营销方案的制定步骤及方法,并参考其他营销方案,为该酒店设计一份儿童节营销方案。

(3)各小组在教室展示所设计的方案,并进行讲解。

3. 任务评价

在小组演示环节,主讲教师及其他小组依据既定标准,对演示内容进行综合评价。

评价项目	评价标准	分值/分	教师评价(60%)	小组互评(40%)	得分
知识运用	掌握营销方法	40			
技能掌握	营销方案具有针对性、合理性、可操作性	40			
团队表现	团队分工明确,沟通顺畅,合作良好	20			
合计		100			

  同步测试（课证融合）

一、选择题

1. 宴会营销类型包含（　　）。
A. 节日营销　　B. 主题事件营销　　C. 优惠营销　　D. 名人营销

2. 宴会营销宣传方式不包括（　　）。
A. 人员营销　　B. 传单营销　　C. 广告营销　　D. 口头营销

3. 优惠营销包含（　　）。
A. 抽奖营销　　B. 打折营销　　C. 礼券营销　　D. 竞赛营销

4. "情浓似海"（葱烧海参）这道菜适合哪个节日？（　　）
A. 七夕节　　B. 中秋节　　C. 圣诞节　　D. 万圣节

5. 宴会短期营销活动一般持续多长时间（　　）。
A. 3~5天　　B. 1个月左右　　C. 3个月　　D. 半年

二、简答题

1. 请为新型节日——520情人节,设计几道受欢迎的菜品进行营销。

2. 简述宴会营销管理的主要内容。

任务二　探析宴会生产管理

 任务引入

某酒店举办了一场会议晚宴,宴会上精彩的节目和周到的服务让宾客纷纷叫好。但是,菜品的质量却让宴会主人张先生大失所望。张先生是该酒店的常客,每次选择的菜品种类大致相同,因此,他对该酒店菜品的味道、色泽等都十分熟悉。在他看来,这次宴会的菜品仿佛"变质"了,味道、色泽等大不如前。于是,张先生向宴会部经理反映了这一情况。宴会部经理也感到十分纳闷,因为酒店有标准菜单,厨师也没有更换过,菜品的质量不应发生很大变化。

经过一番调查,宴会部经理发现,酒店的采购部门擅自换了一批供货价更低的供应商。此外,部分原料采购员与仓库原料验收员收取供应商的回扣,从而放松了对原料质量的把控,使得一批质量较差的原料流入酒店。宴会部经理对此十分愤怒,直接将涉事员工开除,并要求其对酒店进行赔偿。

这次事件之后,该酒店开始加强宴会菜点的质量管理,如建立完善的原料采购和检查监管机制,要求原料采购员如实记录采购日记、原料验收员如实填写原料验收单,并组织专人定期核查原料的采购和储存情况,避免了因原料质量问题导致宴会菜品质量下降的情况再次发生。此后,该酒店的菜品质量一直保持在较高水平,酒店也赢得了许多回头客。

(案例整理自课堂教学)

请同学们带着以下问题进入任务的学习:

1. 在上述案例中,酒店菜品的质量管理在哪个环节出现了问题?
2. 酒店应如何进行宴会菜品的质量管理?

知识讲解

一、宴会安全与卫生管理

(一)宴会安全管理

❶ 设施设备安全管理

酒店应加强宴会厅建筑装饰安全管理,禁止使用质量不合格的建筑材料和具有安全隐患的装饰品;定期对酒店的电梯、吊顶灯、音响、空调、炉灶等设备进行检修,若发现质量问题或安全隐患,必须及时处理,以免发生事故。此外,服务人员应增强安全意识,按照酒店规定和使用说明操作各类设备,避免造成损坏。

❷ 消防安全管理

酒店内的各种大型电器和燃料,使酒店面临较大的火灾风险。因此,酒店应重视自身的消防安全管理(图8-2)。酒店可以从以下几个方面加强消防安全管理。

(1)设置安全通道,并在走廊与过道配备数量充足的安全通道指示牌。
(2)配备齐全的消防安全器材,按照消防要求配置灭火器和自动喷淋灭火系统等。
(3)采用阻燃型建筑材料装修酒店厨房、宴会厅。
(4)定期组织员工进行消防培训和演习,以增强员工的消防意识和火灾应急能力。
(5)加强对酒店易燃物品的保管。

❸ 人身与财产安全管理

酒店应为宾客提供安全的宴会环境,保障宾客的人身与财产安全。一般来说,酒店应当在公共区域(如宴会厅、走廊、厨房等)安装摄像头,并且在衣帽间和贵重物品保管处安排专人负责看管。此外,酒店应当通过培训增强服务人员的安全意识,要求其在服务时提醒宾客保管好随身携带的贵重物品,并主动上交宾客遗失的物品。

❹ 服务安全管理

酒店应定期组织员工进行服务安全培训,在提升员工业务水平的同时,提高员工的心理素质和应急反应能力。

图 8-2 酒店消防知识

一方面,服务人员在服务过程中应注意安全,穿工作服和矮跟胶底鞋,轻声借道、缓慢推门,熟练地上菜、斟酒,避免在服务过程中出现安全纰漏。另一方面,在出现突发事件时,服务人员应沉着冷静、灵活应变,保证宾客的人身与财产安全。如发生火灾,服务人员不能惊慌失措,应及时安排宾客有序撤离至安全区域,并拨打火警电话。

❺ 宴会舆情安全管理

随着网络的发展,舆情安全已成为一个备受关注的问题。舆情安全管理办法是为了保护企业、政府和个人的声誉而制定的一系列措施和规定,而宴会一般参与人员较多且复杂,一旦发生群体事件,传播速度极快。例如,某酒店婚宴上因客人之间的矛盾引发打架事件,在网络上引起舆论热议,给酒店和顾客都带来了不良影响。

这就要求酒店及时建立符合自身发展的舆情管理制度,合理分配舆情管理员职责,制定相应的工作流程和应对措施。例如,在事件应对方面,酒店的应急领导小组应采取多种手段,包括发布正式声明、召开媒体发布会等,采取积极措施消除消费者的担忧。

(二)宴会卫生管理

❶ 食品卫生安全管理

酒店必须做好食品卫生安全管理工作,以保障宾客的生命健康,维护酒店的良好声誉。

(1)采购环节。

酒店应当制定并实施原料控制要求,禁止采购不符合食品安全标准的食品原料。此外,酒店应当建立食品进货查验记录制度,如实记录食品的名称、规格、数量、生产日期、进货日期,以及供应商的名称、地址、联系方式等内容,并随时查验供应商的许可证和食品出厂检验合格证。

(2)储存环节。

酒店应当按照保证食品安全的要求来储存食品,保证储存环境干净、卫生,定期清洗、校验保温设备和冷藏、冷冻设备。同时,要定期检查库存食品,及时清理变质或者超过保质期的食品。

(3)制作环节。

酒店应当对食品加工和烹饪设备进行严格的清洗和消毒；定期对厨房进行全面清扫，并维持其日常生产环境的干净、整洁；加强对厨师的烹饪技术和道德素质的培训，规范烹饪操作流程。

(4)销售环节。

服务人员在上菜前应先洗手，再端菜；在端菜时，手指不能碰到盛器正面，不能对着菜品说话或打喷嚏，在将菜品端上桌前，应先确认菜品中是否有异物。若发现菜品中有头发丝、虫尸等，应立即停止上菜，并请厨师长处理；若菜点干净、完好，应及时送至餐桌上。

(5)留样环节。

酒店作为食品生产制作方，建议每天生产制作的每批次或每班次的产品都进行留样，以便进行观察及复检；留样量至少要满足出厂检验的样品量，以满足复检需求，有条件的话建议留样量满足型式检验机构所需样品量(图8-3)。

图8-3　酒店留样管理制度

❷ **酒店环境卫生管理**

酒店应当保证宴会厅、厨房、走廊、卫生间等区域干净、整洁，从而给宾客留下良好印象(图8-4)。具体来说，应做好以下工作。

图8-4　酒店卫生环境

(1)定期清洁宴会厅的墙壁、桌椅、天花板、灯具和各种装饰品等，将污渍和灰尘清除干净。

(2)及时清理厨房的各种角落缝隙，去除油渍和各种食物残渣，以防蚊、蝇、蟑螂等害虫繁殖和细菌滋生。

(3)定期更换、清理走廊的地毯。

(4)每天清洗卫生间的洗手池、便池、过道等，并做好消毒工作。

❸ **餐饮用具卫生管理**

在清洗餐具、酒具、烹饪器具等餐饮用具时,必须严格按照一刮、二洗、三冲、四消毒、五保洁的流程进行操作,并且所使用的洗涤剂、消毒剂必须符合国家卫生标准。酒店应专门设置清洁工作区和用具保洁区。在清洁工作区中,应配备专用的清洗、消毒设备;在用具保洁区中,应配备封闭严密的保洁柜,并且定期进行清洗。

❹ **员工个人卫生管理**

从事宴会服务的员工必须持健康证上岗,入职前需通过体检,入职后也应由酒店定期安排统一体检,禁止患有传染病的员工从事一线服务工作。服务人员应做到勤洗手、勤剪指甲、勤洗澡、勤理发、勤换工作服,禁止正对食物或宾客咳嗽或打喷嚏,禁止在工作中挖鼻孔、搔头皮、抠耳朵等,禁止用手直接接触食物,禁止将餐巾当抹布使用。

二、宴会菜品质量管理

（一）衡量菜品质量的相关要素

厨房生产的产品,即菜肴、点心、面食、汤羹、饮品等的质量优劣,直接影响到餐饮产品的质量。从消费者的角度来看,厨房生产的产品应该是无毒、无害、卫生营养、芳香可口且易于消化,能带来良好感官享受的食品。这也是厨房生产质量管理的基本要点和主线。

❶ **食品的卫生与营养**

民以食为天,卫生与营养是食品所必备的质量条件。随着经济和社会的发展,人民生活水平和受教育程度的提高,对自然、卫生、安全、营养、健康食品的追求意识愈发强烈,消费也逐渐趋于理性。厨房生产必须严格保证原料、原料加工,以及菜肴烹制的卫生、安全、营养和健康,科学保管各类原料,严格检查原料品质,优化原料加工的技术和方法,以达到保证菜肴卫生营养的目的。

❷ **食品的色泽**

菜肴烹制出来后,其色泽首先被品尝者感知,进而影响品尝者的饮食心理和饮食活动。长期的饮食实践,使得人们对菜品色泽美的判断形成了一种习惯,这种判断可能因色泽本身的美能够让人感到愉悦并增进食欲。

制作菜品要最大限度地利用食品原料的固有色泽。一方面,原料的色泽本身就是一种自然美,无须过多人工修饰;另一方面,这样可以满足人们正常的卫生心理,如蛋白的白、樱桃的红、青菜的绿、木耳的黑等,使人在感到色泽美的同时,更能感受到食品本身的鲜美可口、清新卫生,还能刺激食欲。因此,菜品的生产人员必须善于利用原料的自然色泽,合理组配,运用原料固有的冷、暖、强、弱、明、暗色彩进行组配,结合菜品的主题特色,制作出清新雅致、色彩缤纷的佳肴。

❸ **食品的香气**

香气是菜品散发出的芳香气味,通过人的嗅觉细胞传递到大脑皮层产生感觉,从而引起人的联想,进而影响人们的饮食心理和行为,是评价菜品质量的重要标准之一。菜品的香气程度和类型丰富多样,不仅有因菜品品种而异的鱼香、肉香、青菜香、豆香、香菇香、茶叶香等,还因香气浓度的不同而有浓香、清香、余香等,更有精心调配的复合香气,香味四溢,能激发人的食欲。另外,人们对香气的感受程度同气体产生物本身的温度高低有关,一般来说,菜品的温度越高,其散发的香气就越强烈,越容易被品尝者感受到。因此,烹制菜品必须强调现做现用,尽可能缩短服务时间;否则,菜品冷却后,香味会大量散失,品质会大打折扣,从而影响餐饮产品质量。

❹ **食品的滋味**

菜品的滋味通过人的味觉细胞传递到大脑皮层产生感觉,从而引发人的食欲。菜品的滋味是衡量菜品质量的最主要指标。滋味因其浓淡厚薄而有千变万化,因其品类不同而有酸、甜、苦、辣、咸、鲜的差异,又因原料不同而有鱼味、肉味、海味、山珍味等,还因多味交叉复合产生新的味型(如怪味等)。五味调和百味香,便是滋味多样统一的生动体现。滋味是评判菜品质量的核心,是餐饮产品特色的体现,只有不断地探索创新,才能丰富产品品种;只有合理科学调配,严格操作程序,才能保持产品特色和品质。

❺ 食品的形态

菜品的形态是指菜品的造型。原料本身的形态、加工处理后的形态及烹制装盘都会直接影响到菜品的形态。菜品成形良好、刀工精细、整齐划一、装盘饱满、拼摆富有艺术感、形象生动,能给予品尝者美的艺术享受,从而提高菜品的品质和档次。要达到这些效果,需要厨师进行艺术设计和精心加工。菜品造型首先要体现食用性,而非单纯的欣赏性;其次要体现厨师的技术美,通过运用刀工和烹调技术,并遵循菜品的简易、美观、大方和因材制宜的原则,达到自然形美的境地。热菜造型一般以快捷、饱满、流畅为主,冷菜和点心造型则讲究运用美化手法,以实现艺术美的效果。

❻ 食品的质感

质感是品尝者在进食菜品时,所感受到的口感,如松、软、脆、嫩、韧、酥、滑、爽、柔、硬、烂、糯等质地所带来的美感。菜品质感大致可分为温觉感、触压感、动觉感及复合触感,它们共同构成菜品触觉美的丰富性和微妙性,为品尝者带来最全面的审美享受。

❼ 食品的温度

菜品的温度是指品尝菜品时能够达到或保持的温度,由此产生的凉、冷、温、热、烫的感觉。同一种菜品,食用时的温度要求不同,如冷菜的冷,凉粉的凉,这样能给人带来凉爽畅快的感觉,倘若提高这两种菜品的温度,效果则完全不同;再如麻辣豆腐、汤包等,入口很烫,品尝时不能立刻下咽,否则容易烫伤,但这两种菜品必须趁热品尝,否则会失去原有的风味。生产菜品必须严格按照各种菜品的温度要求进行,如冷菜保持在 10 ℃ 左右、热菜保持在 70 ℃ 以上、热汤保持在 80 ℃ 以上、砂锅保持在 100 ℃、火锅保持在 100 ℃ 等,当菜品的温度低于 30 ℃ 时,人的感官的敏感度会下降。因此,在气温比较低的季节里,烹制的菜品和盛器必须做好保温工作,否则会影响菜品的品质。

❽ 食品的盛器

菜品制成后要用盘、碗盛装才能上桌,盛器显然是构成菜品性质、味、色、形、皿等的重要因素之一。所谓"皿",就是选用合适的盘碗进行盛装,使菜品更具美感,加深品尝者对菜品品质的认识,提升餐饮产品的品牌形象。

盛器的选用一般与菜品的形状、体积、数量和色泽有关。一份菜品只占盘碗的 80%~90%,汤汁不要淹没盘碗沿边,量多的菜品选用大的盛器,量少的菜品选用小的盛器。选用盛器的形状,必须根据菜品的形态来确定,带有汤汁的烩菜、煨菜等一般选用汤盘较为合适;整条烹制的鱼选用汤盘比较匹配。菜品的色泽也是选用盛器必须考虑的因素,盛器的色泽关系到能否将菜点衬得更加高雅、悦目和鲜明美观。例如,五色虾仁装在白色盘内更能显示菜肴的清新高雅,清炒虾仁洁白如玉,点缀几段绿色葱花,配装在浅蓝色的花边盘内,则更显得清淡雅致。另外,盛器的品质好坏要与菜品的品质相适应。

(二)制定标准菜谱

酒店一般会制定一份标准菜谱(图 8-5),详细记载了各种菜品在原料加工、烹饪制作、装盘组合方面的标准,如此一来,即便不同厨师烹饪同一种菜品,也能保证其口味、造型、色泽等保持一致。

(1)菜品原料标准:主要包括原料质量标准和原料搭配标准。原料质量标准包括新鲜程度标准、部位挑选标准等;原料搭配标准包括色彩搭配标准、营养成分搭配标准等。

(2)原料加工标准:包括加工顺序标准、上浆标准、腌渍标准、码味标准、刀工标准、粗加工及分档取料标准等。

(3)烹饪操作标准:包括加热时间标准、火力大小标准、过油温度标准、投料顺序标准、投料用量标准、操作流程标准、菜品装盘标准等。

			编号：			
菜名	烹饪技法	色泽	味型	盛器	参考售价	毛利率

菜品原料标准

	名称	品质要求	原料搭配	用量单位（每份）	单位成本（每份）
主料					
辅料					
特殊调料					

原料加工标准

加工顺序	卤水和酱料调制比例	上浆、勾芡比例	腌渍标准	码味标准	刀工标准	粗加工及分档取料标准

烹饪操作标准

菜品切配	加工过程	
	技术要点	
烹调操作	加工过程	
	技术要点	

成品质量标准

菜品口感	菜品造型	菜品色泽	菜品特色

编制人： 审核人： 日期：

图8-5 标准菜谱示例

(4) 成品质量标准：包括菜品综合口感标准、菜品造型标准、菜品色泽标准、菜品特色标准等。

(三) 控制菜品生产质量

1 控制菜品原料

(1) 控制原料数量。

原料数量的多少会对菜品质量产生影响。因此，酒店应当根据宴会规模、菜单内容和过往经验，确定菜品所需的原料数量，并要求厨师严格按照要求和标准进行烹饪。

(2) 控制原料质量。

原料质量直接影响菜品的色泽、味道、形状和品质。使用劣质的原料会严重影响成品菜品的口感和营养价值。因此，酒店必须选择新鲜、优质的原料以保证菜品质量。

原料质量应当符合宴会的档次和标准。在高档宴会中，酒店应选择高档、优质的原料，以烹制出符合宴会档次的菜品；而在一般宴会中，酒店应选择物美价廉的原料，在保证菜品质量的同时节省开支。

(3) 控制原料变化。

一些原料会因季节、产地等因素而发生种类、质量、口感等方面的变化。因此，酒店可以选用当季、当地的最佳原料，制作具有时令特色和地域特色的菜品，提升宴会的档次和吸引力。

此外，原料的变化会影响菜品的种类、烹饪方法和风味。因此，酒店应当定期更新原料的品种，使宴会菜品的种类更加丰富。

❷ 控制菜品烹饪

酒店应当要求厨师根据标准菜单中的烹饪操作标准进行烹饪,以保证菜品口味、造型、营养成分等一致。

此外,酒店应当定期组织厨师进行厨艺培训,以改进厨师在刀工处理、原料组配、腌渍上味、烹调装盘等方面的操作方法,提高烹饪水平,从而提升菜品质量。

❸ 控制菜品搭配

菜品搭配会影响整体宴席的档次、营养和风味。若菜品搭配不合理,很可能会对宾客的健康造成不利影响。例如,猪肉和菱角一起吃会导致腹痛,牛肉和红糖一起吃会导致腹胀,甲鱼和苋菜一起吃会导致中毒。因此,酒店应当根据菜品的风味特点和标准菜单的要求,严格控制不同菜品的搭配,以保证菜品的整体质量。

三、宴会服务质量管理

(一)服务质量的内容

❶ 服务形象

服务人员应保持良好的服务形象,做到举止优雅、仪容整洁。例如,服务人员应勤剪指甲,不喷味道浓烈的香水,保持服装干净整洁和妆容淡雅。

❷ 服务态度

良好的服务态度一般包括热情、诚恳、礼貌、尊重、亲切、友好等,能让宾客产生亲切感和愉悦感。服务人员为宾客提供服务时,不能有负面情绪,应当以良好的服务态度为宾客提供优质的服务。

服务人员为宾客提供服务时,应做到以下几点。

(1)认真负责,即认真为宾客办好每件事情。

(2)积极主动,及时发现宾客需求并主动提供服务。在宾客提出超出职责范围的要求时,也应主动联系相关人员,尽量满足宾客需求。

(3)热情耐心,服务过程中保持热情、诚恳,耐心地为宾客提供服务,不能过于冷淡或急躁。

(4)细致周到,注重服务细节,把握好服务时机和宾客需求,做到体贴入微、面面俱到。

❸ 服务技能

宴会服务人员的服务技能主要包括以下几点。

(1)熟悉宴会服务的业务知识和操作流程。

(2)了解各地宾客的风俗习惯。

(3)善于把握宾客的心理。

(4)在实际工作中灵活应变。

宴会服务中的各种工作都比较细碎,需要服务人员娴熟的技能支撑,以保证宴会的整体服务质量。

❹ 服务方式

服务方式要与酒店的特色和档次、宴会的标准和风格、当地的风俗习惯、宾客的个人习惯等相适应。例如,具有少数民族特色的酒店可提供民族舞表演服务,西式宴会上服务人员应按照西式宴会的服务流程和标准提供服务;宾客提出自行斟酒、延迟上菜、延长宴会时间等要求时,服务人员应为其提供个性化服务。常见服务有中式宴会服务、西式宴会服务、自助餐服务、冷餐会服务、鸡尾酒会服务等。

❺ 服务效率

在为宾客提供服务时,服务人员应保证工作效率,满足服务的"七时"要求。

(1)准时。准时到岗,尽快进入工作状态,不能迟到。

(2)及时。响应宾客需求,立即为宾客提供相应服务,不得拖延。

(3)足时。按时完成具有定额工时要求的工作,不能擅自减少服务时长。

(4)省时。在遵守标准和规定的情况下,合理安排时间,减少不必要的环节,以减少宾客的等待时间。

(5)限时。在限定时间内完成服务工作,加快服务速度,提高服务效率。

(6)适时。看准服务时机,在恰当的时间为宾客提供服务,避免频繁打扰。

(7)延时。若遇到一些特殊情况,如宾客人数太多、临时增加宴会节目等,应特事特办,延长服务时间,保证服务质量。

❻ 服务氛围

影响服务氛围的主要因素包括设施设备和宴会环境。

(1)设施设备。

酒店的设施设备(如空调、电子屏、音响、照明系统等)对营造良好的服务氛围具有重要作用。因此,酒店应注意各种设施设备的保养和维修,保证宴会过程中各种设施设备能够正常运转。

(2)宴会环境。

宴会厅的灯光、温湿度、桌椅布局、装饰布置、卫生状况等会影响宾客的用餐体验。

(二)服务质量管理措施

❶ 制定宴会服务标准和程序

酒店应当事先制定完备、合理的宴会服务标准和程序,对各种服务项目做出具体、细致的规定,如迎宾、上菜的动作、语言、时间等方面的要求。同时,要求服务人员熟悉宴会服务标准和程序,清楚自身的工作职责,并在实际操作中严格执行。

❷ 加强员工培训

酒店应当加强员工培训,以提升员工的服务技能,端正员工的服务态度,从而提高服务效率和服务质量。酒店可以采用晨会动员、服务技能培训班、服务技能比赛、宴会情景模拟等方式增加服务人员的服务理论知识,提升服务人员的服务技能水平,改进服务人员的服务态度,从而保证宴会的服务质量。

❸ 加强检查和巡视

在宴会开始前,酒店应当安排专人对酒店的各种设施设备进行检查,若发现设备故障,应及时报告相关部门进行修理。同时,酒店应派人检查宴会厅、厨房、厕所等区域的环境,确保干净整洁,符合宴会服务要求,若发现问题,应及时安排相关工作人员进行处理。

宴会开始后,管理人员应在宴会厅各处巡视,观察服务人员的工作状态,协调员工及部门之间的服务工作,督导和指挥员工的服务工作,处理突发事件等,以保证宴会秩序和服务质量。

❹ 建立宴会信息反馈与评估机制

宴会结束后,收集酒店在宴会准备和执行过程中的服务工作表现情况,进行分析和评估,找出其中的优点与不足,并采取相应措施,发扬优点,改进不足,以提升酒店的宴会服务质量,使宾客更加满意。

▶ **任务实施**

设计一份中式婚宴的标准菜单,并进行作品展示。

1.任务情景

某酒店承接了一场婚宴,该婚宴的相关信息如下:①菜品要求以海鲜和山珍为主菜;②两位新人希望婚礼具有浓浓的中国古典风情;③新人非常注重节约。

同步案例

2.任务要求

(1)学生自由分组,每组6～8人,并推选一名小组长。

(2)每个小组的各成员分别查找资料,了解中式婚宴的菜品要求与规范,并参考其他宴席方案,为该婚宴设计一份菜单。

(3)各小组在教室展示所设计的菜单,并进行讲解。

3.任务评价

在小组演示环节,主讲教师及其他小组依据既定标准,对演示内容进行综合评价。

评价项目	评价标准	分值/分	教师评价(60%)	小组互评(40%)	得分
知识运用	掌握中式宴会菜单的制定方法	30			
技能掌握	菜品设计具有针对性、合理性、可操作性	30			
设计作品展示	菜单设计新颖独特、具有时代感,设计作品突出婚宴主题,注重菜品搭配的整体性,具有强烈艺术美感,设计具有可推广性	30			
团队表现	团队分工明确,沟通顺畅,合作良好	10			
合计		100			

→ 同步测试（课证融合）

扫码看答案

一、选择题

1.宴会安全管理包含(　　)。
A.设备设施安全管理　　　　B.消防安全管理
C.人身与财产安全管理　　　D.服务安全管理

2.食品卫生安全管理包含(　　)环节。
A.3个　　　B.4个　　　C.5个　　　D.6个

3.制定标准菜单包括以下哪些方面?(　　)。
A.菜品原料标准　　　　　　B.原料加工标准
C.烹饪操作标准　　　　　　D.成品质量标准

4.控制菜品原料应注意(　　)。
A.控制原料数量　　　　　　B.控制原料质量
C.控制原料变化　　　　　　D.控制原料厂家

二、简答题

1.服务人员为保证工作效率,应满足服务的"七时"要求。请简述"七时"要求。

2.简述衡量菜品质量的要素。

→ 课赛融合

营销活动方案设计题:

选手(每队2人)进入综合能力测评比赛现场。根据抽取的赛题,在电脑上完成酒水营销活动方案设计及推广海报制作,并将作品保存在电脑桌面上,由工作人员打印后提交。

竞赛任务场景：

情人节即将到来，请你作为西餐厅 Nico's 的酒水销售主管为本次情人节酒水活动推广撰写销售活动方案。本次餐厅推出的情人节主打菜品为惠灵顿牛排（此餐厅的酒单为模块一酒水品鉴中提供的葡萄酒酒单）。

答题要求：

针对以上任务场景提供的信息，请选手完成以下任务：

1. 从餐厅酒单中选择一款适合搭配主打主菜的葡萄酒并说明原因。
2. 撰写 1 份要素完整的酒水营销活动方案（不少于 800 字）。
3. 制作此款葡萄酒的营销活动海报 1 份。

→ 评价标准

设计评判表

任务	M＝测量 J＝评判	标准名称或描述	权重	评分
酒水营销 活动方案 设计	M	活动方案要素完整	1.0	Y/N
	M	准确描述了酒水的风味特征	1.0	Y/N
	J	0 整体方案未按要求进行设计，整体效果差，不符合经营实际，可操作性低 1 整体方案未完全按要求进行设计，整体效果一般，基本符合经营实际，可操作性一般 2 整体方案能按要求进行设计，整体效果较好，比较符合经营实际，可操作性较好，有一定创新 3 整体方案完全按要求进行设计，整体效果好，符合经营实际，可操作性好，具有创新性	3.0	0 1 2 3
营销活动 海报设计	J	0 营销海报语言表述不准确，内容没有吸引力，没有体现场景特点 1 营销海报语言表述不太准确，内容吸引力一般，场景契合度一般 2 营销海报语言表述较准确，内容较有吸引力，场景契合度较好 3 营销海报语言表述很准确，内容很有吸引力，场景契合度很好	2.0	0 1 2 3
	J	0 设计普通，排版不美观 1 设计合理，排版具备一定的美感 2 设计美观，排版具备较强的美感 3 设计合理、美观，排版具有很强的美感和吸引力	1.0	0 1 2 3

注：上述案例及评价标准均源自全国职业院校技能大赛高职组酒水服务赛项模块。

参考文献

[1] 胡以婷,施丹,王香玉.宴会设计与管理[M].江苏:江苏大学出版社,2021.
[2] 王瑛,李晓丹.宴会设计与运营[M].上海:上海交通大学出版社,2023.
[3] 周宇,颜醒华,钟华.宴席设计实务[M].3版.北京:高等教育出版社,2015.
[4] 陈金标.宴会设计与实践[M].北京:中国轻工业出版社,2023.
[5] 叶宏,陈晖.西式宴会设计与管理[M].长春:东北师范大学出版社,2014.
[6] 王秋明,王久成,刘瑞军.主题宴会设计与管理实务[M].3版.北京:清华大学出版社,2022.
[7] 刘澜江,郑月红.主题宴会设计[M].北京:中国商业出版社,2018.
[8] 刘硕,林苏钦,武国栋.宴会设计与管理实务[M].武汉:华中科技大学出版社,2020.
[9] 杨铭铎,严祥和,刘俊新.餐饮概论[M].武汉:华中科技大学出版社,2023.
[10] 胡跃忠,孟伟.餐厅服务[M].上海:上海教育出版社,2022.
[11] 李兴武.饮食文化[M].郑州:郑州大学出版社,2022.
[12] 叶伯平.宴会设计与管理[M].5版.北京:清华大学出版社,2017.
[13] 周妙林.宴会设计与运作管理[M].南京:东南大学出版社,2009.
[14] 方爱平.宴会设计与管理[M].武汉:武汉大学出版社,1999.
[15] 杨秀龙,崔立新.中国服务理论体系[M].北京:北京理工大学出版社,2017.
[16] 王辉.宴飨万年:文物中的中华饮食文化史[M].南宁:广西人民出版社,2024.
[17] 张建,刘荣.中国传统文化[M].北京:高等教育出版社,2007.
[18] 朱恩义,秦其良.中国传统文化[M].2版.大连:大连理工大学出版社,2017.
[19] 王艳玲.中国传统文化[M].2版.北京:高等教育出版社,2018.
[20] 冯雪燕,杨汉瑜.中国传统文化[M].济南:山东大学出版社,2018.
[21] 张开焱.中国传统文化十五讲[M].北京:清华大学出版社,2018.
[22] 方健华.中华优秀传统文化概要[M].南京:江苏凤凰教育出版社,2019.
[23] 卢志宁,荆爱珍,王晴.中华优秀传统文化[M].镇江:江苏大学出版社,2019.
[24] 杨欣.餐饮企业经营管理[M].北京:高等教育出版社,2003.
[25] 陈戎,刘晓芬.宴会设计[M].桂林:广西师范大学出版社,2014.
[26] 余炳炎.饭店餐饮管理[M].北京:旅游教育出版社,2004.